울릉도 · 독도 관련 거문도 자료

Ⅱ

영남대학교 독도연구소 자료총서 6

울릉도 · 독도 관련 거문도 자료 Ⅱ

초판 1쇄 발행 2018년 8월 30일

엮은이 | 영남대학교 독도연구소
발행인 | 윤관백
발행처 | 도서출판 선인

등록 | 제5-77호(1998.11.4)
주소 | 서울시 마포구 마포대로 4다길 4 곶마루 B/D 1층
전화 | 02)718-6252 / 6257 팩스 | 02)718-6253
E-mail | sunin72@chol.com
Homepage | www.suninbook.com

정가 28,000원
ISBN 979-11-6068-200-7 94910
978-89-5933-697-5 (세트)

· 잘못된 책은 바꿔 드립니다.

영남대학교 독도연구소
자료총서 6

울릉도 · 독도 관련 거문도 자료

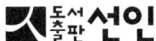

Ⅱ

영남대학교 독도연구소 편

도서출판 선인

머리말

일본 정부는 2017년 3월에 초·중학교 학습지도요령을 개정하고 2018년에는 다시 고교학습지도요령 개정안에 "죽도(竹島)가 일본 고유의 영토"라는 우리나라의 독도 영유권을 침범하는 교육을 의무화하는 내용을 고시로 발표하는 등 독도에 대한 그들의 주장을 한층 강화하였다.

뿐만 아니라 내각관방 산하 영토·주권대책기획조정실도 지난해 11월 누리집에 독도가 일본 땅이라는 내용의 초중등 교육자료를 게시하였는데, 이 자료는 시마네현(島根縣) 등의 일본 지방자치단체가 제작한 보충교재로 "독도는 역사적 사실이나 국제법상으로 명확하게 일본 고유의 영토"라는 주장과 "한국의 독도 점거는 국제법상 어떤 근거도 없는 불법 점거"라는 내용을 담고 있는 것이다.

특히 영토·주권대책기획조정실이 게시한 「竹島학습리플렛」이라는 것에는 1696년 당시 돗토리번(鳥取藩)의 고타니 이헤이(小谷伊兵衛)가 에도 막부에 제출한 울릉도 및 독도 주변 지도(「小谷伊兵衛差出候竹嶋之繪圖」)와 1930년대 일본 어민들이 독도에서 강치를 사냥하는 사진 등이 실려 있다.

이 「죽도지회도(竹嶋之繪圖)」는 돗토리번의 관리였던 고타니

가 막부의 지시를 받아 "울릉도와 독도는 일본에 속한 섬이 아닌 것으로 안다."는 답변과 함께 제출한 것인데, 에도 막부는 이를 근거로 일본인의 '죽도도항금지령(竹島渡海禁止令)'을 내렸다.

따라서 이 회도는 오히려 일본의 독도 영유권 주장을 반박하는 자료가 될 수 있다. 또 1930년대 일본 어민들의 독도 강치를 사냥하는 사진은 이른바 무주지선점론에 기반한 독도에 대한 실효적 지배를 강조하려는 의도로 판단된다.

이처럼 일본은 그들의 독도에 대한 실효적 지배를 강조하기 위해 수단과 방법을 가리지 않고 자료와 역사를 왜곡하면서까지 주장을 강화하고 있으며, 이러한 억지 주장을 청소년들에게 강제로 주입하는 교육까지 의무적으로 실시하기 위한 법제도를 만들고 있다.

하지만 이미 우리나라에서는 1900년 이전에 울릉도 · 독도에 드나들며 어로활동을 했던 거문도 주민들과 재주해녀가 있었다는 것이 증언은 물론 역사적인 자료 속에서도 등장하고 있다. 이러한 자료를 활용한 우리나라의 독도에 대한 실질 경영을 일본 측에 제시한다면 일본이 현재 실시하고 있는 교육이 얼마나 허황한 것인지를 분명하게 밝힐 수 있을 것이다.

거문도인들의 어로활동은 독도 영유권 문제와 관련해서 우리나라가 실질적으로 독도를 경영하고 활용하고 있었다는 것을 증명해주는 단초가 되는 것으로 아주 중요한 역사적 사실 중의 하나이다. 그러나 지금까지 학문적인 차원에서 자료수집이 어려워 주목을 받지 못하고 있었다.

이러한 실정을 타개하기 위해 영남대 독도연구소는 2기 정책중점연구소 사업의 중점연구 대상인 〈환동해문화권 울릉도 · 독도 자료조사〉에 본격 착수하기 위한 전단계로서 여수와 거문도 지역에 대한 예비조사를 실시하였다.

그 과정에서 거문도에 현존하고 있는 자료들을 수집하여 이번에 "울릉도 · 독도관련 거문도 자료Ⅱ(영남대학교 독도연구소 자료총서 6)"라는 이름으로 두 번째 성과물을 학계에 제공하고자 한다.

이 자료집을 토대로 하여 향후 거문도 지역에 대한 조사연구가 활발해져서 거문도 주민의 울릉도 · 독도 어로활동을 재조명함으로써 거문도 사람들의 독도 도항 관련 논거를 정립하는 데 많은 도움이 되었으면 한다.

이번 자료집을 출간하는 데 자료를 제공하여 주신 거문도의 김태수 씨와 그리고 도움 말씀을 해주신 이귀순 씨에게 이 자리를 빌려 삼가 감사의 인사말을 전한다.

2018년 8월

영남대 독도연구소장 최재목

목 차

머리말 5

■ 해제 _11

■ 원문자료 _21

해 제

해 제 울릉도 · 독도 관련 거문도 자료

전라도의 여수와 순천 지역 사람들이 울릉도 및 독도로 가서 어로활동을 했다는 사실을 알 수 있는 가장 오래된 근거는 1693년에 안용복과 박어둔이 일본으로 납치되었을 당시의 안용복의 진술 내용에서 찾을 수 있다.

안용복은 일본에서 조선으로 귀국하는 도중에 대마도에서 울릉도로 건너가게 된 경위에 대해서 조사를 받았으며, 당시의 조사기록에 따르면 3척의 배가 울릉도에서 조업하고 있었는데 그 중 1척이 전라도 순천의 배라고 진술했다. 당시의 순천은 순천과 여수 일대를 통괄하는 지명이었으며, 거문도 또한 순천부에 소속된 섬이었다.

뿐만 아니라 안용복이 1696년에 자발적으로 일본으로 도항하였을 때 그의 일행 중에 '순천승' 5명이 포함되어 있었다는 기록이 『숙종실록』에 기록되어 있으며, 이 사실은 현재의 여수, 순천 지역민들이 울릉도와 독도로 도해하고 있었다는 것을 명확하게 입증해주는 것이기도 한다.

> 동래(東萊) 사람 안용복(安龍福) · 흥해(興海) 사람 유일부(劉日夫) · 영해(寧海) 사람 유봉석(劉奉石) · 평산포(平山浦) 사람 이인성(李仁成) · 낙안(樂安) 사람 김성길(金成吉)과 순

> 천(順天) 승(僧) 뇌헌(雷憲) · 승담(勝淡) · 연습(連習) · 영률(靈律) · 단책(丹責)과 연안(延安) 사람 김순립(金順立) 등과 함께 배를 타고 울릉도(鬱陵島)에 가서 일본국(日本國) 백기주(伯耆州)로 들어가 왜인(倭人)과 서로 송사한 뒤에 양양현(襄陽縣) 지경으로 돌아왔으므로, 강원 감사(江原監司) 심평(沈枰)이 그 사람들을 잡아가두고 치계(馳啓)하였는데, 비변사(備邊司)에 내렸다.[『숙종실록』 숙종 22년 병자(1696,강희 35) 8월 29일 (임자)]

『숙종실록』에 등장하는 '순천승' 5명은 당시 순천부 관할의 의승수군(義僧水軍)이 주둔하던 흥국사의 승려였으며, 이들이 안용복과 함께 일본으로 건너간 이유는 알지 못하지만 여수, 순천지역의 승려가 개입되었다는 사실은 명확하게 알 수 있다.

또 거문도 지역 어민의 울릉도 · 독도 진출과 관련해서 1902년의 『통상휘찬(通商彙纂)』 234호에도 기록이 남아있다. 『통상휘찬』에는 거문도 지방의 어민이 대규모로 울릉도에 와서 미역을 채취한다고 기록하고 있으며, 이러한 울릉도에서의 미역채취는 거문도 주민의 증언에 따르면 독도에서의 미역채취로 이어졌다는 것을 알 수 있다.

> 또, 한국본토 간의 교통선은 거의 없으며, 섬에 재류하는 한국인 등과 협동하여 일본의 선박을 고용하여 울산 또는 부산에 대두(大豆)를 수송하고 수용품을 매수하는 경우에 있어도, 1년에 2~3회에 지나지 않고, 또 여름철이 되면 전라도 삼도지방(거문도를 말함, 필자 주)에서 미역채취를 위해 20척 내외가 섬으로 오는 경우가 있어도 화물이 만재되면 본토로 귀항하고 기타 항해용에 적합한 선박을 소유하는 자는 없어도 우연히 부산항으로부터 일본 선박을 고용하여 섬으

로 오는 자가 있다.[『통상휘찬』 234호]

이 『통상휘찬』의 기록에 따르면 거문도 지방의 어민이 여름철이면 약 20척의 선단을 구성하여 대규모로 울릉도로 건너가서 미역을 채취하여 돌아갔다는 것을 알 수 있다.

그리고 고종의 명령을 받아 '울릉도 검찰사'로 울릉도로 건너갔던 이규원(李奎遠, 1833~1901)이 남긴 『울릉도검찰일기』에 따르면 이규원이 검찰을 위해 울릉도를 시찰했을 때 울릉도에는 많은 거문도 어민들이 건너가 있었다는 것을 알 수 있다.

〈『울릉도검찰일기』에 기록된 울릉도 도항자들〉

검찰일	장소	대표자	대표자 출신지	작업내용
4월 30일	소황토구미	김재근(金載謹)+격졸23명	흥양(興陽), 삼도(三島)	선박건조, 미역채취
5월 2일	대황토구미	최성서(崔聖瑞)+격졸13명	강원도 평해	-
	대황토구미	경주사람 7명	경상도 경주	약초채취
	대황토구미	연일사람 2명	경상도 연일	연죽(烟竹) 벌목
5월 3일	왜선창포	이경칠(李敬七)+격졸20명	전라도 낙안(樂安)	선박건조
	왜선창포	김근서(金謹瑞)+격졸19명	흥양(興陽) 초도(草島)	선박건조
	나리동	정이호(鄭二祜)	경기도 파주(坡州)	약초채취
5월 4일	나리동	全錫奎	경상도 함양	약초채취
5월 5일	도방청~장작지	일본인 내전상장(內田尙長) 등 78명	남해도, 산양도 등	벌목
	장작지	이경화(李敬化)+격졸13명	흥양(興陽) 삼도(三島)	미역 채취
	장작지	김내언(金乃彦)+격졸12명	흥양(興陽) 초도(草島)	선박건조
5월 6일	통구미	김내윤(金乃允)+격졸22명	흥양(興陽) 초도(草島)	선박건조

위의 기록에 따르면 이규원이 만난 거문도 주민은 모두 38명이며, 거문도 주변에 있는 초도(草島) 주민 또한 56명에 이르렀다. 즉 거문도와 초도 지역에서만 울릉도로 건너온 주민이 94명이나 되었다는 사실을 알 수 있다. 이들 거문도 및 초도에서 울릉도로 건너온 주민들의 주 목적은 선박 건조와 미역채취였으며 이러한 내용은 『통상휘찬』의 내용과 일치한다고 할 수 있다.

따라서 20세기 초반에 울릉도에서 이루어진 거문도 지역 주민의 활동은 명백하게 역사 사료 속에서 입증되고 있으며, 그들의 목적 또한 확실하게 기록되어 있다. 이러한 거문도 주민들의 발자취를 찾아서 입증하기 위해서는 현재 거문도에 남아있는 자료를 찾아내어야 할 필요가 있다. 그러한 자료들 중에는 기록 자료 및 구술 증언을 비롯하여 당시에 그들이 울릉도에서 채취하여 거문도로 운반한 선박용 목재 등과 같은 실물자료도 있을 것이다.

영남대학교 독도연구소는 일본이 독도를 편입했다고 주장하는 1905년 이전에 독도를 우리가 실질적으로 활용하고 있었다는 증거를 확보하는 것이 독도에 대한 우리의 영유권을 공고하게 하기 위해 반드시 필요하다고 판단했다.

따라서 역사적, 국제법적으로 상당히 중요한 자료인 울릉도 · 독도 관련 거문도 자료들이 멸실되기 전에 수집, 보존해야 할 필요성을 절감하여 2기 정책중점연구소 사업의 중점연구 대상인 〈환동해문화권 울릉도 · 독도 자료조사〉의 일환으로 여수와 거문도 지역에 대한 조사를 실시하였다.

조사는 2차례에 걸쳐서 실시되었는데, 1차 현지조사는 2018년

1월 15일~17일에 실시되었으며, 영남대 독도연구소와 인하대 정태만 교수의 공동조사로 이루어졌다. 제2차 거문도 현지 조사는 2018년 2월 5일~10일까지 5박 6일간 실시되었다. 제2차 조사는 거문도를 비롯한 초도와 손죽도도 조사 대상으로 삼아 여수시 삼산면 일대를 대상으로 한 광역 조사를 실시하였으며, 해당 섬에 현존하는 울릉도, 독도 관련 유적들에 대한 조사를 실시했다.

이번에 발간하는 "울릉도 · 독도관련 거문도 자료 I · II(영남대학교 독도연구소 자료총서 5 · 6)"은 조사과정에서 발굴 수집한 거문도에 현존하고 있는 자료들을 정리하여 울릉도 · 독도에 대한 직접적인 언급이 있는 자료들을 엮은 것이다.

이 자료들은 거문도에 거주하고 있는 김태수 씨의 선친이신 김병순 옹이 일생동안 기록한 기록물의 일부로 먼저 울릉도와 독도에 대한 직접적인 언급이 있는 기록만을 모아서 『울릉도 · 독도관련 거문도 자료 I』(영남대학교 독도연구소 자료총서 5)로 발간하고, 이러한 김병순 옹의 기록을 뒷받침해주는 거문도의 역사 및 관련 내용에 대한 기록을 모은 것을 『울릉도 · 독도관련 거문도 자료 II』(영남대학교 독도연구소 자료총서 6)로 발간한다.

김병순 옹의 기록은 약 1,400페이지 달하는 방대한 것으로 김 옹이 평생 동안에 걸쳐서 작성한 기록물이다. 그 중에서 울릉도와 독도 관련 기록만으로도 약 210페이지에 달하며, 이 기록을 해석하기 위해 필요한 관련 자료도 약 410페이지에 달한다. 제2차 거문도 현지 조사 당시에 김태수 씨로부터 허락을 얻어 모든 자료를 확인하고 검토를 거쳐서 필요한 자료를 수집하여 분류하고, 정리하여 2권의 책으로 발간하게 되었다.

이번에 발간하는 자료집은 김병순 옹의 기록을 그대로 사진파일로 제공하는 것으로 향후 기록에 대한 정밀한 분석과 조사를 토대로 한 연구를 추진할 예정이다. 이 자료집이 향후 거문도 지역에 대한 조사연구에 활용되어 거문도 주민의 울릉도 · 독도 어로활동에 대한 활발한 연구가 진행된다면 독도에 대한 우리나라의 실질적인 경영 및 활용을 입증하여 독도영유권을 공고히 하는 데 크게 이바지할 것이라고 생각된다.

울릉도·독도 관련 거문도자료 수집 관련 사진

〈 김병순 옹이 기록한 자료(일부) 〉

〈 자료 기록자 김병순 옹 〉

〈 자료 제공자 김태수 씨 〉

〈 영남대 독도연구소 거문도 자료 수집 활동 〉

〈 거문도 뱃노래 전수관 〉

〈 거문도 장촌리 유물관 〉

원문자료

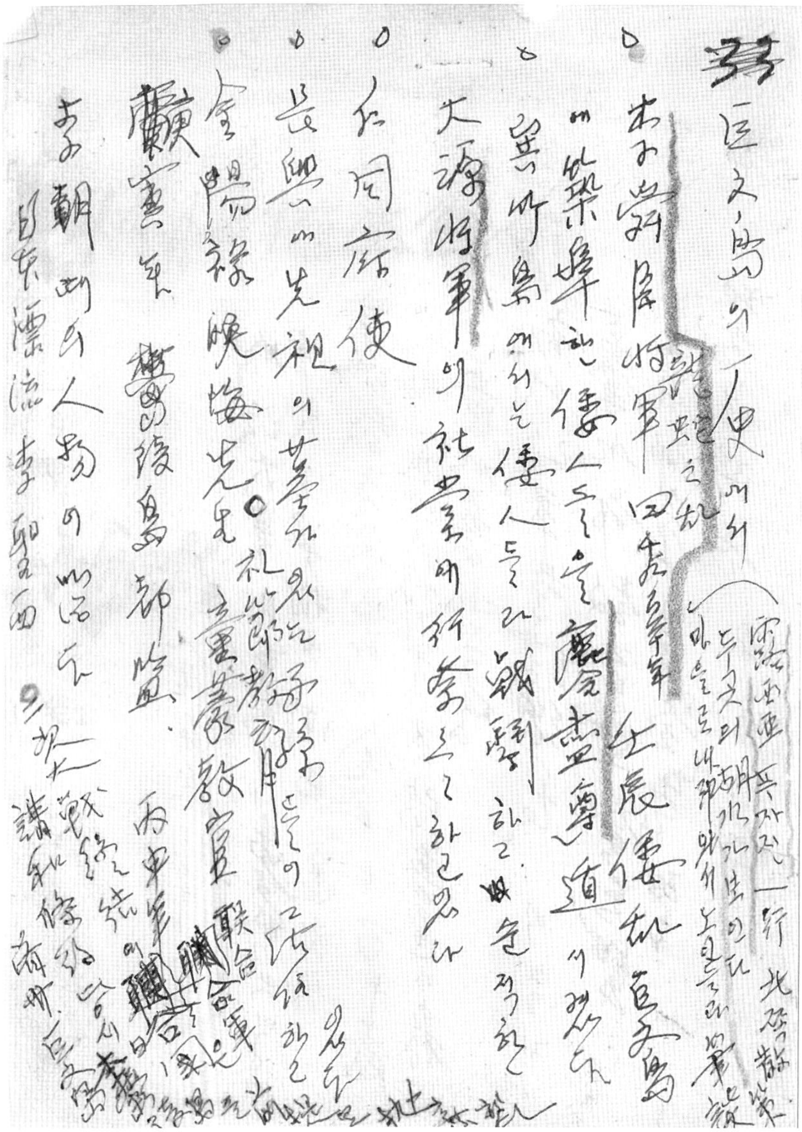

巨文島의 一史에서

○ 朴守良 將軍 (龍蛇之亂) [illegible] 壬辰倭亂 [illegible] 巨文島

에 築堡하고 倭人들을 慶尙道 [illegible]

○ 邑所島에서는 倭人들과 戰鬪하고 [illegible]

大將將軍의 社堂에 行祭之하였다

○ [illegible] 府使

○ 長興에 先祖의 [illegible]

○ 金陽緣 晩悔先生 [illegible]

[illegible] 繼續 島部 [illegible]

李朝 [illegible] 人物에 [illegible]

日本漂流 李 [illegible]

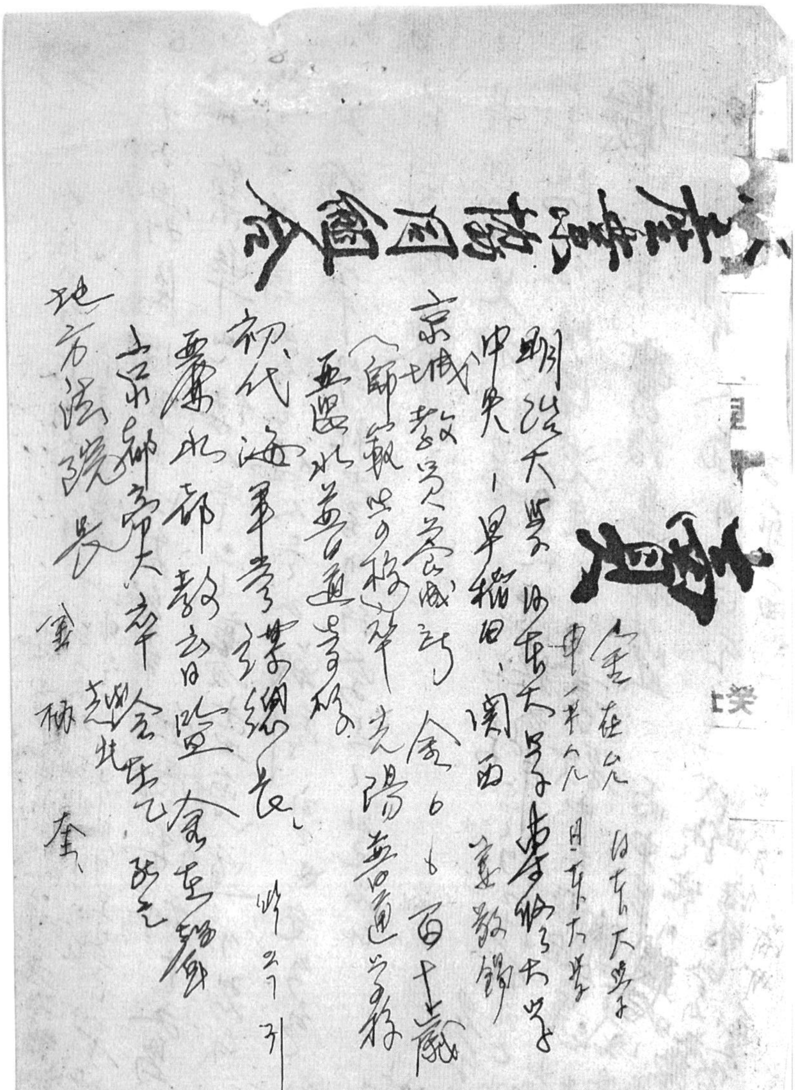

戊寅年 18

敎旨 徐基達 三人

烏嶺卫六 性鎰

孝烈門

孝子 童蒙敎官 金陽祿

烈女 崔氏 金氏 張氏之閭

西紀一八八九 一八八九紀因

上之二十七年庚寅八月 光緒十六年

并命旌

通訓大夫行副兼春秋兼侍講院檢校文學

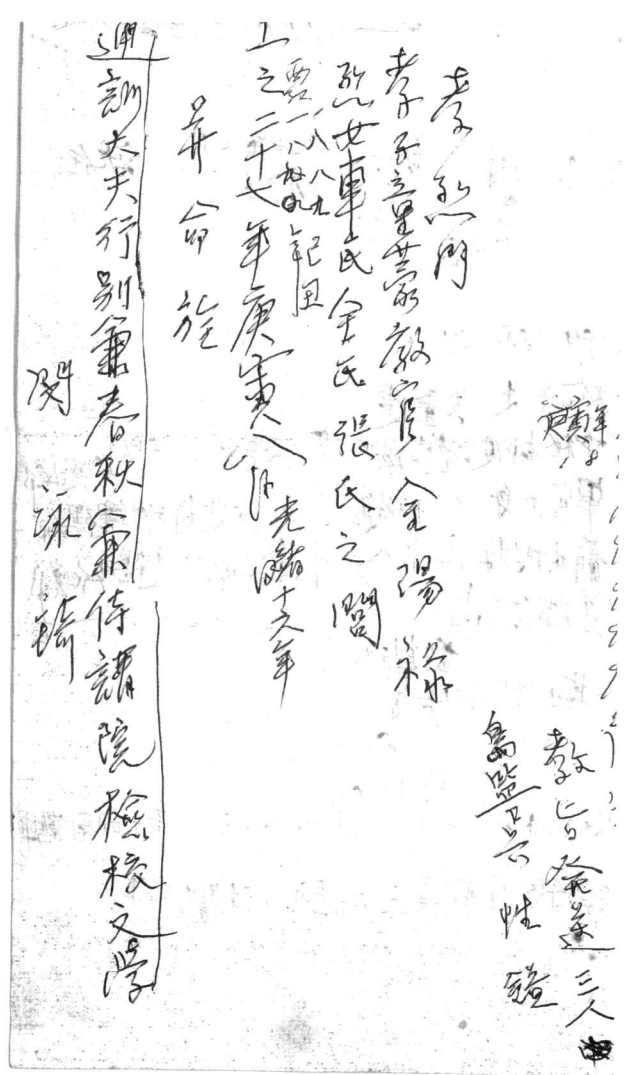

閔泳韶

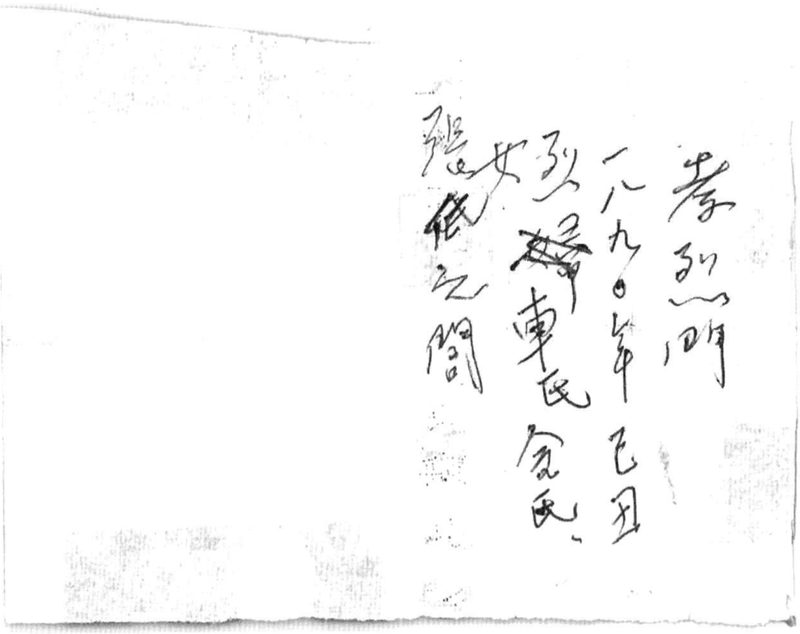

孝烈碑
一八九○年己丑
烈婦 東氏 金氏
女
張氏之間

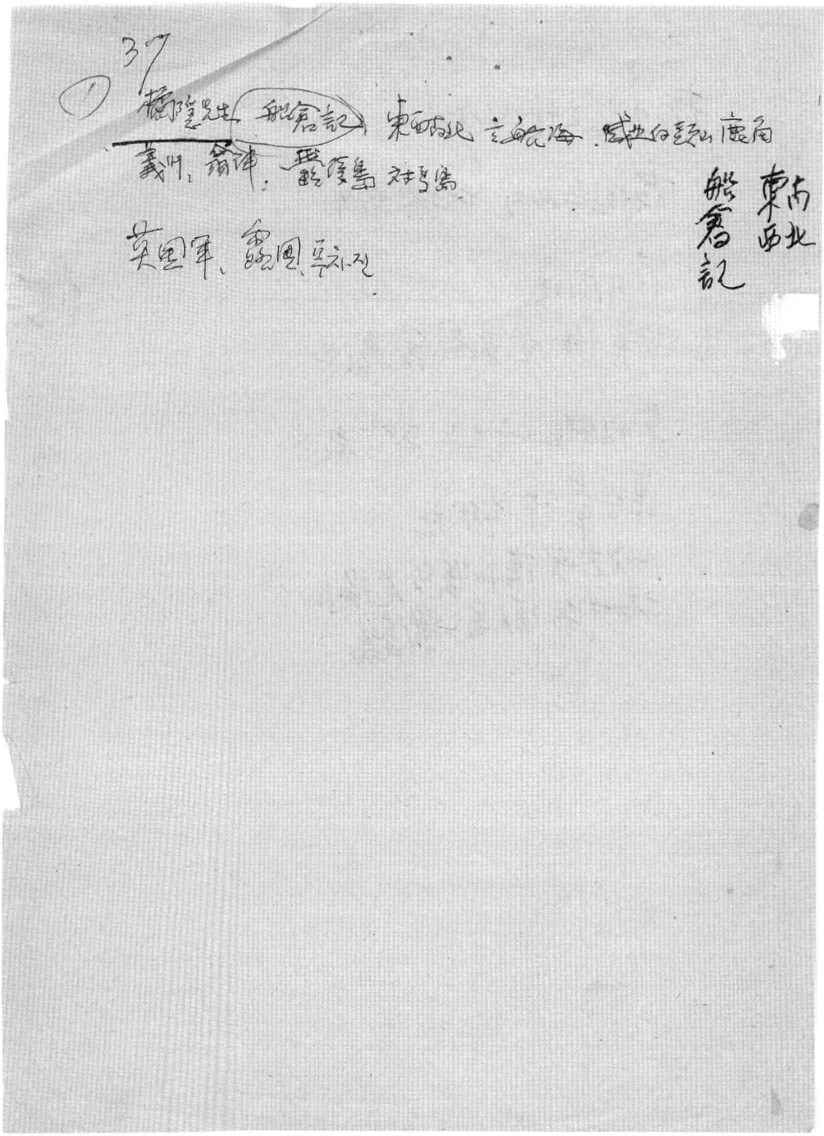
① 37
[illegible]先生 船倉記 東西南北 [illegible]
義州, [illegible], 鬱陵島 対馬島
英国軍, 露国, [illegible]
船倉記 東南西北

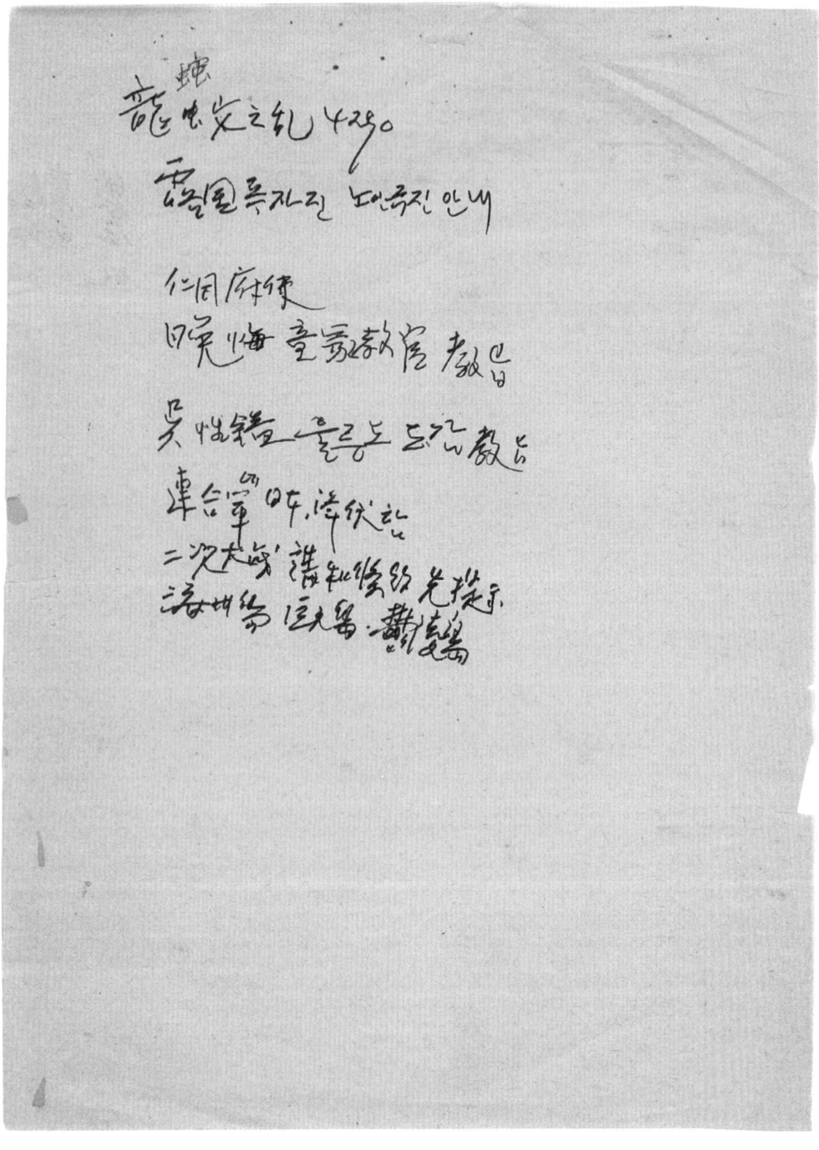
[illegible] 之乱 4250
露國 [illegible] 안내
仁同府使
[illegible] 敎官 [illegible]
吳性鎰 울릉도 [illegible]
連合軍 日本 降伏 [illegible]
二次大戰 [illegible]
[illegible]

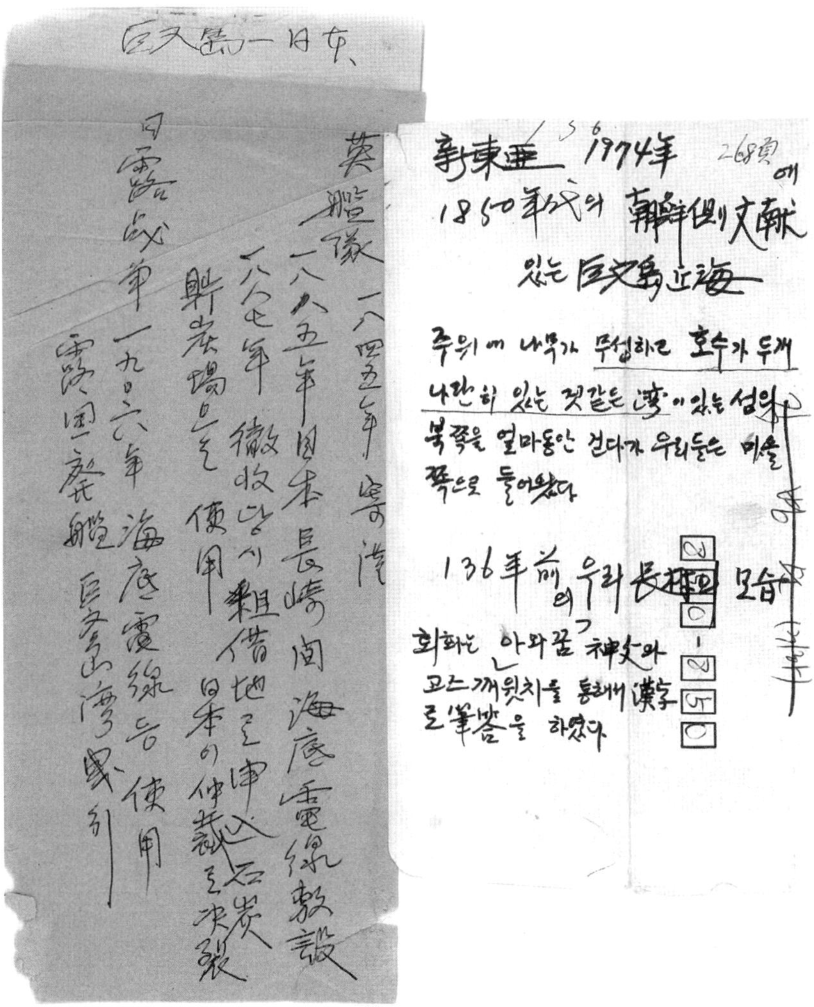
巨文島 一日本、
英艦隊 一八四五年 寄港
一八八五年 日本 長崎間 海底電線 敷設
一八八七年 撤收 당시 租借地로 ... 石炭
貯炭場으로 使用 日本의 仲裁로 決裂
日露戰爭 一九〇六年 海底電線 등 使用
露國艦艇 巨文島灣 ... 引
新東亜 1974年 268頁에
1850年代의 朝鮮側 文献
있는 巨文島 近海
주위에 나무가 무성하고 호수가 두개 나란히 있는 것같은 灣이 있는 섬의 북쪽을 얼마동안 걷다가 우리들은 마을 쪽으로 들어왔다
136年前의 우리 長老의 모습
회화는 안되고 神父와 고스께윗치를 통해서 漢字로 筆談을 하였다

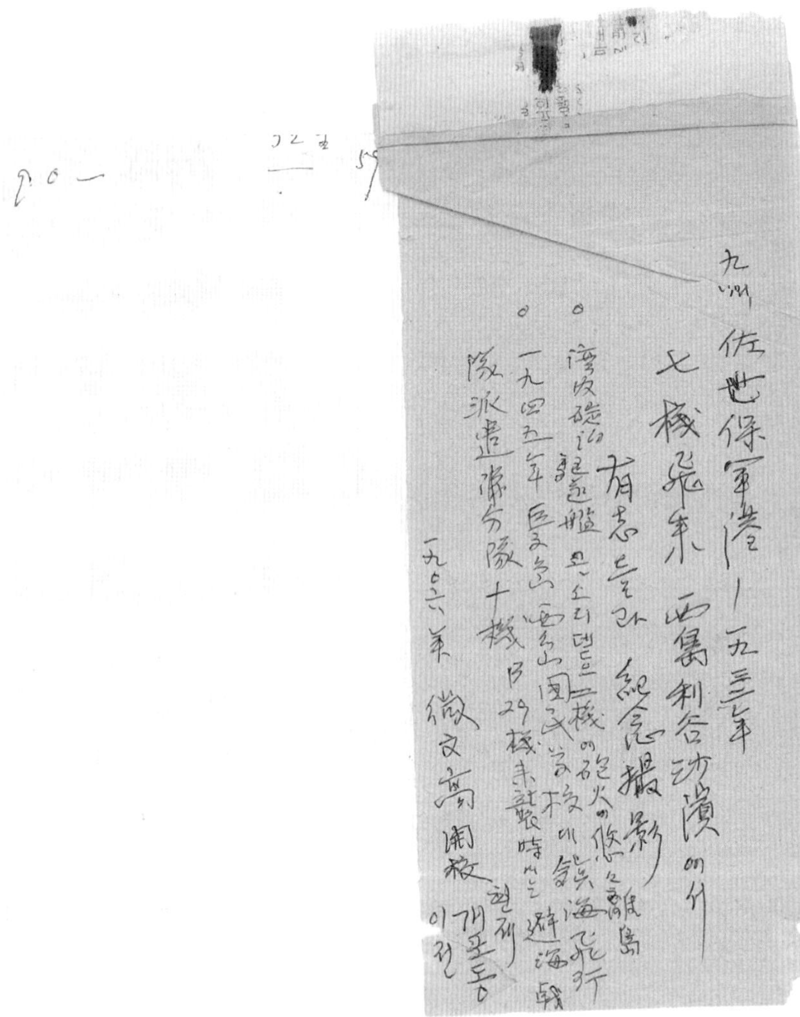
九州 佐世保軍港 一九三七年
七機 飛來 西島 剃合 沙濱에 什
有志들과 紀念撮影
一九四五年 巨文島 西島山 國民學校에
隊派遣隊分隊 十機
一九六六年

◎ 各国艦은
三大島 노랑섬인가
西洋各国 船舶艦이 나갈
때 대포 한번식 重포 轟然
이서 신호를 해고 출항한다는
것이다

고바우 ~ 녹산 끝
히고 사이를 사진을 찍어
서 보이고
사진찍은데
큰이기미, 해안
학교 가드리기게
찍어서 집앞까지
보이게 해서 관광자료로 만든
큰이끼미 해수욕장 등 듯
(西山)
龍盤落照~
山池谷 晴水

2000년 1月8日

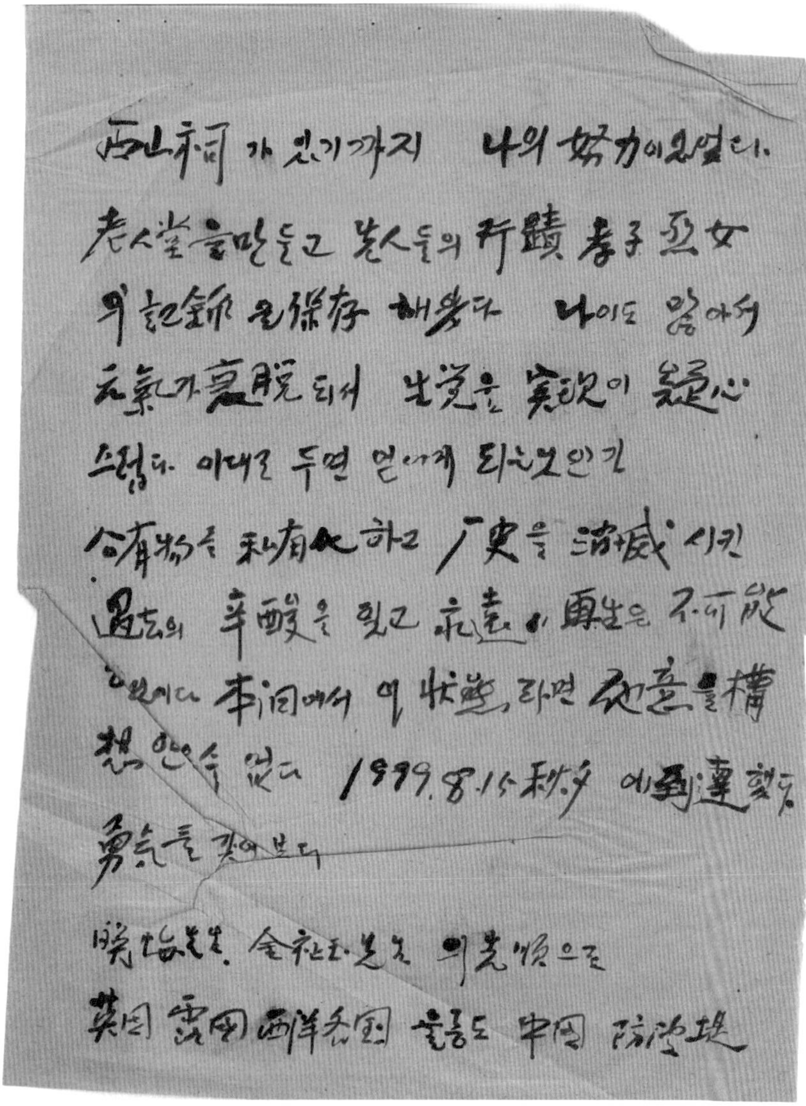

西山祠 가 있기까지 나의 努力이었읍니다.

老人堂을 만들고 老人들의 行蹟 孝子 烈女

의 記錄을 保存 해왔다 나이도 많아서

元氣가 衰脫 되서 生覺을 實現이 疑心

스럽다 이대로 두면 언제게 되는것인가

公有物을 私有化하고 歷史를 消滅 시킨

過去의 辛酸을 잊고 永遠이 再生은 不可能

하였다 本間에서 이 狀態라면 知慧를 構

想 할수 없다 1999.8.15 秋夕 에 到達했다

勇氣를 갖어 보다

瞬始先生. 金在玉 先生 의 先例으로

英国 露国 西洋各国 울릉도 中国 防波堤

의 지나온 7史을 들림이다.

1999. 8. 20 記

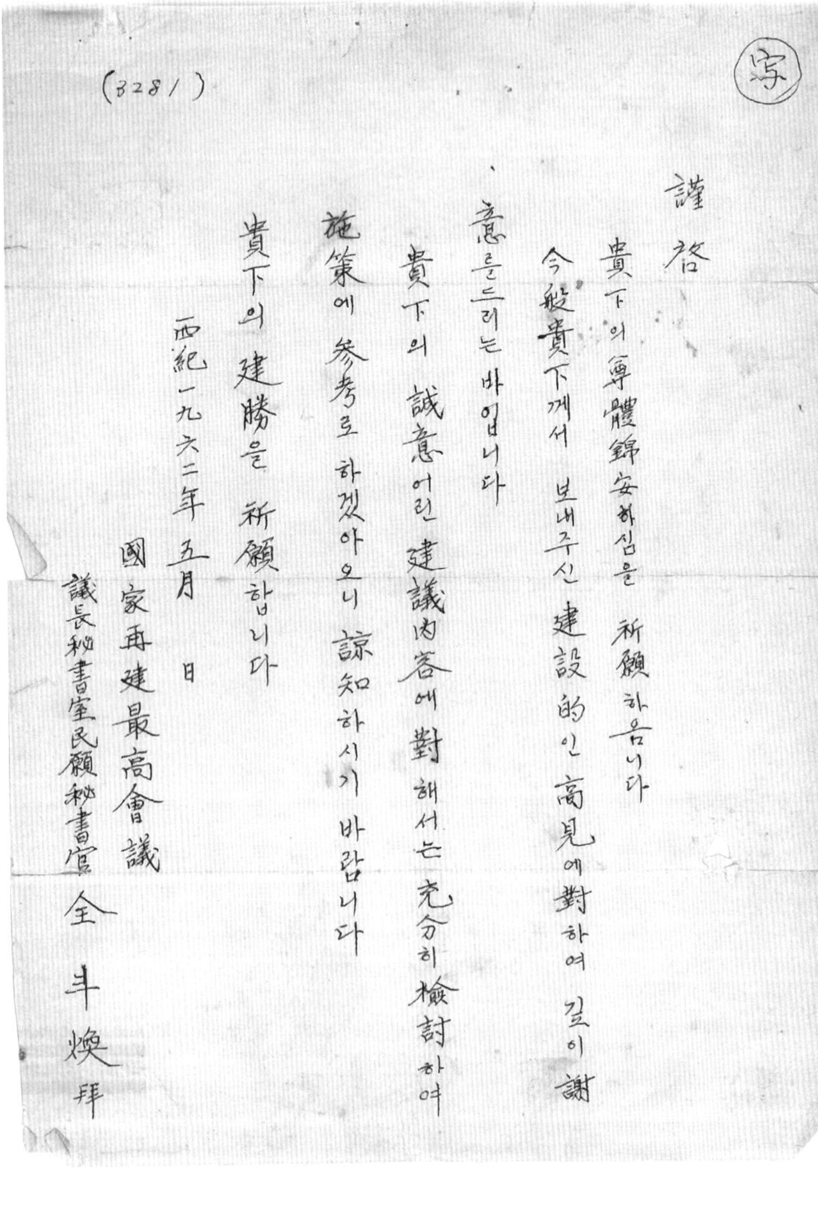

(3281)

謹啓

貴下의 尊體錦安하심을 祈願하옵니다

今般貴下께서 보내주신 建設的인 高見에 對하여 깊이 謝意를드리는 바입니다

貴下의 誠意어린 建議內容에 對해서는 充分히 檢討하여 施策에 參考로 하겠아오니 諒知하시기 바랍니다

貴下의 建勝을 祈願합니다

西紀一九六二年 五月 日

國家再建最高會議

議長秘書室民願秘書官 金斗煥 拜

建議書 收容

最高會議長 閣下 國事多忙하신 此際에 尊体錦安 하심을 仰祝 하는 바입니다.

報道에 依하면 鬱陵島 漁民들이 独島付近에 出漁할 당시 操業中의 船団에 國籍不明의 飛行機가 機銃射撃을 加하여 왔다는 事實은 같은 人類로서 天人共怒할 到底히 참을수없는 蛮行으로 野蛮行為를 全國民과 더불어 糾弾 하는바입니다.

1845년 8.15일 敗亡을 告하는 日本은 우리나라 國民과 領土가 解放이 되었음에도 執拗하게 自己네 領土인양 旧習을 벌이지 못하고 있음을 痛憤 하는 바입니다

七.八월이되면 鬱陵島 生産物을 積載하고 故郷을 하고 忠清도와 各地에서 米糧穀을 購買 또는 交換을 하고 절구로 加工한 米糧穀은 倉庫에 保管하고 二.三月 西風이 불어오면 出航날을 기다려 울릉도民의 絶対必要한 食糧소곤을 積載하고 家族들과 期約없는 離別을 하고 떠나는 것입니다

鬱陵島住民 들은 나인들이 돌아와야 미역을 採取하는 慣例가되어 있읍니다 住民 들은 나인들의 돌아오기를 ~~到着할것을~~ 鶴首苦待하고 있읍니다

釜山에 寄港을하면 移住民들의 希望者가 同船을 한다는 것입니다

金興岳翁 120歲 兄弟가 無事故로 鬱陵島를 往来한 익숙한 분으로 이렇게 傳해주고있습니다

独島에 가서 미역을 따고 棲息하고있는 可知魚를 捕獲하면 기름을 내어 陸地의 農家에서 使用되고 田病虫害에 緊要하게

쓰여진다고 합니다 木材採伐한 方法으로 나무밑을 도끼로 半径을 찍어 나무위에서 줄을매어 여럿이 잡아단기면 半半으로 갈라져 이것을 다듬어서 用材로 쓰여졌다고 합니다

日本人들은 들어와서 향목을 도벌해 갔다고 합니다

日本人은 島根県 公示를 잘 모르고 있음에 不當하게 領土権을 主張하고 있으나 独島는 分明한 鬱陵島民의 生活圏이기에 公示와 관 妄動에 ... 될수는 없읍니다

東海上의 要衝地 鬱陵島 独島를 國防力의 強化와 国土保全을 鞏固히 하여주시기를 바라오며 閣下의 建勝을 祈願하는바입니다

1972년 5月

全羅南道 麗川郡 三山面 西島里

代表 金 柄 順

연기 4325年

當選通知書

本籍 全南麗川郡三山面西島里
住所 右同

金炳順
檀紀四二四八年一月六日生

右者檀紀四二九三年十二月十九日施行面議員選擧에서 面議員으로 當選되었음으로 地方自治法第八十四條의 規定에 依하여 이를 通知함

檀紀四二九三年十二月十九日

三山面選擧委員會

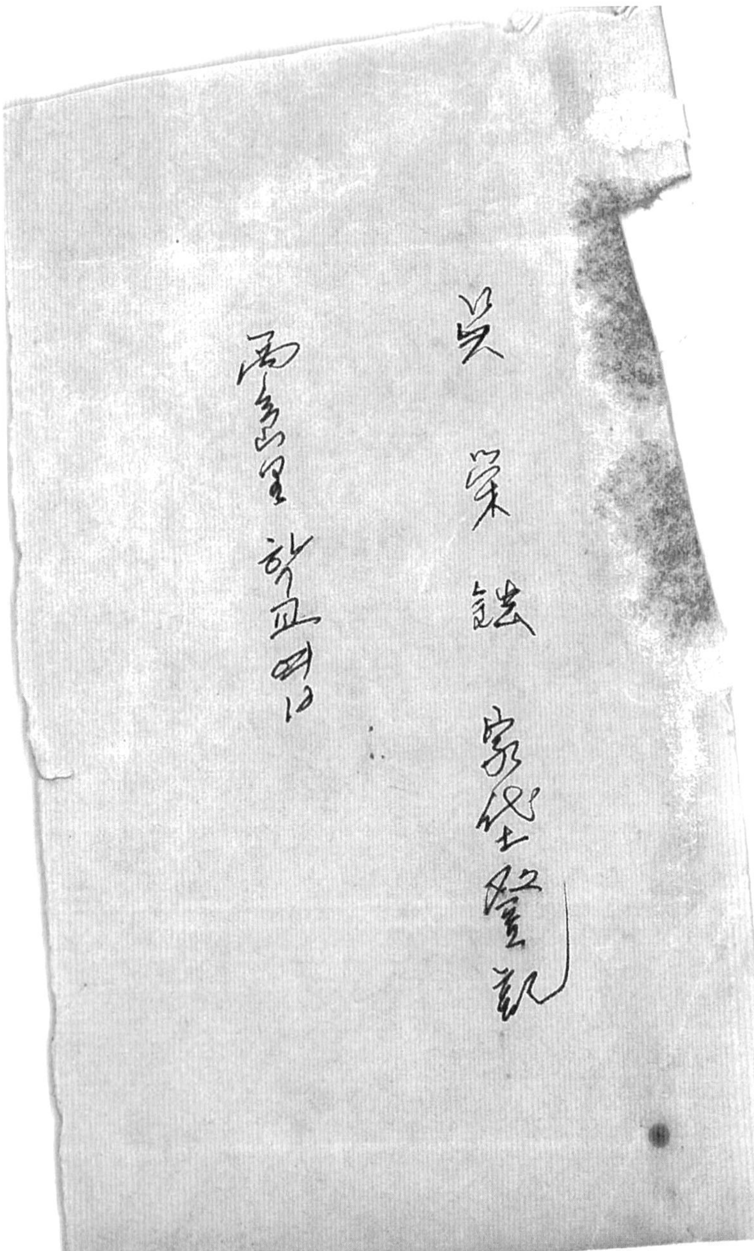

巨文島 名　英國艦隊의 占據하고있을 때 政府에서

嚴世永 參判 差遣인데 隨行 . 中國丁汝昌 秘書

馮如甕

巨文島에서 石塊들이 많음을 보고 中央에 連訊하여

巨文島로 命名하게 되었다

長村里 洞閣에서 對談

作成年　　金陽鎬 ~~[illegible]~~

1806年生 180才

1815.

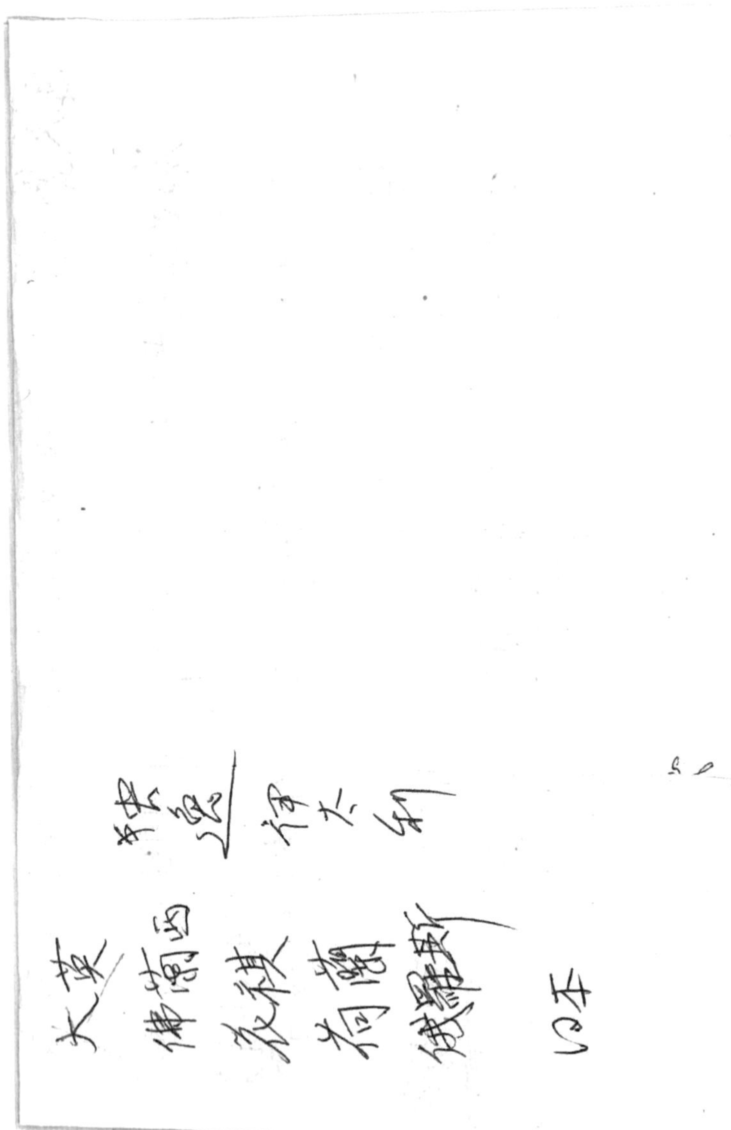

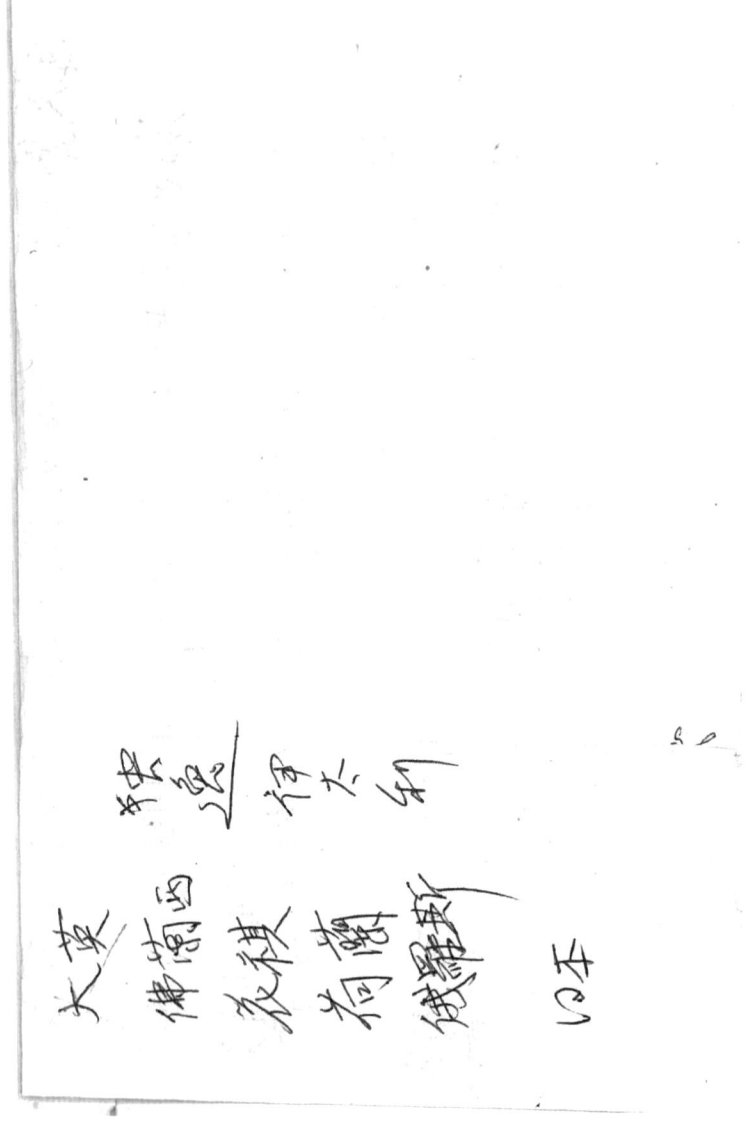

云云夫船之有倉猶人之有家也人而無家無以庇風雨船而無倉無以
過風濤若所謂書之與載詩之正月爾豈不寔〻心者哉恭惟我三島即
大瀛中兀然一塊也大率商賈以爲業舡艋以爲家近則三南去關東
遠則兩西且朔北而其生業都繫一浮家而已然鄙島之爲形也寔爲
百川之尾閭而沿海叢石嵯然相崖相角有如猛獸跙踞犄觭之
勢而若擣風捲地怒濤滔天蒼鵬翼其扇海白馬奔其噬岸
於是乎檣傾楫摧者往〻皆是則苟非呂梁之灵戈悵錢氏之
强弩潮豈能免膠舟之歎也是以爰契我龜以備異日藏船之
所而芦灰不可以縮水阿膠不能以止河然也運土填海擔石截江
然后可以就萬一之役而力綿負重卒難爲功以意鬼況有游奧將
之現吾世豈無供佛子之金活乎茲以仰瀾于僉君子兼善之下
各出其力名捐其金一以助其役一以就其功則於我有弘濟之恩

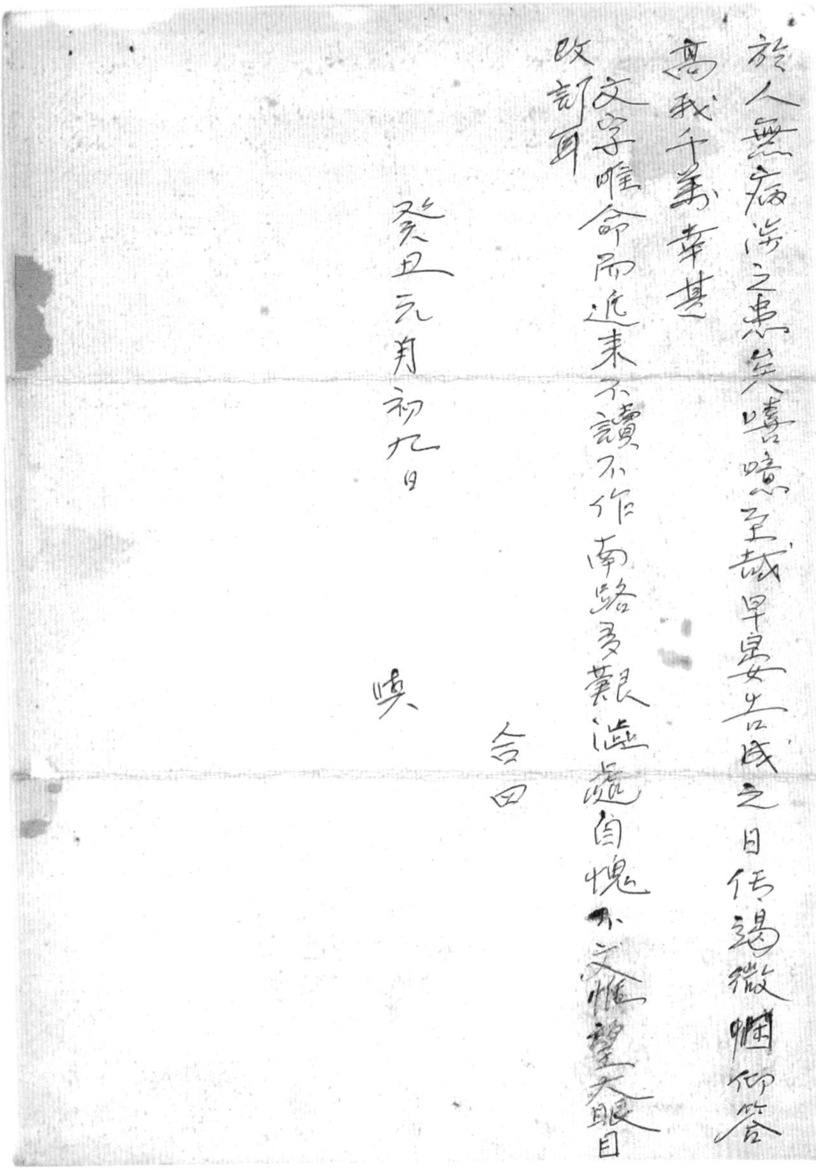

於人無病恙之患矣 噫嘻至哉 早晏安告民之日 傳揭徽幟仰答
高我千萬幸甚
文字唯命而追來不讀不作 南路多艱 遠遠自愧 亦又惟望大眼目
改訂耳

癸丑元月初九日

吳

合田

避難 간다 　臣文島에서 본 二次大戰

濟州島爆擊 音이 요란하다

高興 矢山 앞바다 商船群團에 中國汽船 擊沈 했다
擊沈 된 後 바다는 靜寂 海上은 고요함

臺灣으로 避難 했던 밖

金海鎭 四校國民校에 收容 　600名 濟州訓練
所 一家族은 避難民 所에 入所

電信事務 署務所에 設置

西島로 海軍飛行機 10余機 集結

國民學校 運動場에서 B29 에 出擊하는 을

보고 望遠鏡 을 試험하고 있다

臣文島 東海中 巡洋艦 電行光輝 을 보고 炸裂彈

1개를 落下 시켰다 　沖繩 歸還하는 飛行기

灣內에 二隻의 大型海艇이 擊沈 中 에 곤소리

떨은 2機가 드러왔다니 低空 으로 돌아갔다

船에서 砲火를 올렸으나 命中되지 않았다

入口에서 日本 에서 歸家 全中 20名 位에 爆彈

을 해서 大魔에 휩싸였다

化文 大寺洞九 山洞五 其二人等 謹齋沐百拜上書于

城主閤下 伏以自古孝行烈行之特異者 只記於書史上 觀感而不能

無盡信書之感矣 今本鄉故處士金陽孫家四世烈孝 始知其決然

無惑 忠陽孫郎 襄武公諱完之八世孫 府使諱命熙五世孫 士人

鎮恩之子也 其母車氏 贈領議政文節公雲菴先生諱康順之苗

裔也

噫 車氏之烈 陽孫之孝 金氏之烈 張氏之烈孝 俱出於一室之內 究

之古今 果有彷彿者乎 民等同觀耳聞 其靜修 發不遑 煩瀆於

聲 仰此顯於孝之下 伏願垂察後 使此四世烈之行 無至泯滅之地 千

萬至良

城主閤下

戊子正月 日 (1888年)

藻鑑

後幼學

林宗恒 李尚權

韓延龍 金大興

金性奎 裵大奎

李漢鄕 李興基

李在國 朴兼恒

忠孝烈 百行之源 人孰不知 知而難行 全事
中最難 從此可知 而此門孝烈 四世卓異 豈
不美哉 巍然起敬 而模闡揚 邦家之恩典
海山道 進禮設 無延不覺 慨歎 嘗轉而事報

孝烈門

孝子贈童蒙教官金陽弼
烈女李氏金孫張氏之間
上之二十七年庚寅八月
特命旌

童蒙教官教
1890
臣文浩 辞令狀
吳性鎬 島監

通訓大夫行成均館春秋兼侍講院檢校文學
閔[illegible] 書

1905 乙巳條約
1910 庚戌年合邦

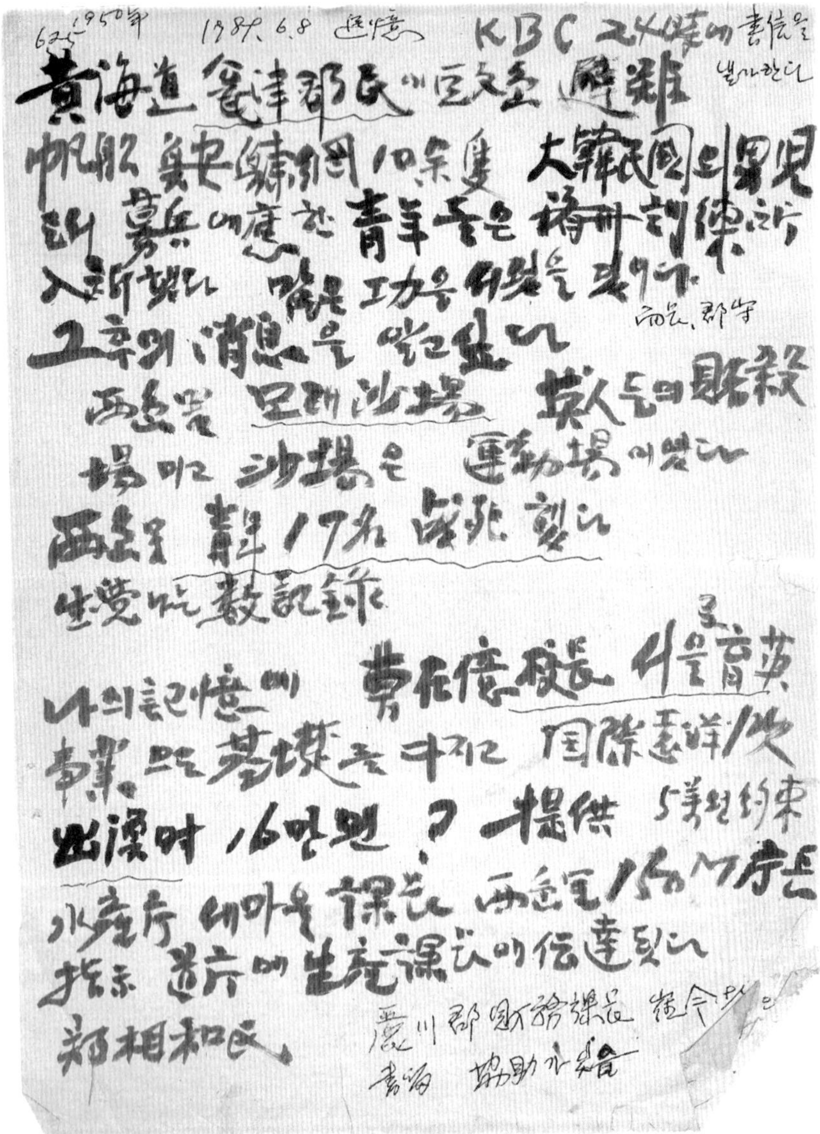
6.25 1950年 1984.6.8 追憶 KBC 24時에 書信을 낼가한다
黃海道 甕津郡民에 [illegible] 避難
帆船 [illegible] 10余隻 大韓民國의 男兒
로서 募兵에 應한 青年들은 [illegible] 訓練하여
入隊했다 [illegible] 工功을 [illegible]
面長, 郡守
그후의 消息을 알고싶다
西面 모래沙場 [illegible] 人들의 虐殺
場이고 沙場은 運動場이었다
西面로 青年 17名 [illegible] 했다
生覺나는 數記錄
나의記憶에 黃在億校長 [illegible] 育英
事業으로 基礎를 다지고 国際[illegible]
出[illegible]며 16만원 ? 提供 5萬원約束
水産庁 새마을 課長 西面 [illegible] 課長
指示 道庁에 生産課長이 伝達됬다
鄭相和氏 [illegible]川郡 [illegible]課長 [illegible]
書信 協助가 있음

文高公 4282年 1949年 3月 50 51. 52. 53. 54. 55. 56. 57. 58. 59年 11年 高公開校

4282 1949年 指定

三山 4286年 1953年 54. 55. 56. 57. 58. 59. 4292 1959年 3月 開校

1959年度 德林里에 指定하기까지

3月 1日

18歲入學

홍렬 金 根洪 5-8 高1年 모병 6.25 1950 在學中

복동 金 福之 補

천용 朴 義兵 宝城文德 김민주 활용

창운 金 補

보현 金 補

동선 金 補

대식 張 高

상조 南 補

종순 李 중기

조용 朴 高

동열 金 補

현정 李 鏡月 高

대훈 李 高

귀조 李 高

두옥 金 부산 高1年

윤신 尹 17명 外 補校生 補

주현 金 0

西隣里

区文高公에서 17名集団으로

募兵한것은 正當한것이못된다

一般에서 募兵이 없었다면 割當

한것으로 볼수없다

中学課程에서보는 学徒兵

이 該當된것이 아닌가

[illegible]

每年 6.25가 오면 生覺이 나서 高公生이 出戰했다
戰死. 紀念碑建立도 아라보왔다

6.16
6.17 발송

No.

KBS 放送局의 無窮한 發展을 祈願하오며
24時報道本部 職員들의 많은 勞苦에 感謝합니다
1950年의 凄慘했던 6.25가 돌아오면 戰死한 英靈
앞에 머리숙여 慰勞를 드립니다
우리고장 巨文島高等公民學校 學生을 비롯해서 戰死者
가 30余名이됩니다
멀리 黃海道 甕津郡에서 [illegible] 船團 10余隻
을 타고 南海上의 巨文島로 내려왔던 것입니다 (郡守面長
戰鬪가 苛烈해지자 避難民도 國軍의 一員으로 應募
되여 濟州 訓練所로 入營한것으로 알고있읍니다
巨文島에서는 全避難民 및 住民들 중에서 600名 정도가
募兵된것으로 희미한 記憶으로 알고있읍니다
당시 甕津郡民의 応募는 西島里 모래사장이 廣場
으로 使用되였읍니다
甕津郡民들이 되도라가는 길에 많은 犧牲이 있었다고
傳해들었을 뿐입니다
40年이된 6.25가 돌아오면 [illegible]해서 24時報道
本部에 問議 하게됩니다 甕津郡 出身의 生還者
와 戰死者를 放送을 통하여 알수있다면 感謝不已 하옵고 [illegible]은
없고 모래沙場 많音 [illegible]합니다

198[illegible]. 6

麗川郡 三山面(巨文島) 西島里

(西島里老人亭)

22X10 SAM YANG

金 [illegible]順

西島里 巨文高校 단기 4282(1949年) 創設 国民学校併
設 三山高公과 統合 4290(1957年)

西島里 巨文高公은 先生들에 難関을 克服 하고 維持했었
다 將来의 希望은 中学校로 昇格이였다

東島里 韓圭洪氏는 여순叛乱 때 順天에서 学業의 不振으로
(1948.10.19)
還鄕했다 三山面教育委員 이었다 巨文里에 三山高公을
成立에 協力했다 (4286年) 三山高公은 巨文里 国民学校에 併設이지만
学父兄 負担이 不堪해서 巨文高公과 統合하면 道立
高公으로 昇格하고 補助金을 獲得해서 負担을 減
少 시키자는 目的이였다

学校의 紛糾가 継続되었다 西島里는 道教育委員会,
巨文里는 道議会 가 支援의 形式으로 되었고 道議会가
큰 힘을 빌려주었다 結局 은 李思泰 議員이 中立이될
수 밖에 없었다 德村里에서는 国民学校 敷地를 提供
하는 條件 이었다 東島里나 德村里 李正載 代表의
多数의 賛成으로 指名权은 西島里가 하고
発言으로 德村으로 選定 하게 된것이다
中学校 期成会長 元正常氏가 発言의 힘이 된것으로 본인과
德村里 와의 覚書는 虚偽로 돌아갔다

1.11

西倉里區長高순은 1950年 6.25 出戰했던 學生이었었다

西倉里 出身者 戰死者는 17名이었다

各里에서 募兵이었으나 별반에 不足했다.

郡守 面長

金津郡民이 避難해왔다 靑年들을 選拔해서

一線으로 보내기위해 募兵을 모래사장에서 實施해서

海에 訓練所로 出發했다.

28 1·11 癸丑

29 1·12 甲寅

[illegible]

[illegible]外國船舶의 築造를 建議한다

巨文島港의 防波堤가 完成段階에 왔다
外波濤의 襲來가 없어져서 漁船들의 安全에 도움이 크다 船舶의 安全으로 出漁에 順調롭다
이제는 海峽 출입가 航路가 平穩[illegible] 할수 있게 되었다.

그러나 港內에서 의 멸치어장 등 漁獲高가 減少가 되었다 施設은 海軍에서 使用이 많다

水產廳에서는 巨文島港의 擴張 하게 된것에 漁業가 없었다

이끼미 바다 이에는 [illegible] 이다 小防波堤를 築造해서 島民의 漁業하는데 도움이된다

50m, 100m를 漁民들이 바라고 있다.

趣 旨 文

1984년 4月 18日 濟州 釜山간을 정기운항 한 東南商船 所屬 정보페리호가 巨文島北方 5.2哩 海上에서 2,904t 초속 12.16 波高 5.6m에 航海하던중 뱃머리 차량문이 열려 기관실이 침수되고 機關이 정지 되면서 海難事故 를 이르켜 東亞大學生 6명 一般客 6명 12명이 익사하였읍니다

金大統領은 國務會議에서 巨文島에 安全施設을 設置할것을 검토하라고 지시가 있은 후 거문도 東南方 入口에 97m 가 築造되고 待避港으로서 위용을 과시하게 되였읍니다. 英國艦隊가 1885-1887 占據당시 一次工事가 着工되었던 곳입니다.

巨文灣은 태풍으로 오는 높은 파도는 人命被害 船舶破壞 家屋등 被害가 頻繁했으며 당국에 수차례 歎願은 해왔으나 政府의 財政 관계로 實現을 보지못하고 한숨만이 있을 뿐이였읍니다.

이제 海難事故를 契機로 하여 巨文島漁民 들은 船舶의 安全은 물론 生活에 幸福을 누릴수 있게되였읍니다.

施設附近에 適地를 選定하여 不運으로 殞命하신 英靈들을 慰勞하기 위하여 慰靈塔 建立을 推進 코저하오니 각별하신 협조를 바라고자 합니다

1994년 3월

文化事業推進委員會 代表 金 柄 順

回顧錄

1973. 11

西島里防波堤 工事를 繼續推進 할것을 決議하고 代表者는 水産廳長께 建議書를 올렸던 것이다

本郡을 訪問 하여 財務課長인 本里出身인 崔今均 氏는 이防波堤 案件을 工部에 上申해주셨으며 積極支援을 해주었다

國際建設会社 南相圭 社長 께 工事推進件에 問議를 하였더니 部長인 房氏의 周旋으로 本廳새마을課長 鄭相和 氏를 紹介해 해주었다 西島里防波堤 에對한 陳情書가 必要하여 南社長이 代筆 해주어서 提出하였다.

鄭새마을課長은 慶南南海 出身으로 島嶼事情을 잘 理解를하고 있어서 本代表의 誠意를 다하여 本人이 數日을 經過 한것을 알고 職員을 督勵 하고 全南道에서 出張을 나온 朴生産課長 을 光州에 同行케 하고 巨文島防波堤件을 道施設課長 에게 蹉跌이 없게 傳達 을 當付해주었다

本代表는 서울에서 遲滯할 여유도 없이 歸家를 서둘었다

里會議에 水産廳長 으로부터 防波堤 工事에 承諾의 結果를 報告를 하였다 一言之下 否定을 했다 代表者는 工程 150m 延長을 爲하여 心血을 傾注해왔다 이 歷史的인 本里事業의 歡待를 받지못한 것을 痛嘆을 금할길이 없었다 이 侮辱을 누구에게 하소연 할곳이 없다 우리동리의 특유한 利己心이요 偏見을 뼈저리게 느꼈다 代表者인 나는 모든것을 斷念해버렸다

一個月餘가 넘어갈무렵 全南道에서 公文이 下達 되였다

巨文島西島里 工事는 順番대로 施工 한다는 通牒公文 이였다 公文은 빗나가고 만것이다 이 絶好의 天恵의 機會를 놓친것이다 恨스럽다 現 "배안버끝" 30m + 150m가 延長이 된다면 北東風을 막고 南向으로 延長 한다면 많은 船隻이 收容이 되는것이다

옛祖上 들은 自力으로 船倉을 築造하는 눈물겨운 일이였다.

堅固하지 못하고 崩壞된 쓰라린 運命을 겪어야 했다 草島大洞里는 年次工事가 継續되고 있다. 他山之石이 되었으면 한다
光州每日新聞에 1973. 11월 西島里防波堤陳情記事가 揭載되었다 本道에서 當時下達된 公文을 永久히 保存하라고 당부했다

1973. 11.

代表者 金板順

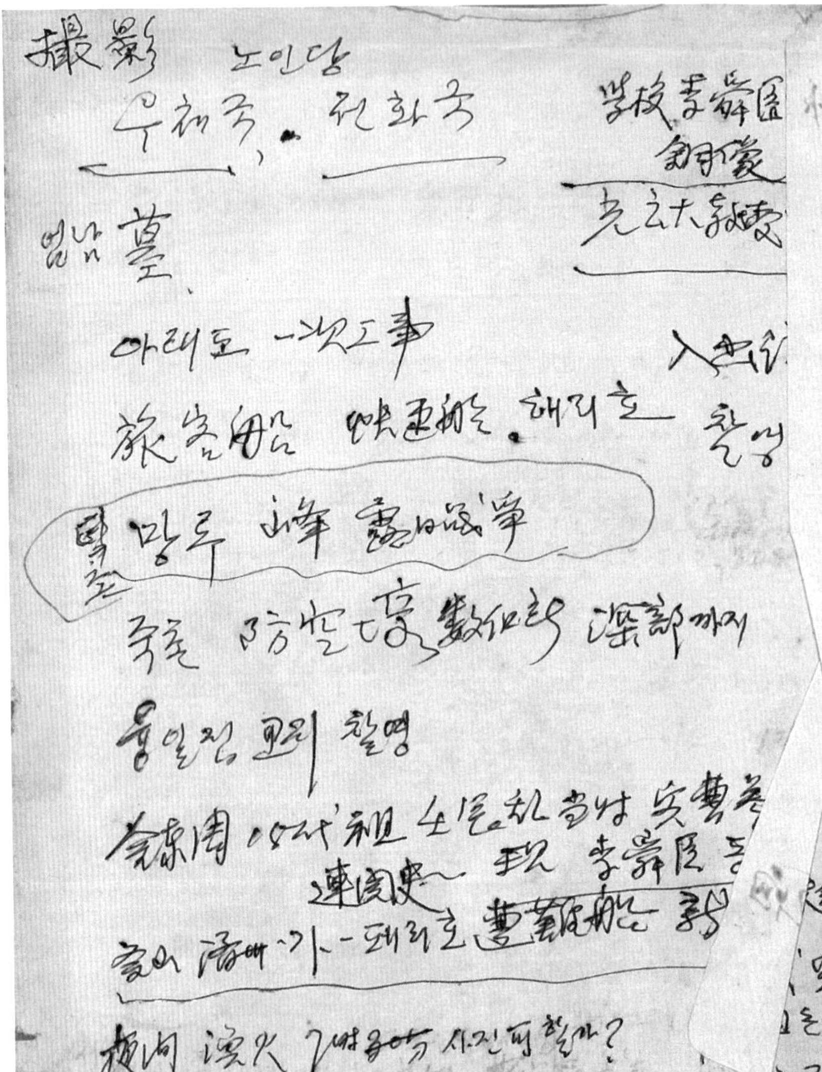
撮影 노인당

우체국, 전화국

學校 李承晩

銅像

墓

아래도 一次工事

旅客船 快速船 해리호 촬영

방공 防空壕

촬영

요지음 健康으로 [illegible] 찬 때에 잘 지내고 있는지

父母任 께서 安寧하시고 [illegible]에도 [illegible] 하시기를

바라고 있네 安否 말씀을 傳해 주소

서울을 떠날때 과천의 [illegible] 相逢을 못하고 電話로

連絡을 했는데 7月30日에 [illegible]한 [illegible]돌을 말했는데

탄소시험을 해서 몇년의 [illegible] 된것인지 알고 싶은데 이내

동생이 보관하고 있어서 [illegible] 했었기에 유연을 해서 手苦를 [illegible] 한데 이내

[illegible] 어느 [illegible] 에서 흑요석이 발출되고 [illegible] 고에는

것은 모르니까 [illegible] 하고 있네

歷史的으로 年代를 알고 [illegible] 資料가 될 것으로

手苦를 바라고 있었네 [illegible] 는 자네 아는 영주 文教로

상의하여 주소

그러고 [illegible]錢은 古代 中國 [illegible] 된것으로 五銖錢

B.C 110年 전의것으로

[illegible] 에 博物館에 [illegible] 된것인데 古代 [illegible]

이 [illegible] 했던것인지 우리 한국에서는 中國 돈이 [illegible]

처음 [illegible] 發見된것이 아닌가 보네 [illegible] 에 [illegible] 해주 [illegible]

[illegible] 일세 열권은 잘 保管했다네 나가 가면 돌려주소

手苦를 당했네

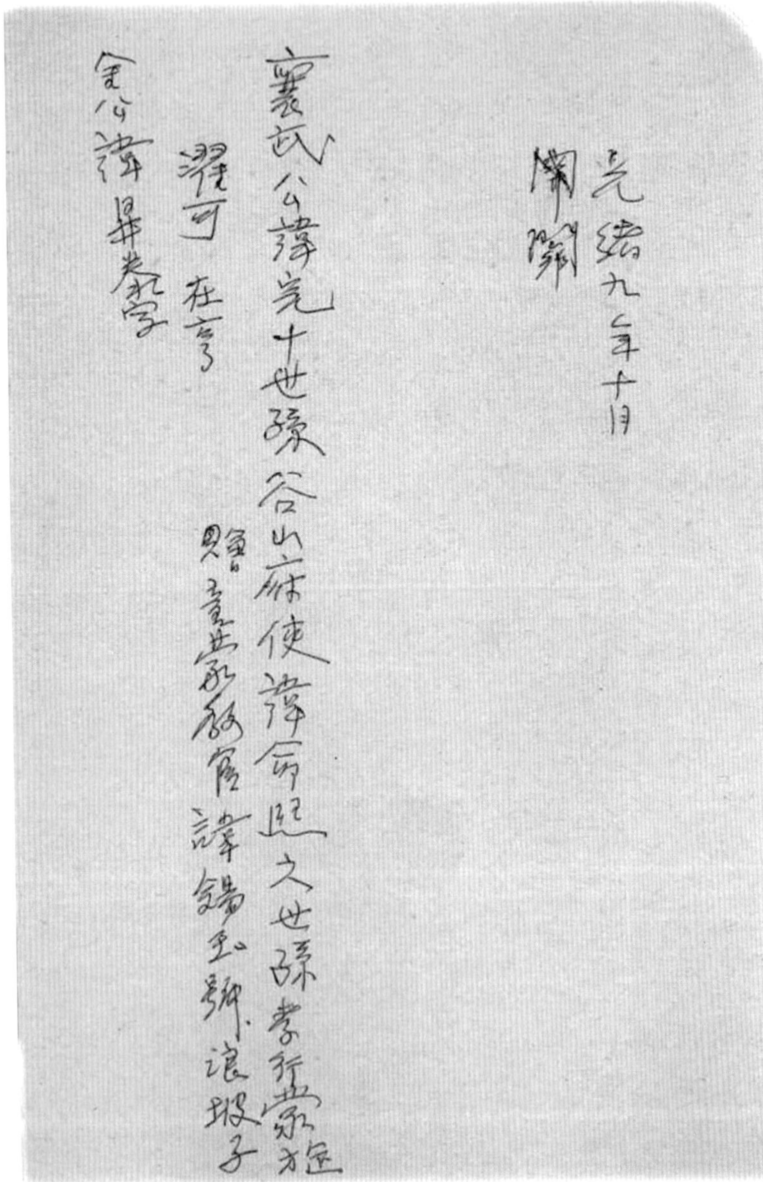

光緒九年十月

開刊

襄武公諱完十世孫谷山府使諱命起之世孫孝行旌

贈童蒙教官諱錫五號 浪坡子

濯可 在亨

金公諱昇叅學

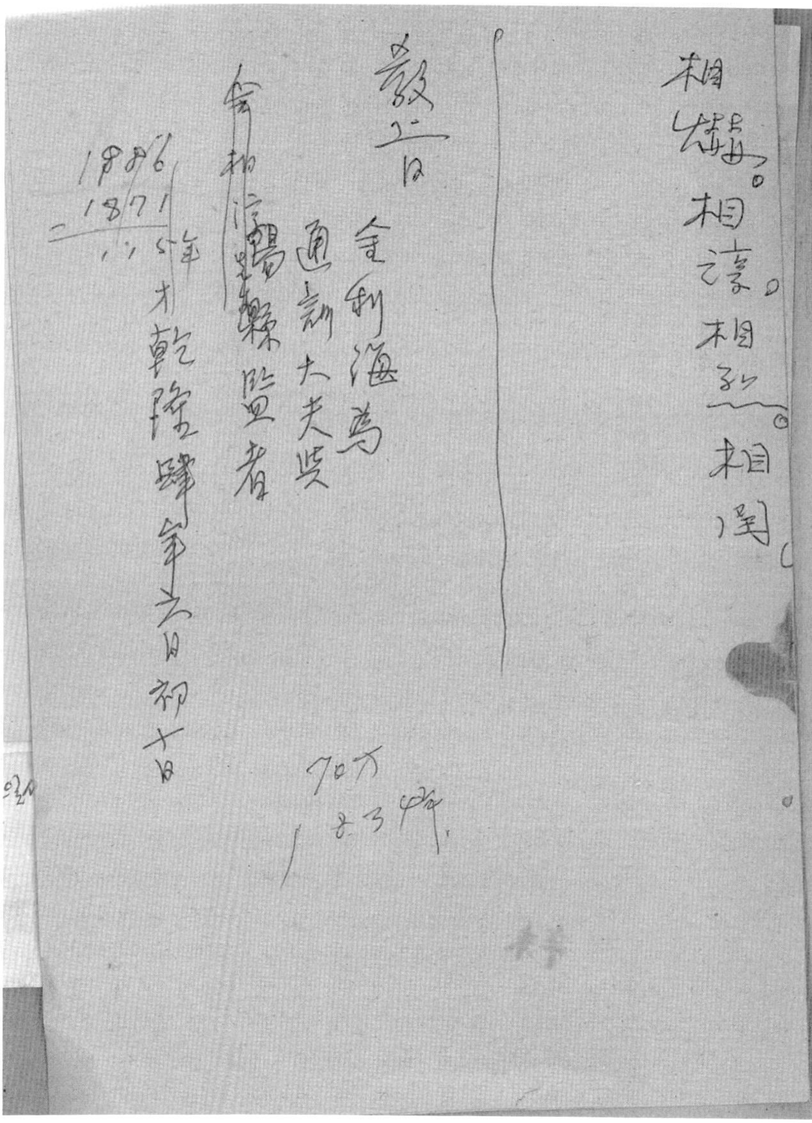
相。相淳。相弘。相閔
敎旨
金利海爲
通訓大夫咸
錫陽縣監者
1886
1871
15年
才 乾隆肆年六月初十日
70才
83年

巨文島沿革概要

(昇平誌 參考)

李朝肅宗 三十七年 本面은 行政 軍事가 興陽縣에 속하여 있다가 同年 人口地
(1711年)
籍은 興陽에 그대로 두고 三島를 統軍하고 있는 統營(現忠武)으로 軍事
만이 移屬되고 軍丁도 460人에서 690人으로 增募되여 別將을 두었다

(高興縣誌 參考)

本面은 哲宗 六年에 統營 三道統軍營 下에 移管한(肅宗三十七年에 移管하
(1855年)
였음) 軍事를 다시 興陽縣으로 復歸되고 應募軍丁 五百九十人으로 大部分 本面
居住 應募軍丁으로 組織되었고 指揮體制도 本面 武科及第 出身으로 自統
移營케 하고 每年 한번 아니면 두번 程度 興陽縣에서 派遣將校로 하여금
軍點하였다

高宗二十二年(1885年) 英海軍 不法 巨文島 侵入事件이 發生후 巨文島鎭
을 設置하고 經略使와 島僉使를 두었고 三島를 巨文島라 改稱하였다
(1887年)

高宗三十二年(1895年) 五月 地方官制 改編에 依하여 全國을 八道
를 나누고 二十三府로 地方官制를 改革하고 府牧郡縣을 통털어
郡으로 統合하여 (331)郡을 두었는데 本面은 麗川郡管下로 屬하고
巨文島鎭도 廢鎭되었다。

建陽元年(1896年) 四月 地方官制 再編에 따라 全国을 十三道로
나누고 七府一牧(331)郡으로 세분 하였는데 本面은 光州를 首府로한
草島를 上島라하고 巨文島를 下島하여 麗水郡管下로 執綱을 두었다
(執綱은 面長)

西紀(1896年)에 突山郡管下에 移屬되었다가 (1908年)(隆熙二年)
日本人들에 依하여 草島 및 竹島를 合併하고 執綱制를 廢止하고
面長을두었으며 本面은 面事務所를 西島里에 設置하였다가 (1910年)

~~西事務所를 西~~

韓日合併과 同時에 古島(巨文島)로 移設과 함께 順天
警察署 巨文島 駐在所가 設置 되였다
西紀(1914年)(大正三年) 地方行政區域 改編(317)郡(4351)
面을 十二府(218)郡 (2,517)面으로 改編에 따라 呂水面을
麗水로 되였으며 突山郡을 突山面으로 改稱 되었고 本面은 行政
區域을 六里 九區로 나누고 다시 麗水郡에 복귀 되였다
西紀(1903年) 日本陸軍 水雷艇二隻 武裝 徵用船二隻이
駐屯 하여 德村里 火炭山峰 東島 望向山峰에 포대를 設置하고
海岸線에 방공호와 도치카 를 防禦構築하였다. 西村에 기관총 和果里에 鎭海灣要塞分遣隊 巨島국민학교 兵舍로利用 10余棟.
西紀(1945年) 八月十五日 日本은 연합군에 無條件 항복하고
해방을 맞이 하였다
西紀(1945年)(1946年) 양년에 걸쳐 日本人 軍官民은 全部 撤去
하였다
西紀(1945年) 解放과 同時에 呂運亨中心의 建國準備委
員會가 結成 됨에 따라 本面도 支部가 結成 되었고 巨文島駐在所
는 自治治安隊로 改稱 하였다
그러나 米軍이 進駐하여 軍政이 施行 됨에 따라 建準과 治安隊
는 解散 되고 모든 機能은 軍政官廳에 復歸 되었다
西紀(1950年) 六月二十五日 北韓南侵 當時 本面은 無警地區로
全南警察官 및 家族 一千名(10000)余名이 後退 集結하였고
行政은 二個月 동안 마비 狀態였고 自治指揮를 三山支署主任이
장악하였으며 軍事指揮는 濟州駐屯 司令官에 依하여 수행되고
當時 本面에서 軍警動員數는 後退民間人 本面 靑壯年 六百余名
이 濟州 新兵訓練所에 入隊 하였고 同時 國民防衛軍訓練
도 實施 하였다
西紀 (1913年) 四月 麗水面이 麗水邑으로 昇格 하였고(1949年)
八月三十日 字 大統領第 (161호)에 依하여 麗水邑이 麗水市로

昇格하고 蔚川郡은 蔚川郡에 移屬하였고 西紀(1963年) 三月 蔚川郡 面出張所 設置條例에 依하여 草島 莫竹里에 三山面 出張所를 設置하고 戶籍 其他 面事務의 一部를 分掌케하였고 (1970年) 6月 西島里에 屬한 自然部落 邊村이 內務部 認可를 得하고 里로 昇格하여 本面 行政區域은 6里(法定里) 九区에서 十区(行政里十個里) 18개 자연부락 80개반 西紀(1980年) 四月一日 海軍 ○○部隊가 現代裝備를 갖추고 本面 德村里 변촌리에 주둔하여 地域防衛에 萬全을 期하고 있으며 鄕土防衛軍, 現役 防衛兵이 配置되어 對共 防衛에 全力을 다하여 現在에 이르고 있다.

1905年 樂英學校 私立英語學校 간도

THEME 日本人 敎師 滿川一利 / 滿州国 初에 總領,
재차

로 任命 되었으며 後에는 滿州國 事로 赴任 했음 ...

八字先生 ... 는 서당의 배

웠음

商店을 經営

日本

長村出身은 大阪으로 職業을 求하러 나갔다,

東鎭 商船從事를 하였다,

B5 ×27行

12.4.
對馬島 漂流 고도, 九州大學 丸山敎授 民俗學者

日帝때 日本人들은 日語를 解得했기에 海軍에 從事했다

釜山移住 와 日本人은 海洋에 대한 生活과 職業

朴승謙船長은 韓國最初로 李承晚大統領은 3000噸을 米國서

處航했다 極東海運 日本人들의 活躍한 經歷이었

였하다

無量한 航海

三河丸의 大膽性 三河丸가 唯一한 交通船이 되였다

氣象注意報가 없다 氣象狀況을 無視해버리고

强風이나 東波濤에도 出航할것이다 危險이란 말할

수 없다 45°傾斜라도 無理한것.

竹島 하도 마루 二時정도

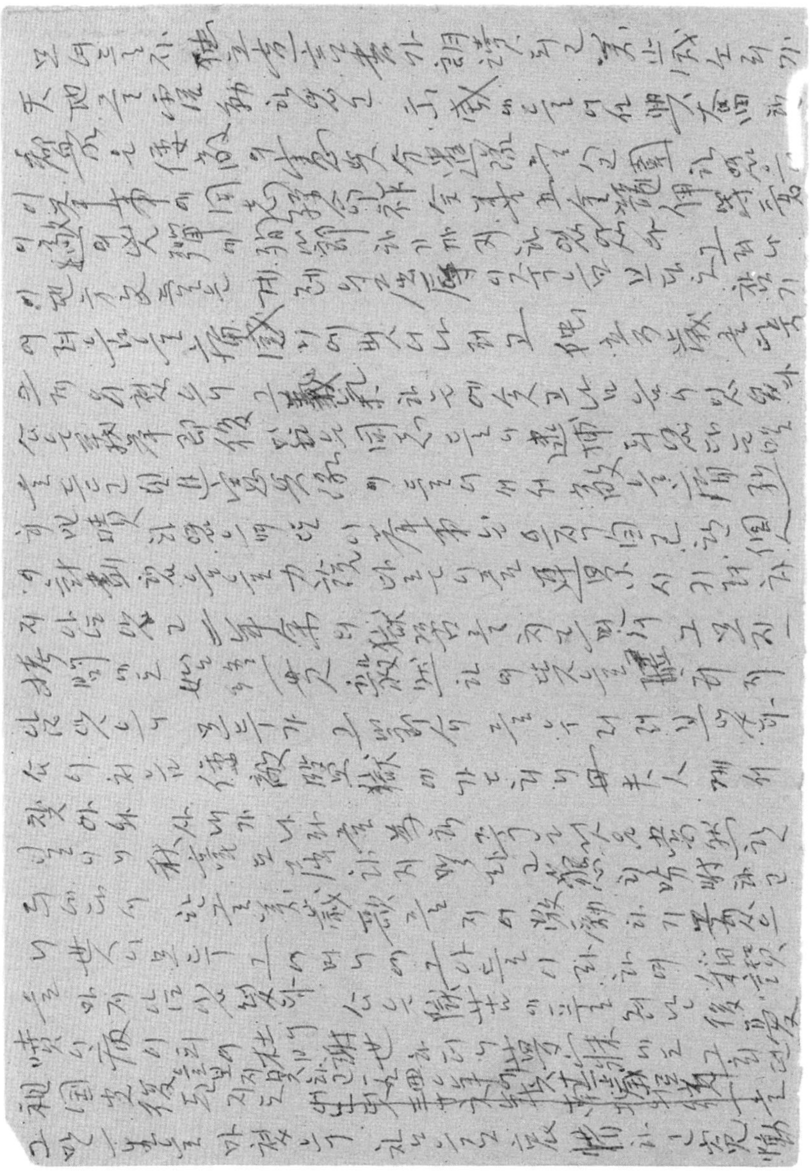

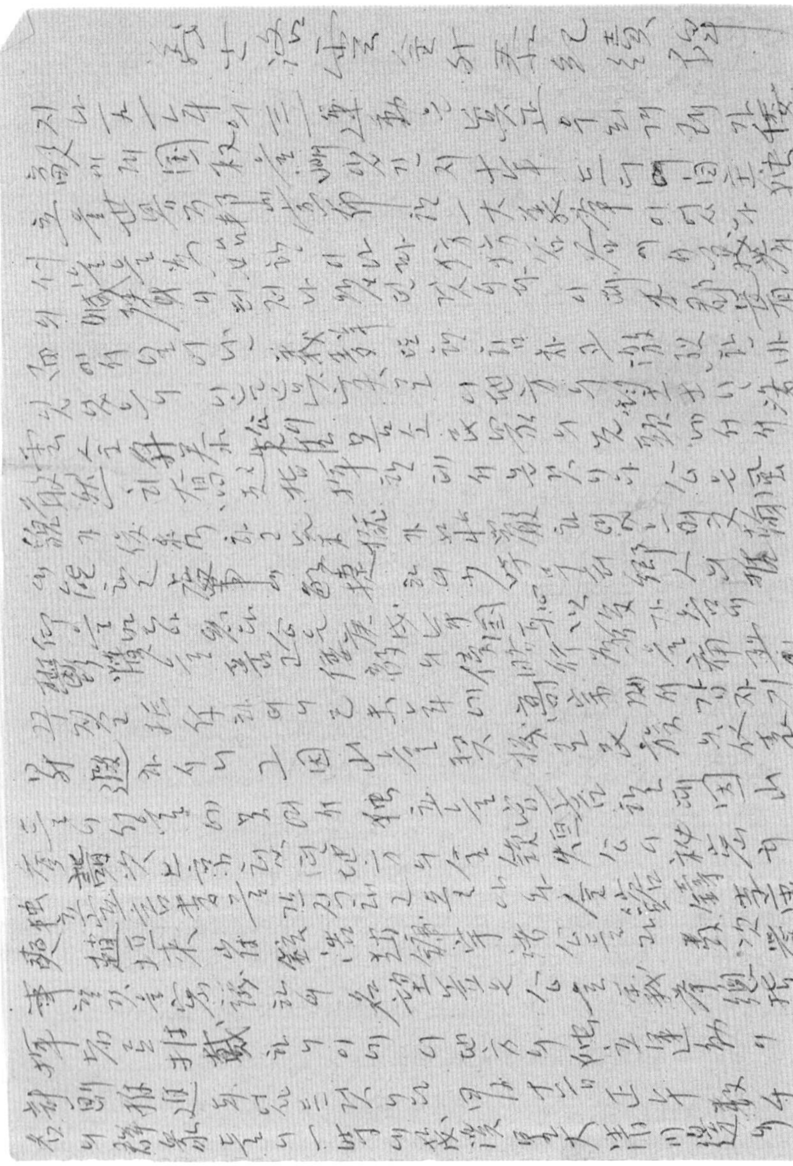

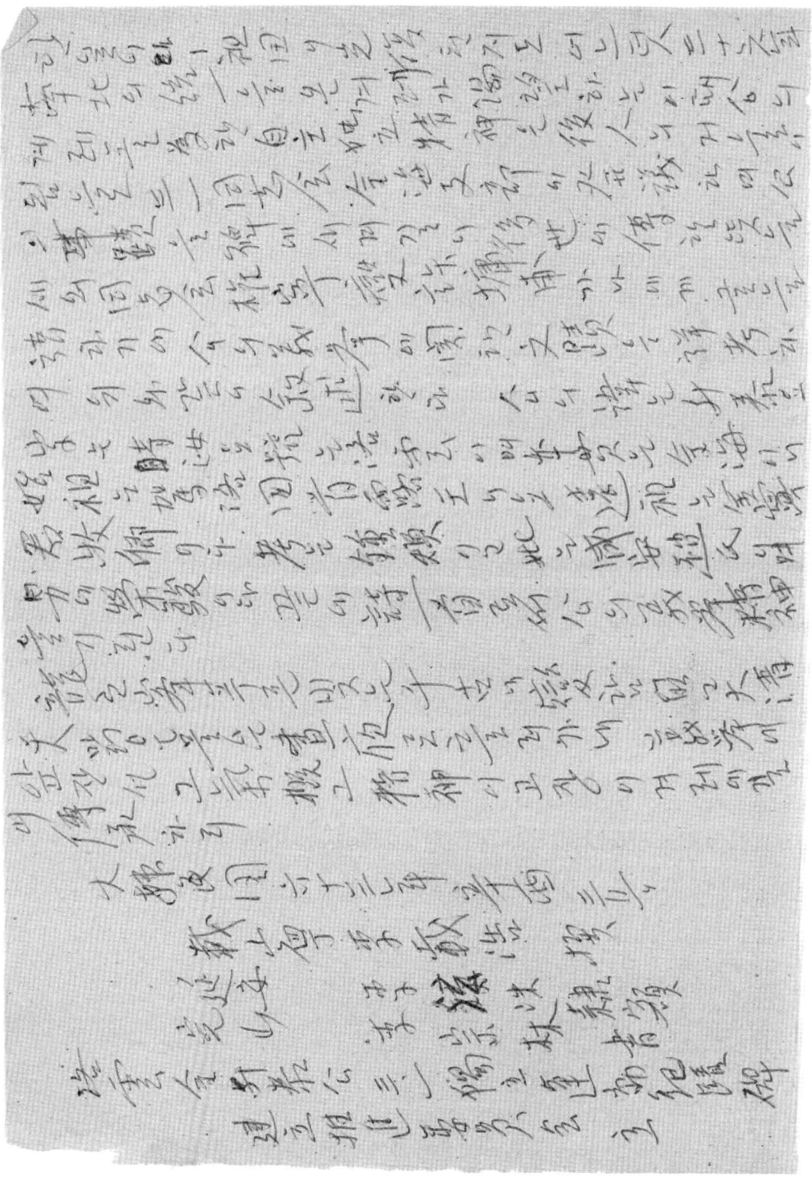

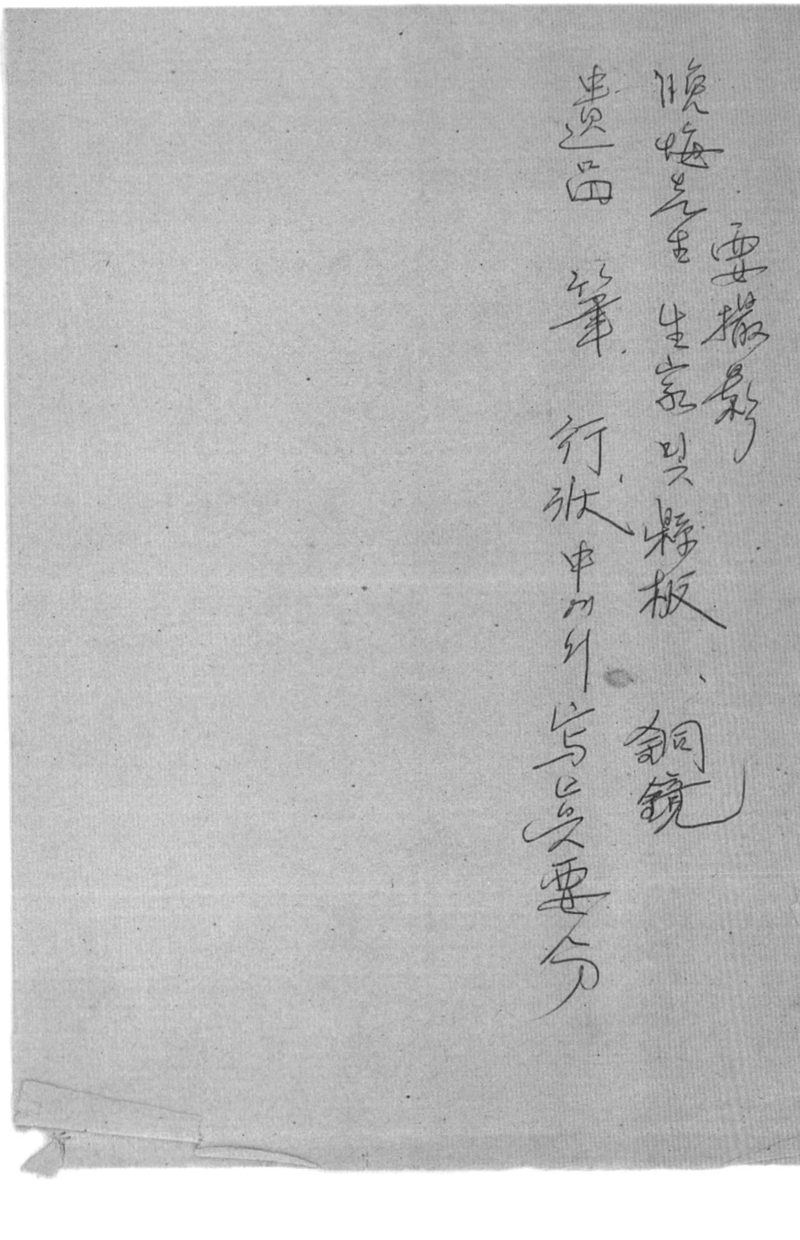

要撮影

晩悔先生 生家 및 懸板、銅鏡

遺品 筆、行狀中에서 写真要分

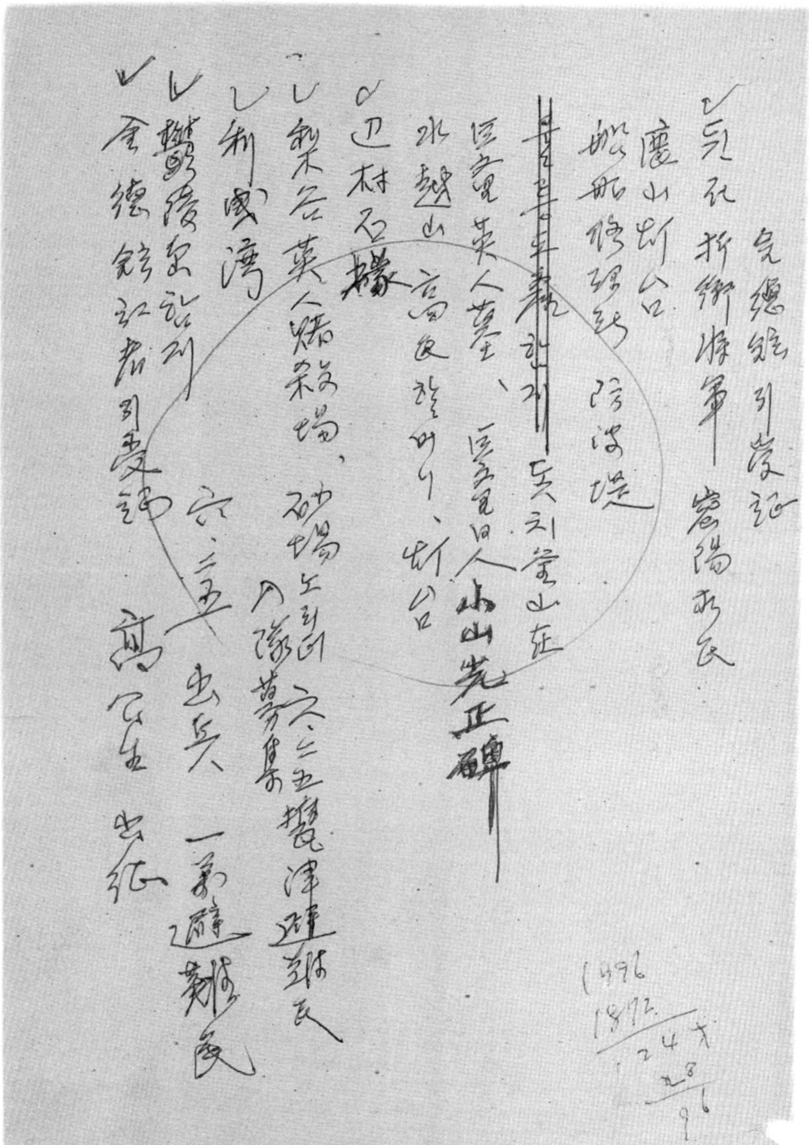

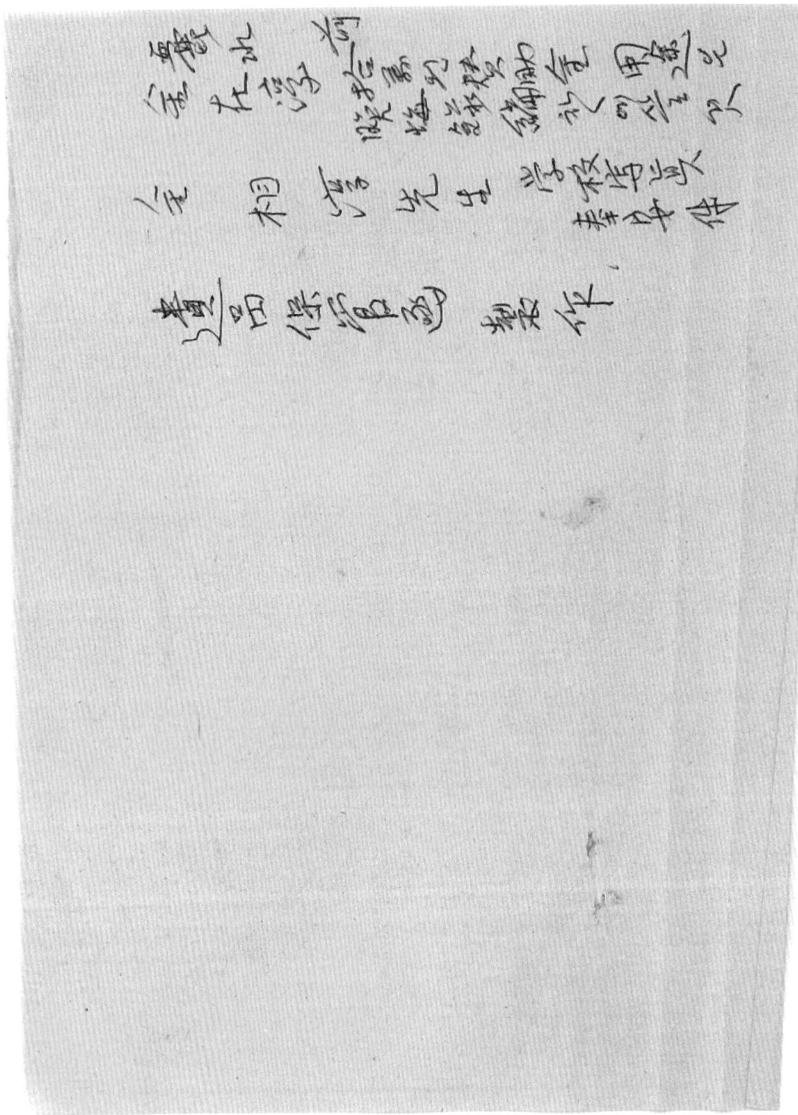

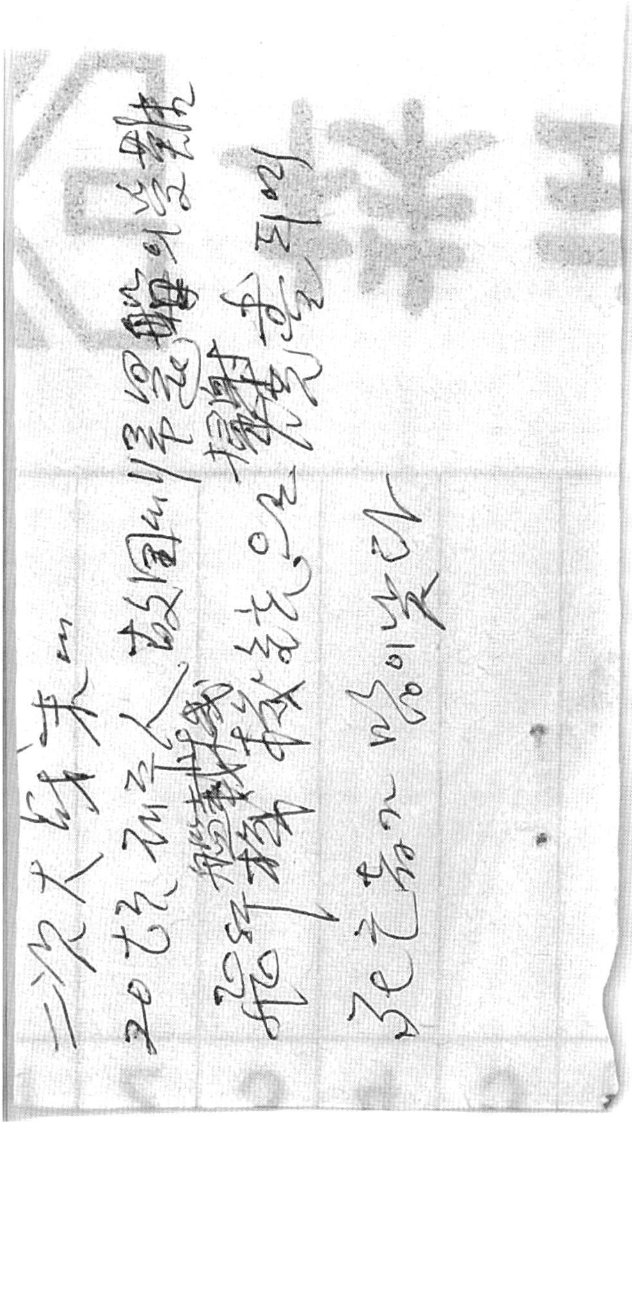
二次大戰末에
고향 제주人 故國에 歸還船의 受難
飛行機 艦載機 機銃으로 掃射 虐殺되어
死亡者가 많이 났다

速하風 파도의 옛巨文島

(乙丑年) 波濤에는
(사라호)

앞 담이 쓰러지고 옥돌이 뜰까지
(드려)
밀려왔다.

李[illegible]林 멸치中船이 뒤집
혀 '숙子'가 死亡하고 그屍体가
뒤에 바다에 떠서 앞으로 밀려왔다
[illegible] 中船破壞

巨文鎮 創建時 監督官,
金監察 金賢柱 第18代
1831. 9. 4 生
卒 1904. 3. 4
仁東府使와 同期?

노라호 防波堤가 없는 실음이었다.

朴林 喜[illegible] 子가 배하고 떠와서
그 林[illegible]을 바다에서 [illegible] 死亡은 바위에다 때려버렸다

LST 海에서 出帆한 후 巨文島 못왔고
周边만 돌았다 바람이 치치자
入口를 치지 들어와서 失神을 할
지경으로 자갈밭에 드러박고 (신체) 사랐다
는 救출하고 휴양했다

(木山村)
喜 君 2인이 波濤에 말려서
파도가 미려다 위에다 던져주듯이
해서 生還

○ 큰 파도가 와서 사람을 미려다
海边가에 [illegible] 순간 기어올라 죽음
을 모면한다

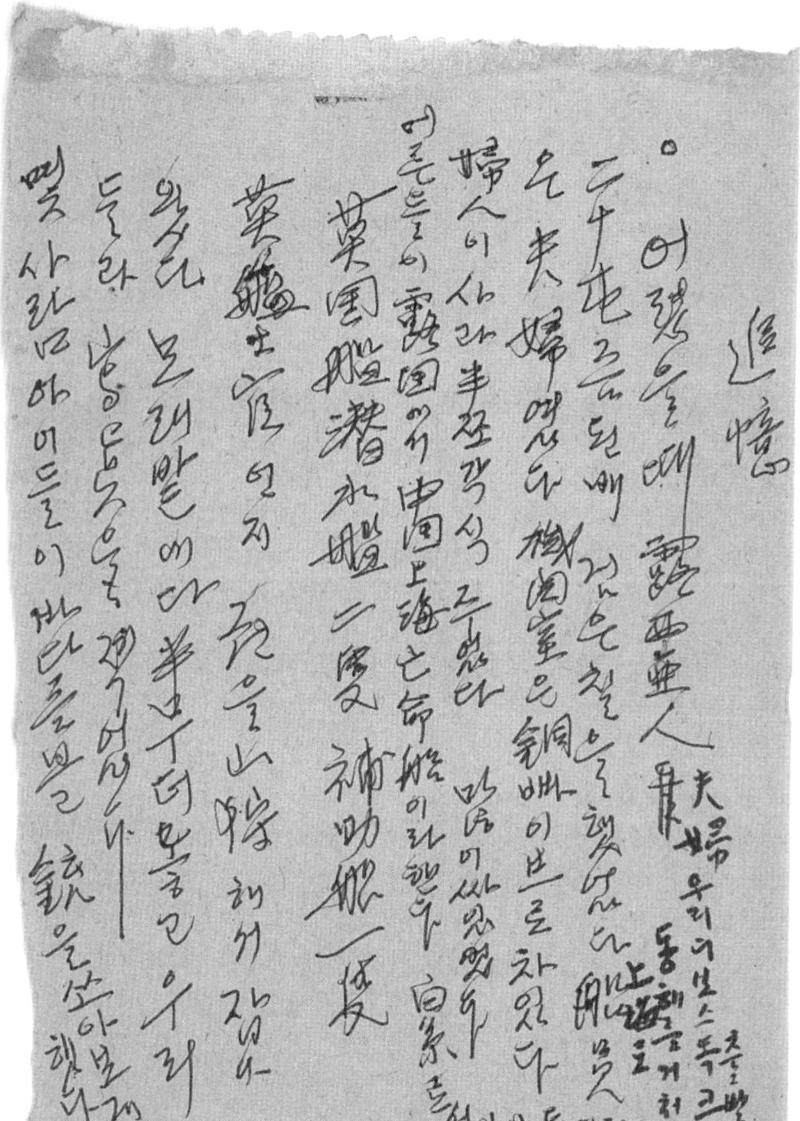

追憶

○ 어렸을 때 露西亞人 夫婦 우리 [illegible] 上海로 [illegible]

二十年 고물 된 배 같은 칠을 했었다 船

은 夫婦였다 機關室은 銅빛이 보르르 차었다

婦人이 사과 半조각식 주었다 마음이 싸였었다

어른들이 露國에서 中國上海로 亡命船이라 했다 白系 로서아인 들이다

英國艦 潛水艦 二隻 補助艦 一隻

英艦士官 어지 [illegible]을 出帆해서 갔다

와서는 모래밭에다 半 [illegible] 우리

등라 [illegible]

몇 사람 아이들이 [illegible] 銃을 쏘아보게 했다

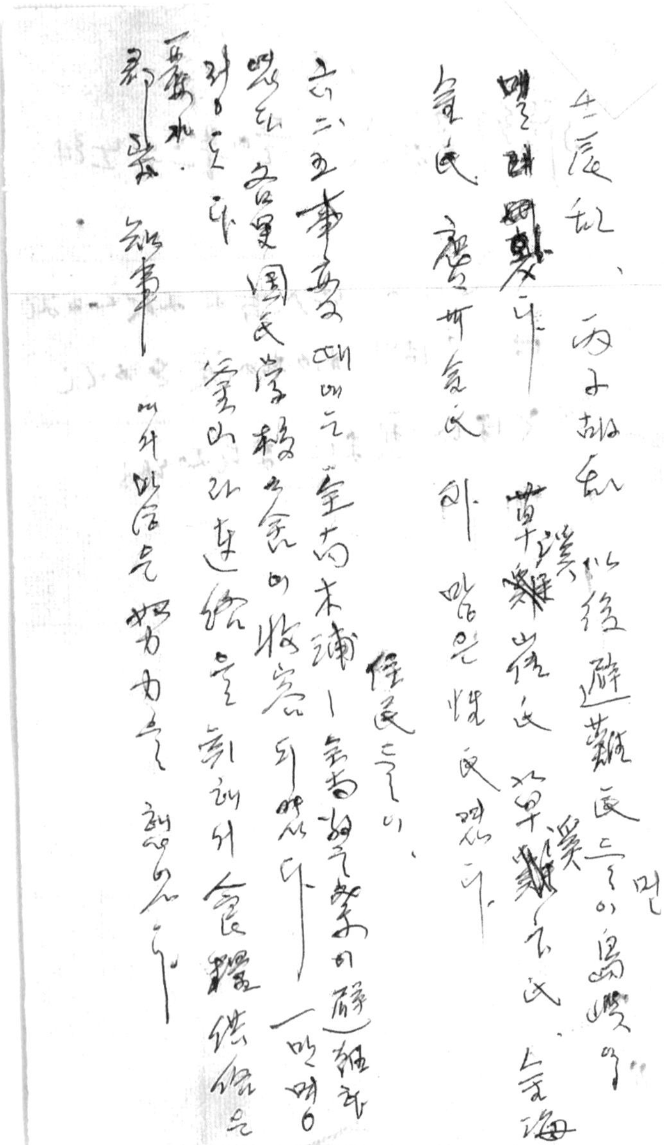

壬辰亂、丙子胡亂 以後 避難民들이 島嶼에
밀려왔다 草溪 崔氏、草溪 卞氏、金海
金氏 慶州金氏 外 많은 姓氏 였다.
住民들이、
一九二五年度 때에는 全南木浦ㅣ [illegible] 家의 組合
없다 各里 國民學校 敎室에 收容되었다 一만명
라 한다 室에 라 [illegible] 을 [illegible] 해서 食糧 供給은
一五[illegible].
郡守 [illegible] 統率 해서 마음은 努力을 [illegible]

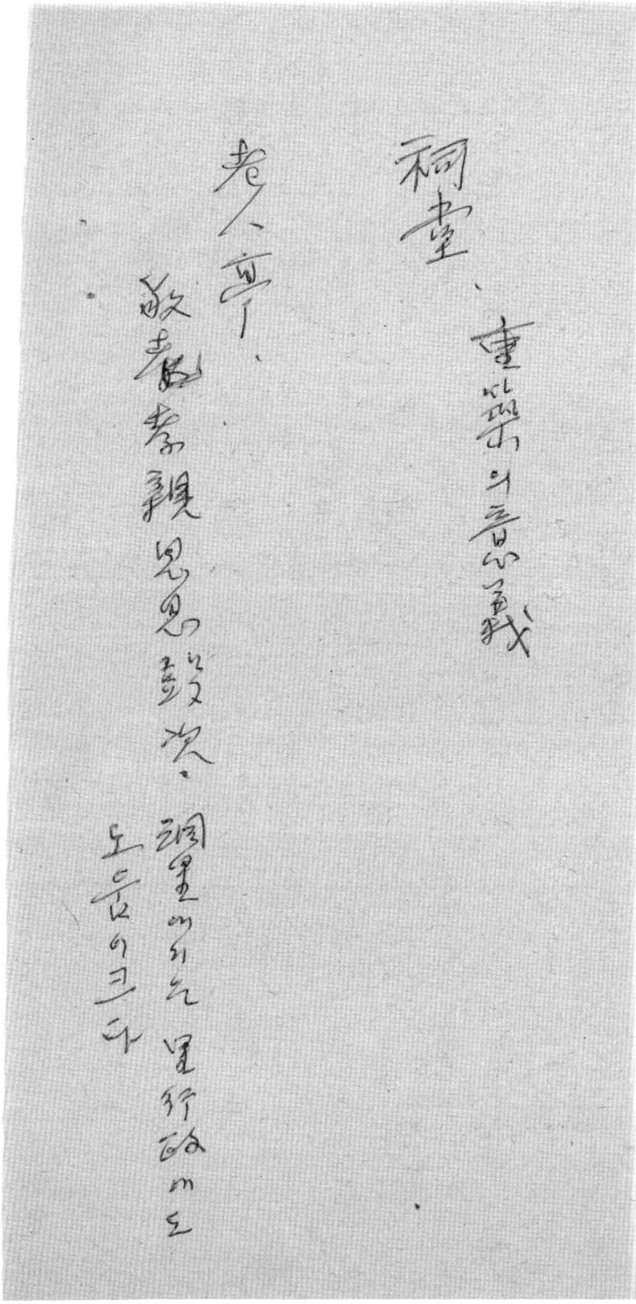

祠堂、

重要의 意義

老人亭、

敬老孝親 思想鼓吹、

祠堂에서는 里行政에도

도움이 크다

1987. 6. 6 每年 현충일이면 生覚나는것은 [illegible] 이나

黄海道 甕津郡에서 10隻의 [illegible] 船으로 避難하였다. 6.25가 발발하여 義勇軍 募集 하고 있던다 [illegible]에서 들어온 青年들이 600余名이 募兵이 되었다 옹진군수 옹진면장 이 앞장서고 해서 黄海道 옹진군민이 [illegible] 하게된 셈이다 [illegible] 訓練所에 入所 하였다.

KBS 放送

仁川上陸作戦 米軍部隊

○ 生口同胞의 出戦 641名 160, 60名 전사, 20名이 行方不明 (失口者)

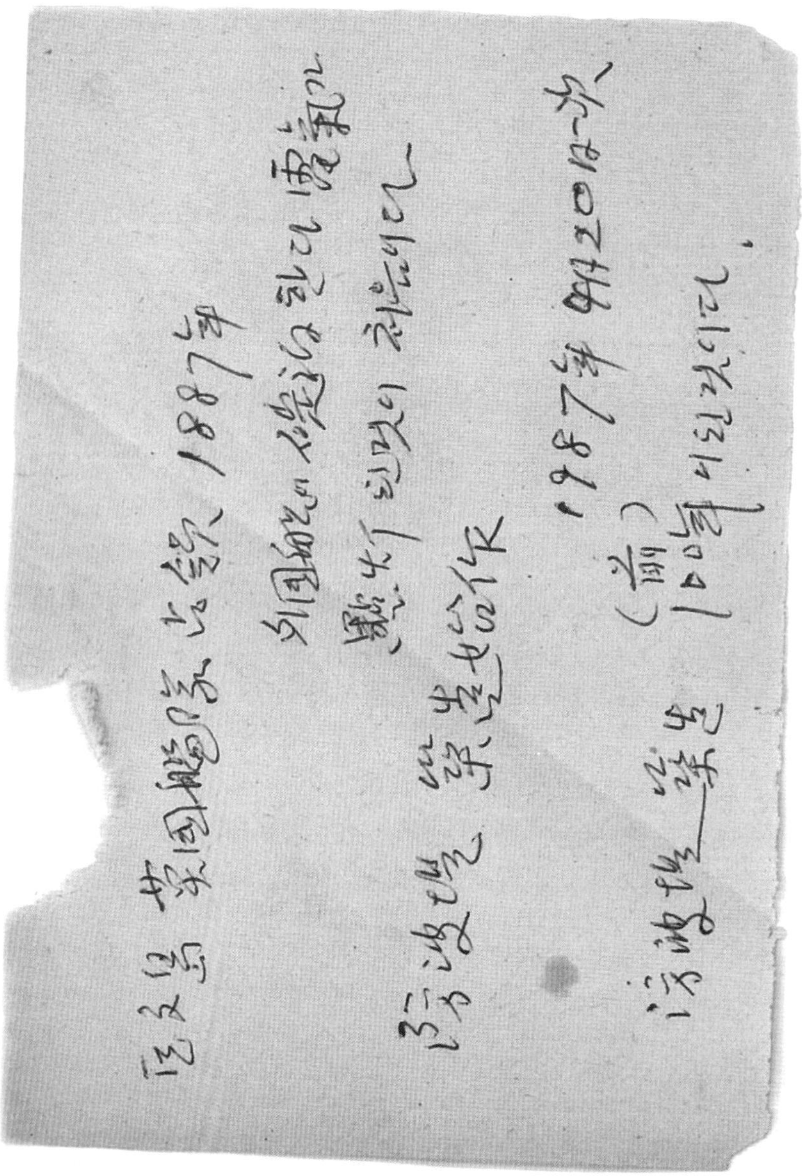

巨文島 英国艦隊 占領 1887年

外国船이 碇泊한다 電氣가

點灯 된것이 처음입니다

防波堤 築造始作

1987年 9月20日 一次

防波堤 築造 (前) 100年이 된것이다.

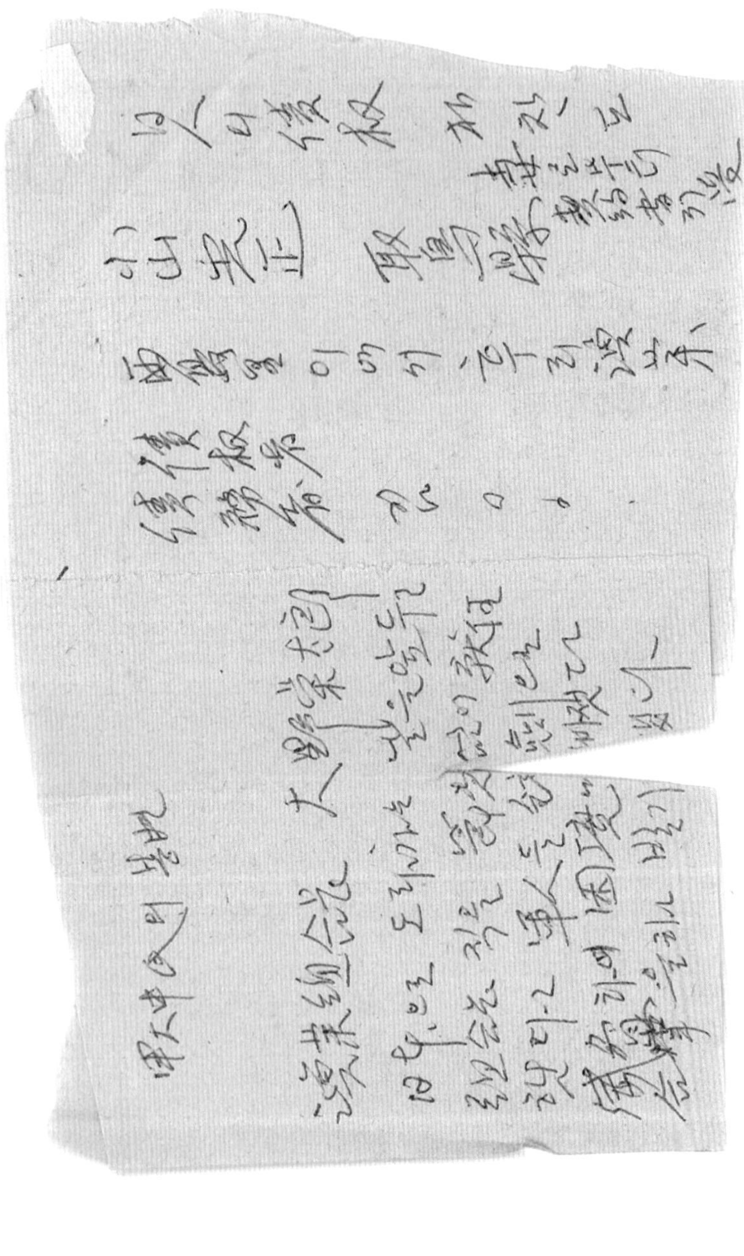

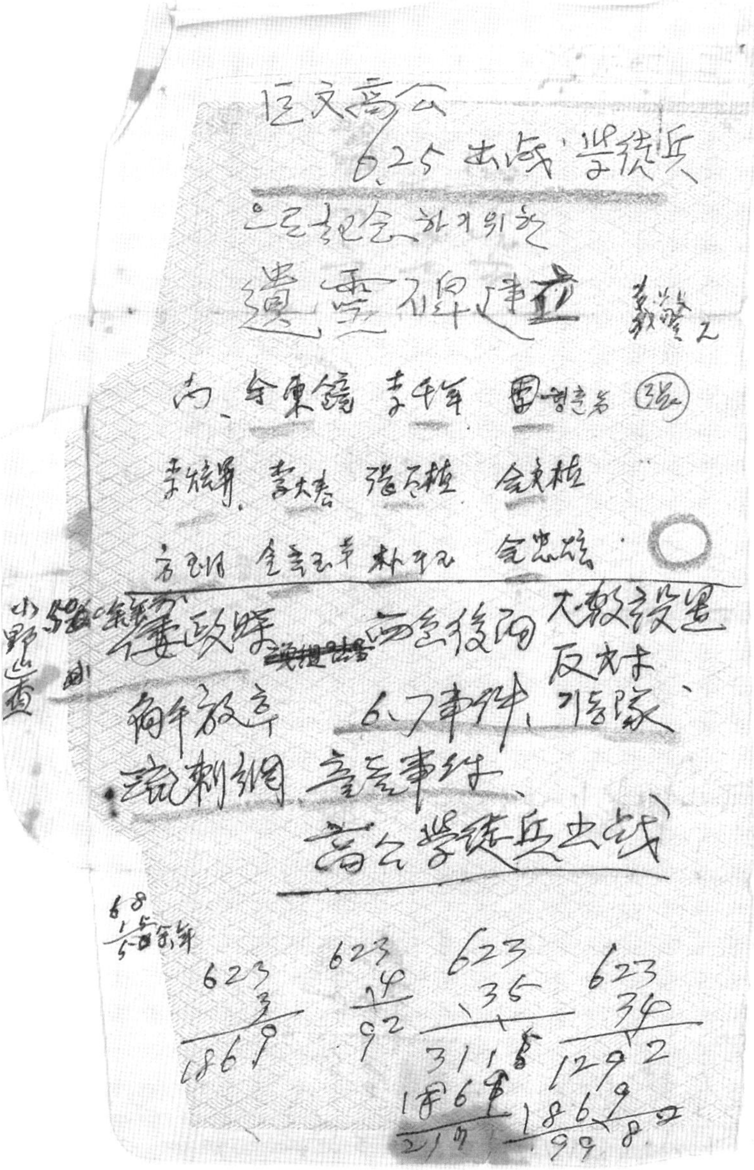
6.25 出戰 學徒兵
으로 記念 하기 위한
遺蹟碑建立
學徒兵出戰
623

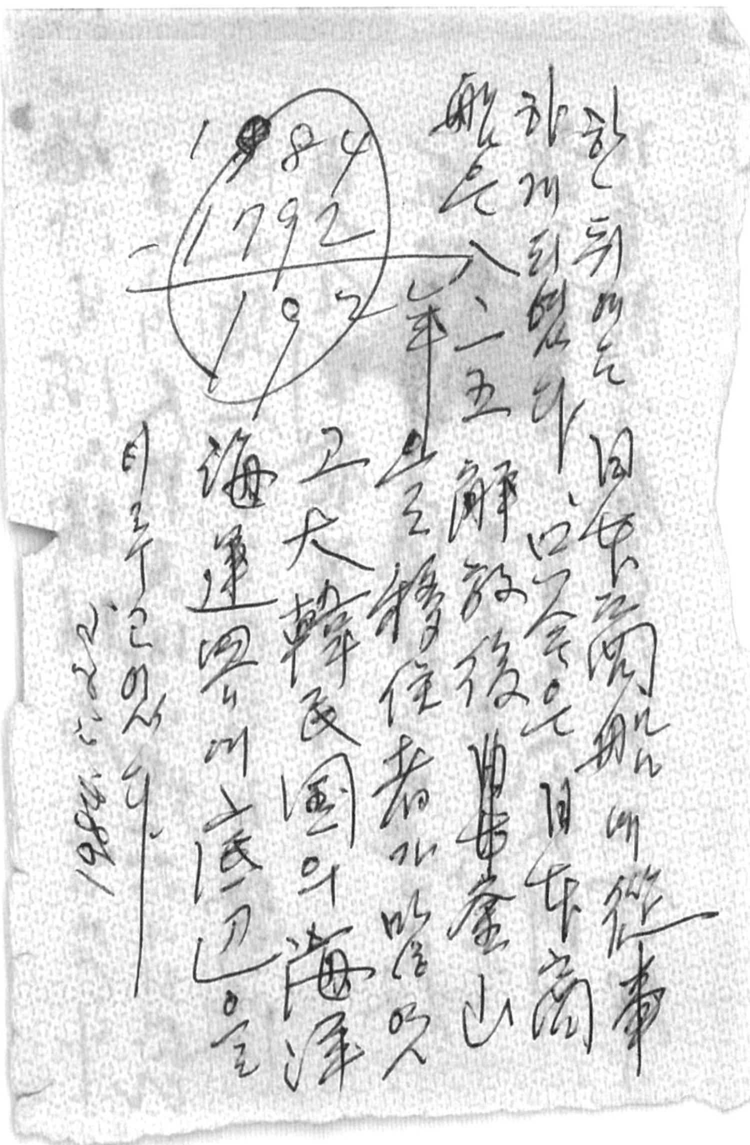

1984
－1792
192

한국에는 日本商船에 從事
하게 되었다. 日本은 日本商
船은 八·一五 解放後 [illegible]臺山
年으로 移住者가 많았었
고 大韓民國의 海洋
海運界에 上[illegible]을
[illegible]이었다
[illegible] 1988

流刺網団는 巨文島 산채어장에 눈독을 올렸다 大洋号 10余隻

組合長, 姜氏 는 巨文島住民의 入漁에 反撥을 ○○하고

島民의 福祉事業에 주력하겠다고 漁場을 貸與하여 800 750万환

을 提議해왔다 總代會議에서는 62年으로 報告 1,200万(1억24)원 을 請求

했으나 유치원 決定이 나지 않는다. 決定 한다는 날에 ○○가

小冊子에 20%을 잡아올렸다. 島民이 ○○할수없다고 決定되고

말았다

朴○○의 意見　　巨文島에 武裝

○○는 臺灣에서 武器를 運搬하여 왔다.

金○○는 ○○○을 使用하고 釜山을 往來했다

金○○은 ○○○事을 通해서 ○○○에 實情을 말하고 ○-

한 人民軍이 侵入 못했다고 ○○○ 24명을 ○○받았다

南面도 追加시켰다고 했다

6.25 당시 木浦항에서 避難民이 많았다　金○○이는

國民学校 ○○○에 收容되었다

避難民들은 木浦에서 보도연 들을 ○○했다고 요언비가 나돌았다 (선동)

보도연맹원을 ○○했습니다

○○에서 ○○○에 ○○○○ 收復후의 住民들의 ○○

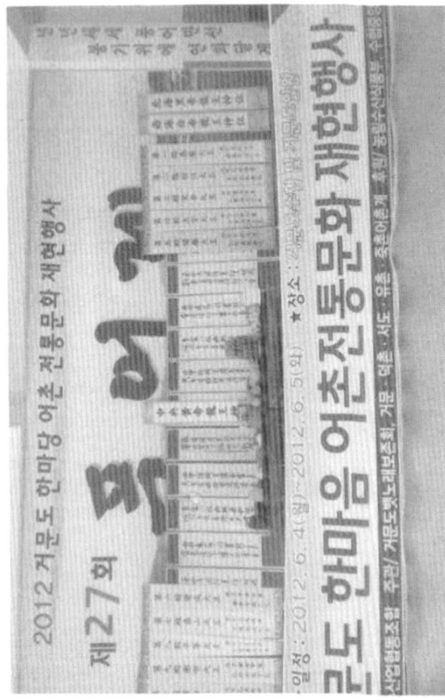
2012 거문도 한마당 어촌 전통문화 재연행사
제27회

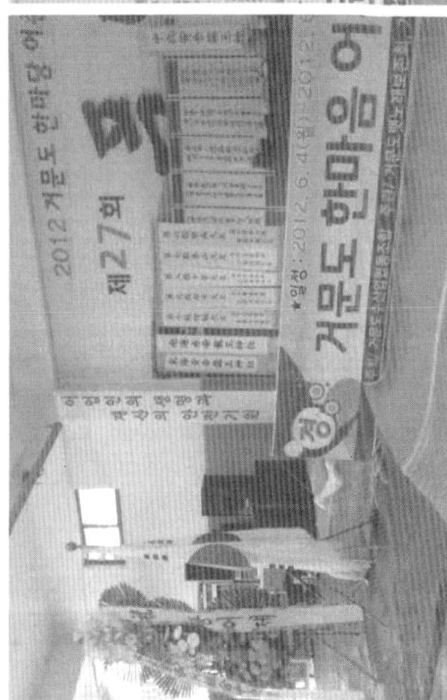
2012 거문도 한마당 어
제27회

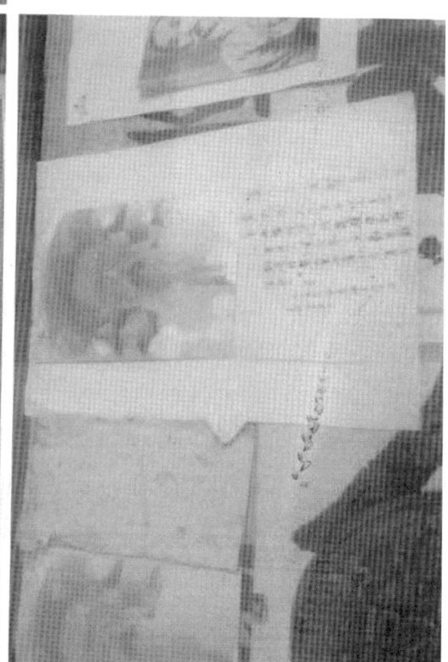

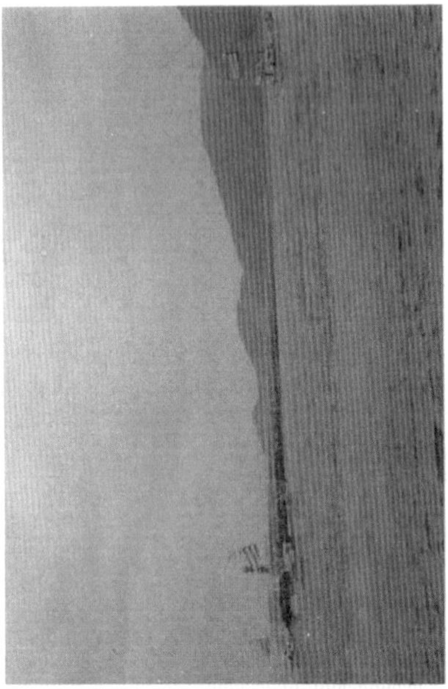

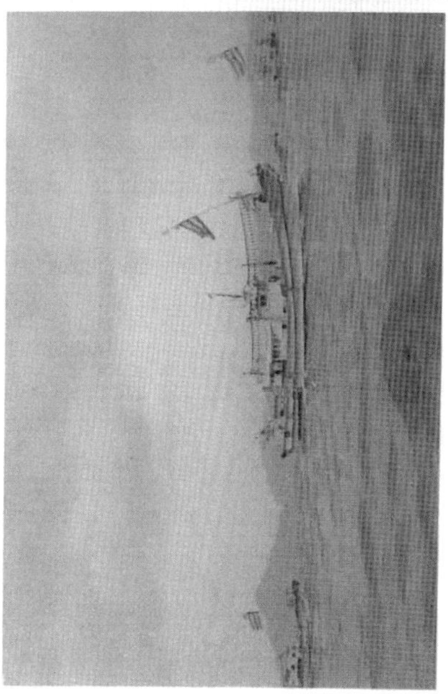

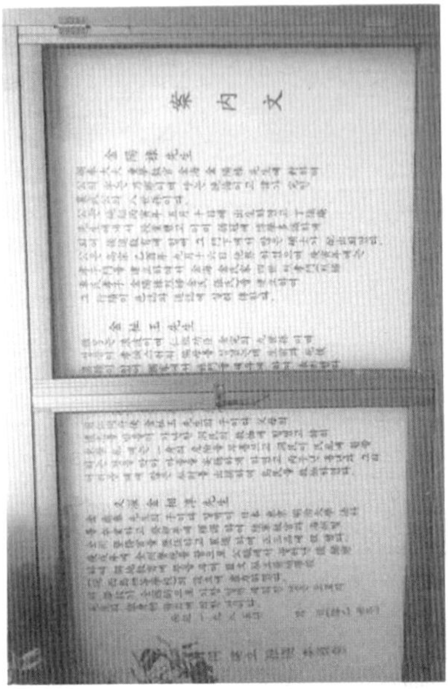
案 內 文

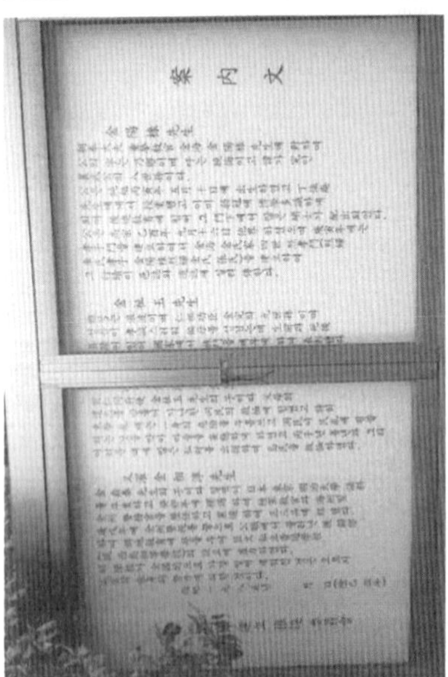
案 內 文

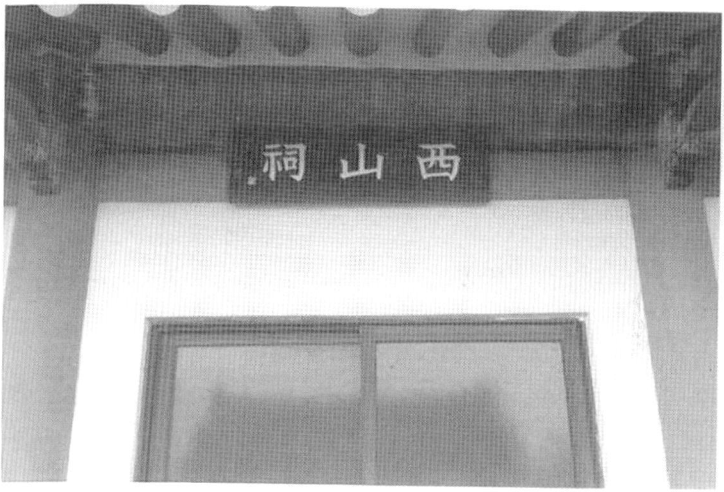
西山祠

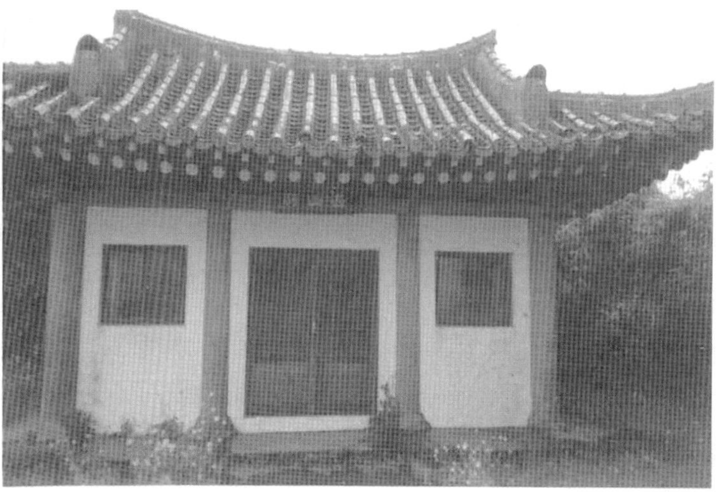

63

No.

中伏의 盛炎에 際하여 高堂의 平安과 健勝을 祈願
합니다.

就白 6月28日 郡守任 初度巡視次 面長任으로부터
旣而 報告에 接하였으리라 思料됩니다. 西島里에 臨하시어
祠堂建立狀況을 傾聽하여주신데 敬意를 表합니다.

故 李鍾沃 郡守任이 5月10日 當地에 오시어 살펴보시고
동리를 둘러보시고 좋다는 讚辭를 하셨읍니다 支援金으로 二百萬원
을 주시겠다는 約束을 하셨읍니다. 그러나 八月現在 ~~不振한 상태에서~~
工事費 四百二十萬원이 不足~~한 實情입니다~~ 으로 工事에 支障을 가져오고 있읍니다

金陽穆, 金相淳 兩先生의 偉大하신 業績과 其精神을 後世에
알리기 위하여 祠堂을 建立한것입니다. 巨文島는 東洋의 最要之島
라고 일컬어왔으며 1885-1887年 英國艦隊가 駐屯하게되자
中國海軍提督 內務參辨 嚴世永 外 隨行員 穆麟德이 本島
의 儒生들과 筆談을 하여 巨儒가 있음을 보고 政府에 建議하여
巨文島로 命名하였읍니다 列强은 繼續 艦隊의 接踵이 있었으며
巨文島를 租借地로 提議한바 있었다고 합니다.

金陽穆先生은 忠孝와 禮儀凡節을 가르치시고 1890年에 四世
의 烈女 孝子의 旌閭를 命하였으며 童蒙敎官으로 追贈되었
읍니다. 島民들은 鬱陵島 往來하여 生産物을 交換運搬하여
生活化 해왔읍니다 政府에서는 同年 本島出身 吳性鎰을 鬱陵
島監으로 辭令狀을 授與 하였읍니다.

金相淳先生은 日本 遊學生으로 明治大學을 卒業하시고 日本의
敎育의 發展相을 体得하시고 1905年 學校를 設立 하시어

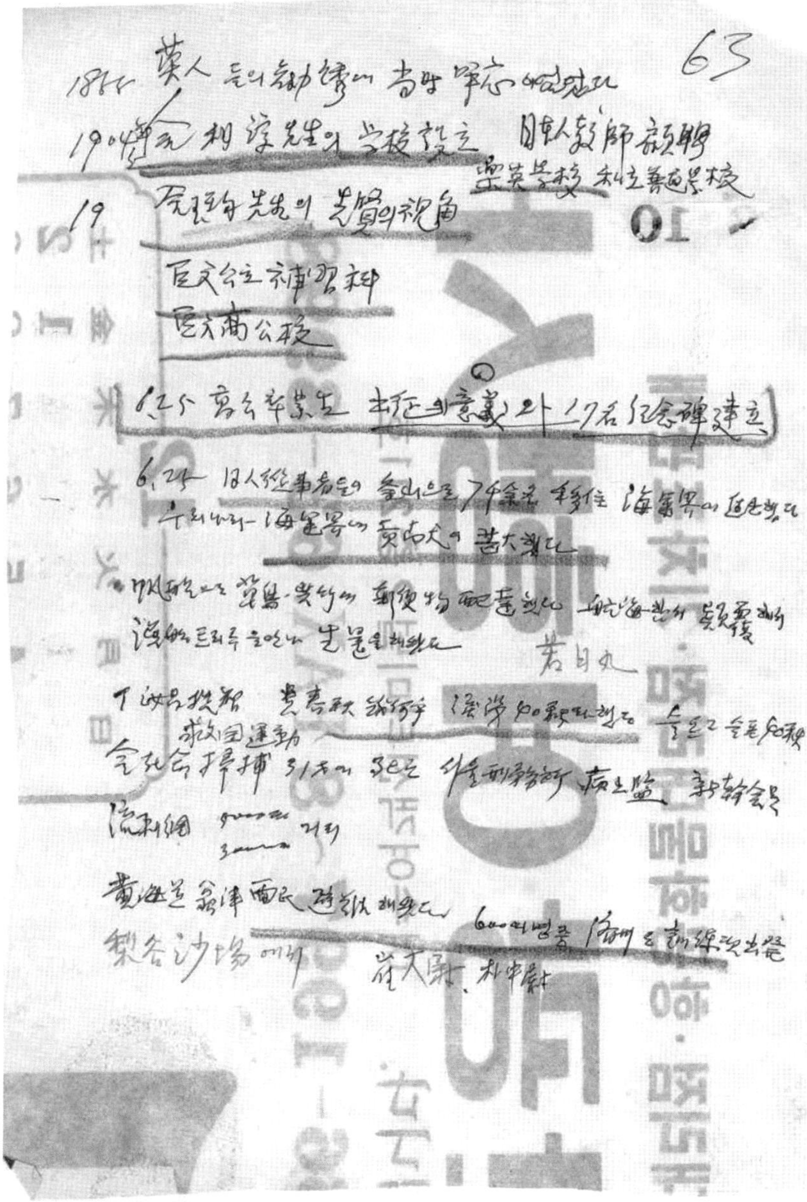
63
1866 英人 들의 [illegible]
1904 [illegible] 先生의 學校設立 日本人敎師 [illegible]
19 [illegible]
巨文公立 [illegible]
巨文商公校
[illegible] 17名 紀念碑 建立
6.25 [illegible]
[illegible]
救國運動
[illegible]
崔大尉、朴中尉

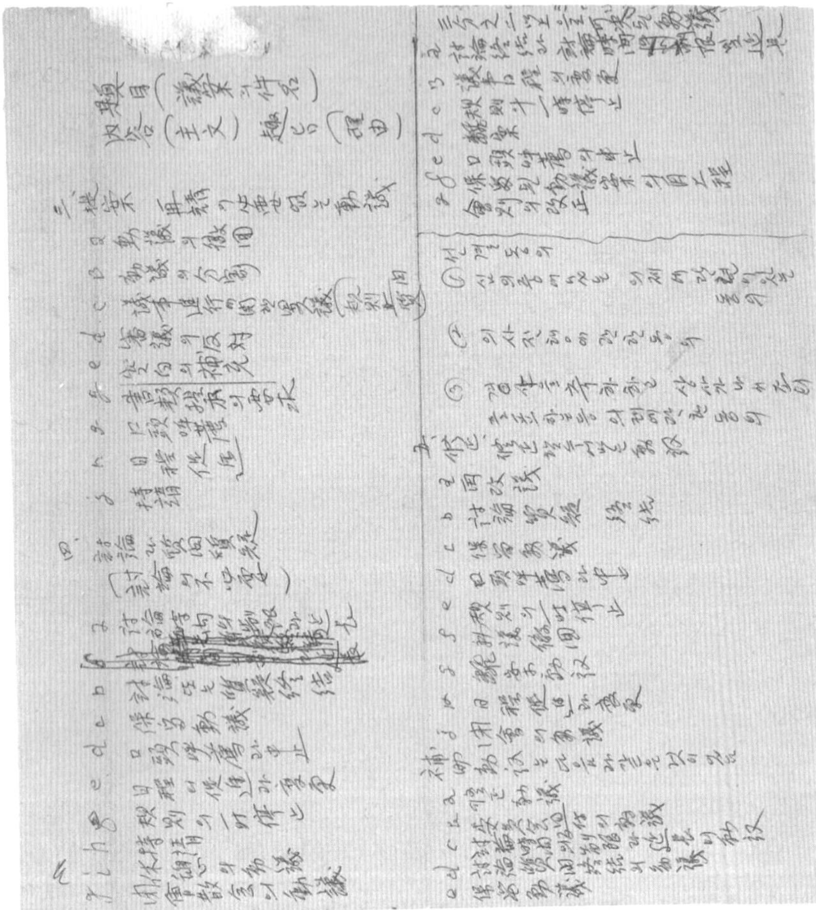

삼산면 향토 문화사업추진위원회

수 신 : 문화사업추진위원장 길 병 순 귀하

발 신 : 삼산면 향토문화사업 추진위원회 위원장

제 목 : 서도 만해선생 사당 건립에 따른 지원금 지령 통보

1983. 12. 21일자 귀회에서 제출했었던 만해선생 사당건립에 착공에 따른 사업계획서와 같이 착공케된다기에 본회에서 다음과 같이 지원금을 지령 통보 하오니 타 사업에는 절대 변때 사용치 맒고 해공사비에 충당 착오 없기를 바랍니다.

춰이 공사 착공 전경을 촬영하여 시급히 본 위원장 앞으로 보내시기 바랍니다.

지령 지원금 3,000,000원정

가까운 시일내로 상기금액을 수령 하시기 바람.

1984. 2.

광남일보 1991. 8. 13

실효를 거두고 있기 때문인 것으로 분석되고있다.

이와관련 光州지방노동청의 한 관계자는 「무재해사업장에 대해서는 당해년도 정기감독을 면제해주고 산업안전보건의날 행사때 산업재해 예방유공자로 표창을 해, 사업주나 근로자들의 참여의식을 제고한데 기인하고 있다」며 「앞으로도 산업재해가 큰 비중을 차지하고 있는 만큼 재해빈발사업장에는 작업중지및 사용중지명령등 엄격한 근로감독권을 행사할 방침」이라고 말했다.

신석기 패총 발견

順天大 麗川 三山면서

【麗川=韓銍英기자】麗川군 三山면 西島리 장촌마을에서 12일 신석기 후기 시대것으로 보이는 패총이 발견돼 학계의 관심을 모으고 있다.

順天大 남해도서지방문화유적지 조사단(단장 조원래 박물관장)에 의해 발굴된 이 패총에는 신석기시대 후기 정도로 추정되는 빗살무늬토기 1점을 비롯 ▲토제어망추 1점 ▲뼈도구1점▲원방형 장신구 1점과 조개껍질 등 5점이 발견됐다.

조사단은 주민들의 제보에 따라 지난 2일부터 발굴작업을 착수했는데 巨文島에서 발견된 후기 신석기시대의 패총과 함께 남해안을 중심으로 한 도서지방의 활발한 문화 접촉 관계를 규명하는데 좋은 자료로 평가되고 있다.

이광원 컬터

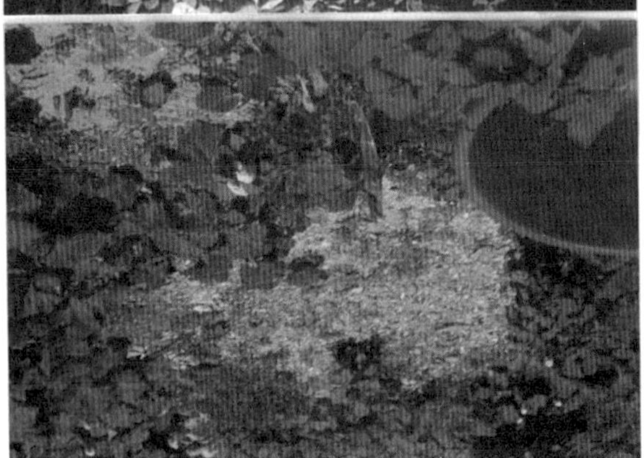

李北集 집터 外 패총
中国貨幣中 1000여점 발견 最旨數左
하고 徐面 바다 밑 探索 中 要

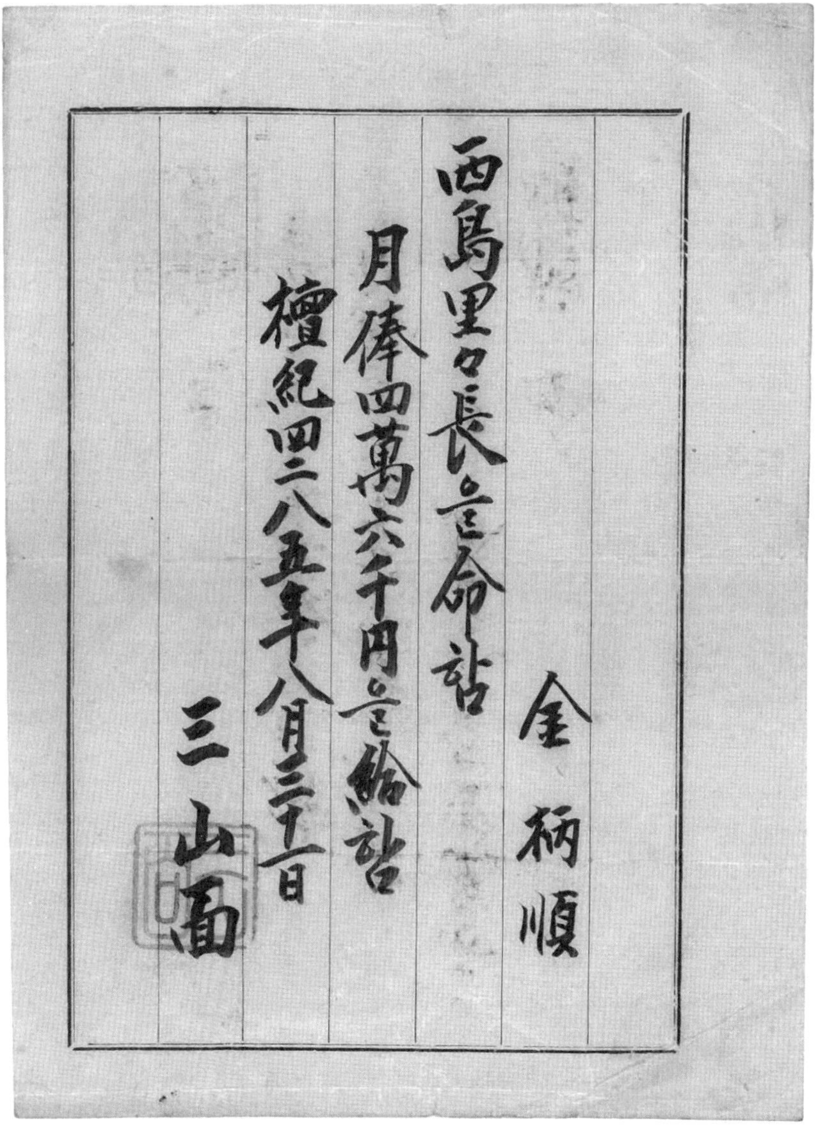

金炳順

西島里々長을命함

月俸四萬六千円을給함

檀紀四二八五年八月二十一日

三山面

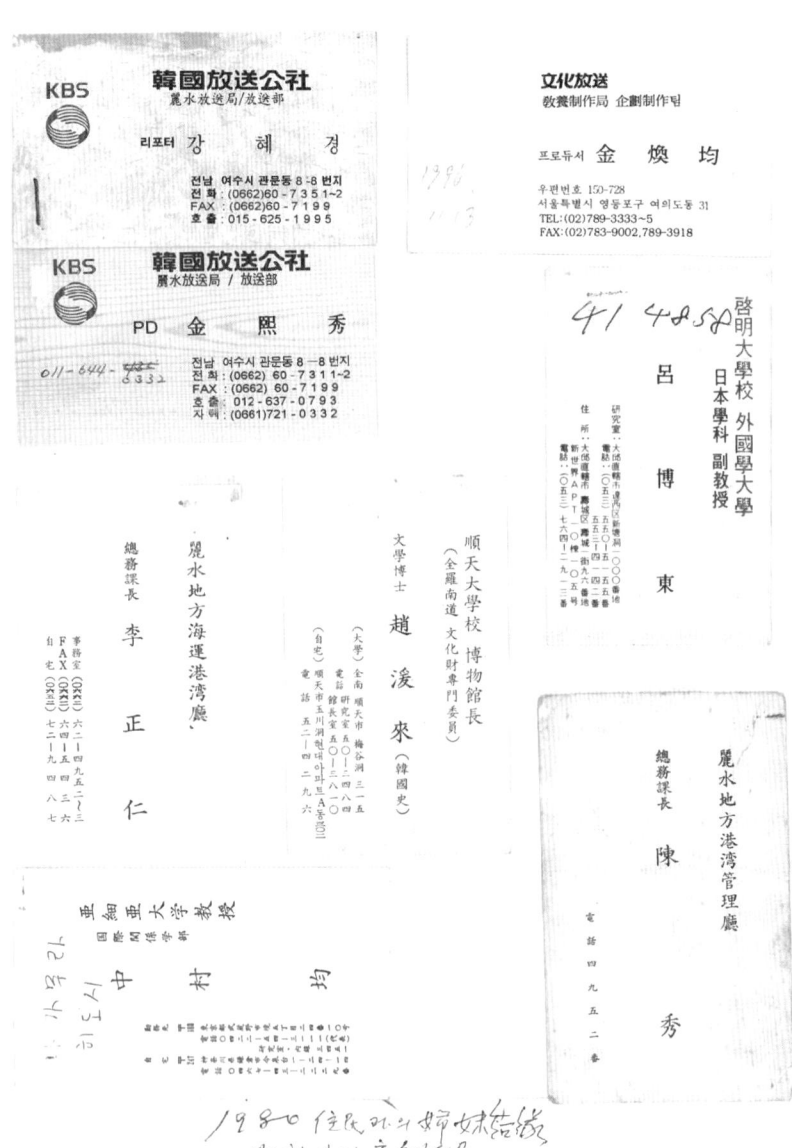

KBS 韓國放送公社
麗水放送局/放送部

리포터 강 혜 경

전남 여수시 관문동 8-8 번지
전 화 : (0662)60-7351~2
FAX : (0662)60-7199
호 출 : 015-625-1995

文化放送
敎養制作局 企劃制作팀

프로듀서 金 煥 均

우편번호 150-728
서울특별시 영등포구 여의도동 31
TEL:(02)789-3333~5
FAX:(02)783-9002,789-3918

KBS 韓國放送公社
麗水放送局 / 放送部

PD 金 熙 秀

011-644-0332

전남 여수시 관문동 8-8 번지
전 화 : (0662) 60-7311~2
FAX : (0662) 60-7199
호 출 : 012-637-0793
자 택 : (0661)721-0332

41 4858

啓明大學校 外國學大學
日本學科 副敎授

呂 博 東

研究室 : 大邱直轄市 達西区 新塘洞 一〇〇〇番地
電話 : (〇五三) 五五〇-五一五五番
住所 : 大邱直轄市 壽城区 壽城一街 九六番地
新世界APT 一〇棟 一〇五号
電話 : (〇五三) 七六四-一九一三番

順天大學校 博物館長
(全羅南道 文化財專門委員)

文學博士

趙 湲 來 (韓國史)

(大學) 全南 順天市 梅谷洞 三一五
電話 研究室 五〇-二四八四
館長室 五〇-三八一〇
(自宅) 順天市 五川洞 현대아파트 A동 203
電話 五二-四二九六

麗水地方海運港湾廳

總務課長

李 正 仁

事務室 (0662) 六二-四九五二~三
FAX (0662) 六四-五四三六
自宅 (0662) 七二-九四八七

亜細亜大学教授
国際関係学科

中 村 均

麗水地方港湾管理廳

總務課長

陳 秀

電話 四九五二番

1980 住民과의 姉妹結緣

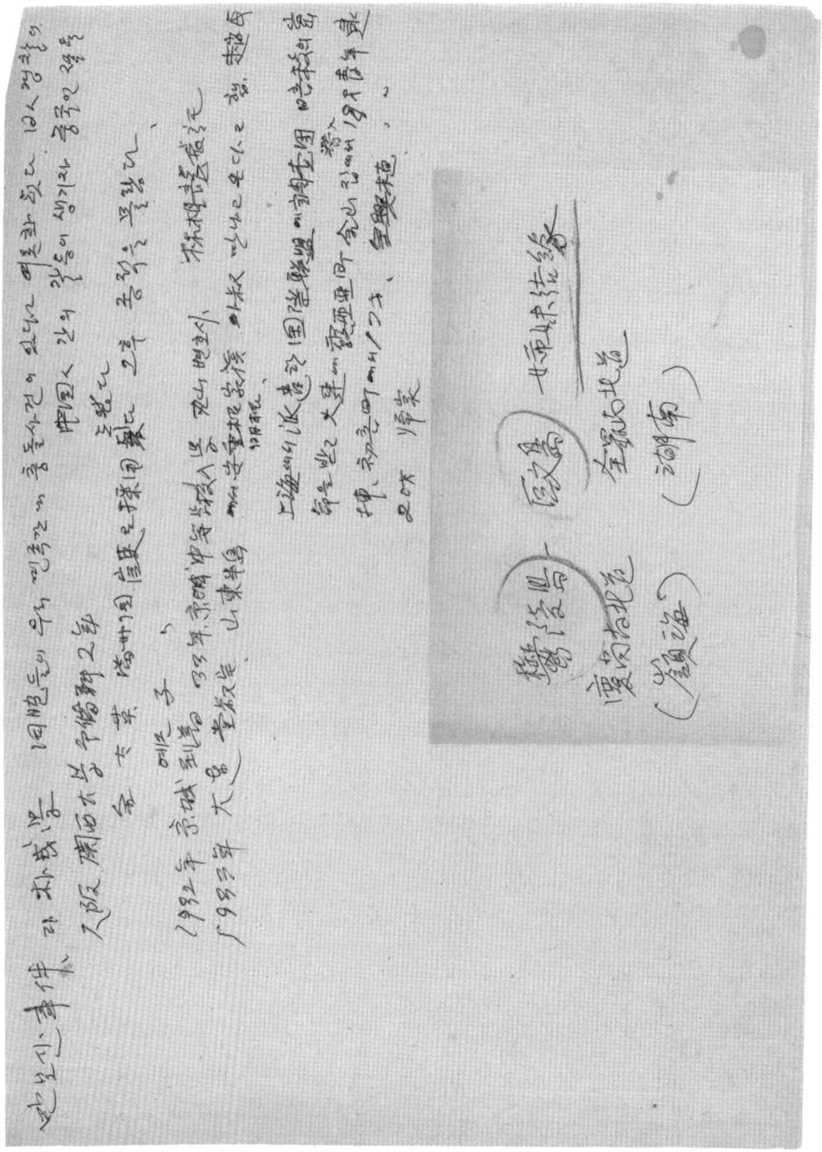

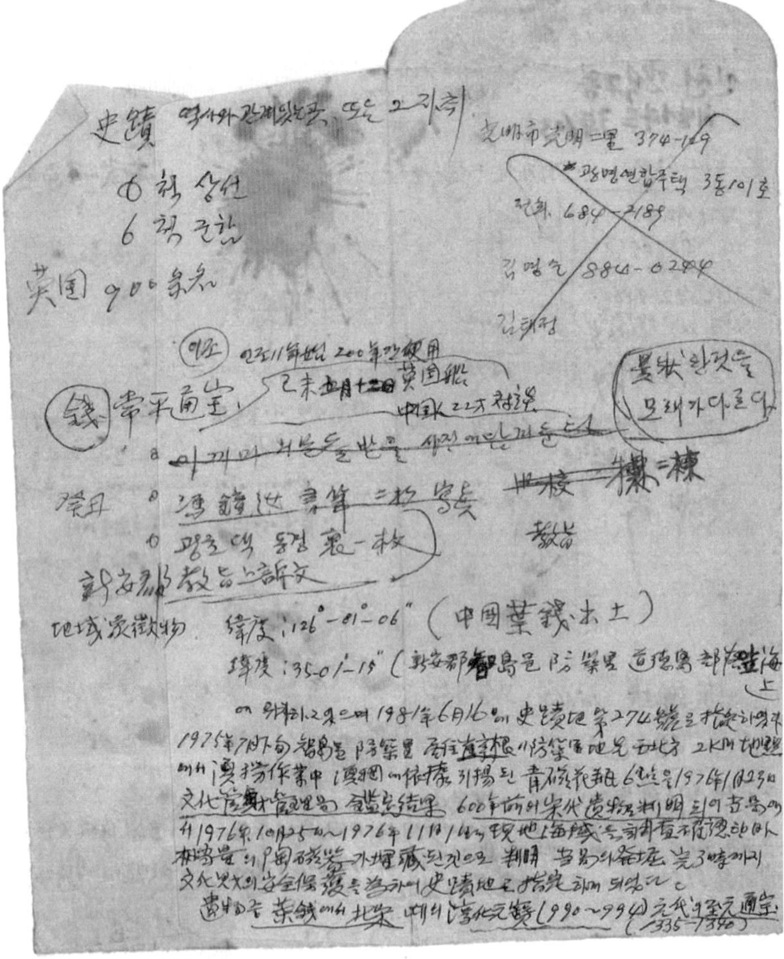
史蹟 역사와 관계있는곳, 또는 그 자취
광명연합주택 3동101호
전화 684-2189
김명순 884-0204
常平通宝
地域象徵物 緯度:126°-01-06" (中國葉錢出土)
經度:35-01-15" (新安郡智島邑 防築里 道德島 前海上)
1981年6月16日 史蹟地 第274號로 指定하였다
1975年7月下旬
文化財管理局
1976年10月25日~1976年11月14日
史蹟地로 指定하게 되었다

善山金氏世譜

忠貞公籠巖先生諱澍派譜

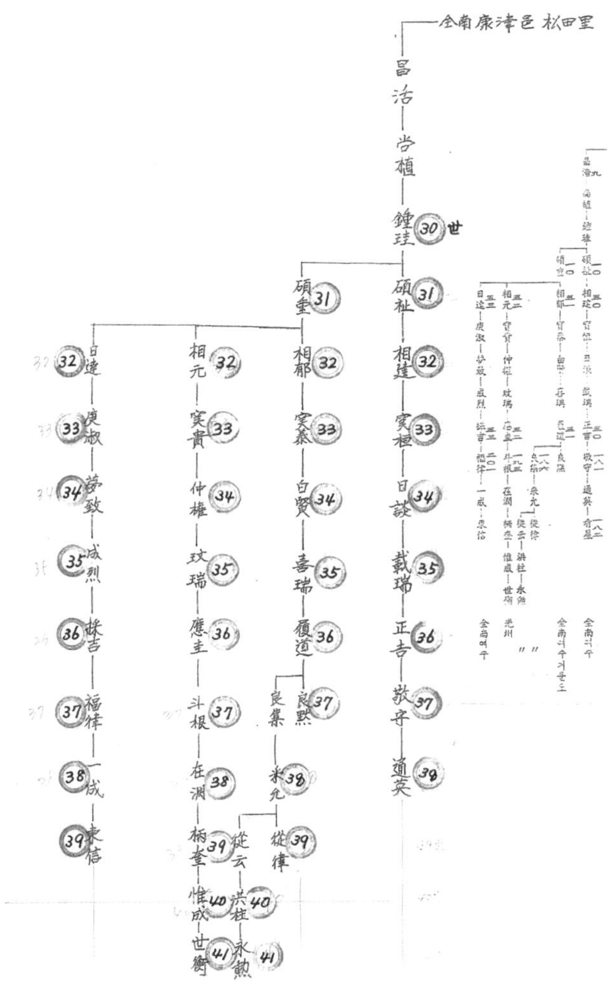
全南康津邑 松田里
昌浩
尚植
鍾珪 30世
碩奎 31
碩祉 31
日逵 32
相元 32
相郁 32
相建 32
實貴 33
實泰 33
實植 33
仲權 34
白賢 34
日談 34
玟瑞 35
喜瑞 35
載瑞 35
應圭 36
積道 36
正吉 36
福倖 37
斗根 37
良集
良默 37
敬守 37
在洞 38
道英 38
從云
從律 39
惟成 40
洪柱 40
世衡 41
永勳 41
光州

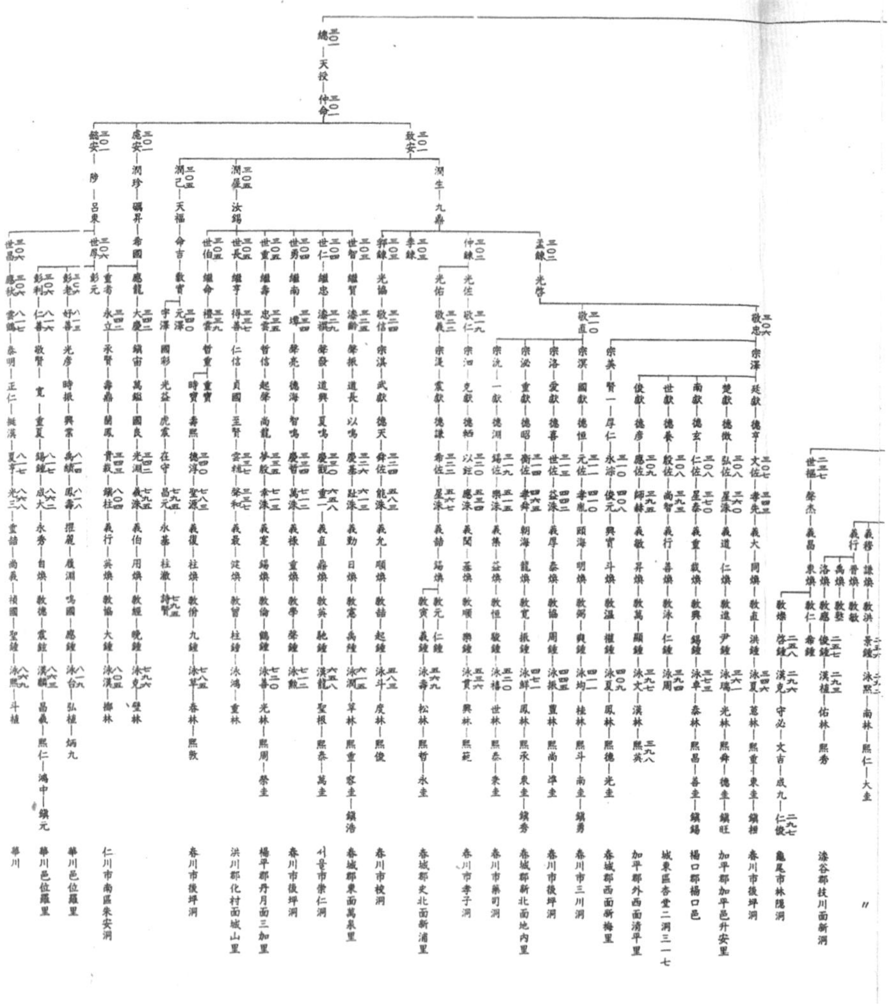

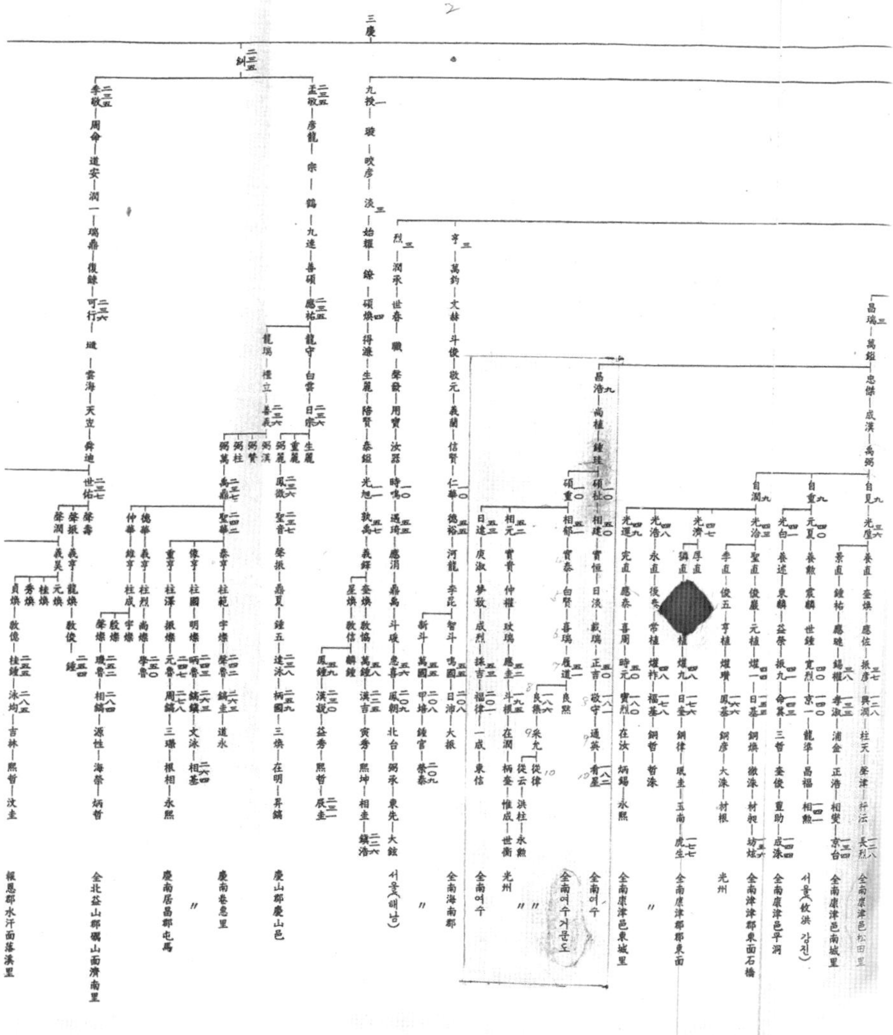
三慶
釗 二三五
李敏 二三五—周命—道安—潤一—瑞鼎—復鉉—可行 二三六—璡—雲海—天立—舜廸—世佑 二三七
孟敏 二三五—彦龍—宗—鎬—九達—善碩—應祐 二三五—龍守—白雲—日宗 二三六
全南康津邑松田里
서울(牧洪 강진)
全南康津邑南城里
全南康津邑平洞
全南康津郡東面石橋
光州
全南康津郡郡東面
全南康津邑東城里
全南여수
全南여수거문도
光州
全南여수
全南海南郡
서울(해남)
慶山郡慶山邑
慶南巻息里
慶南居昌郡屯馬
全北益山郡礪山面濟南里
報恩郡水汗面落溪里

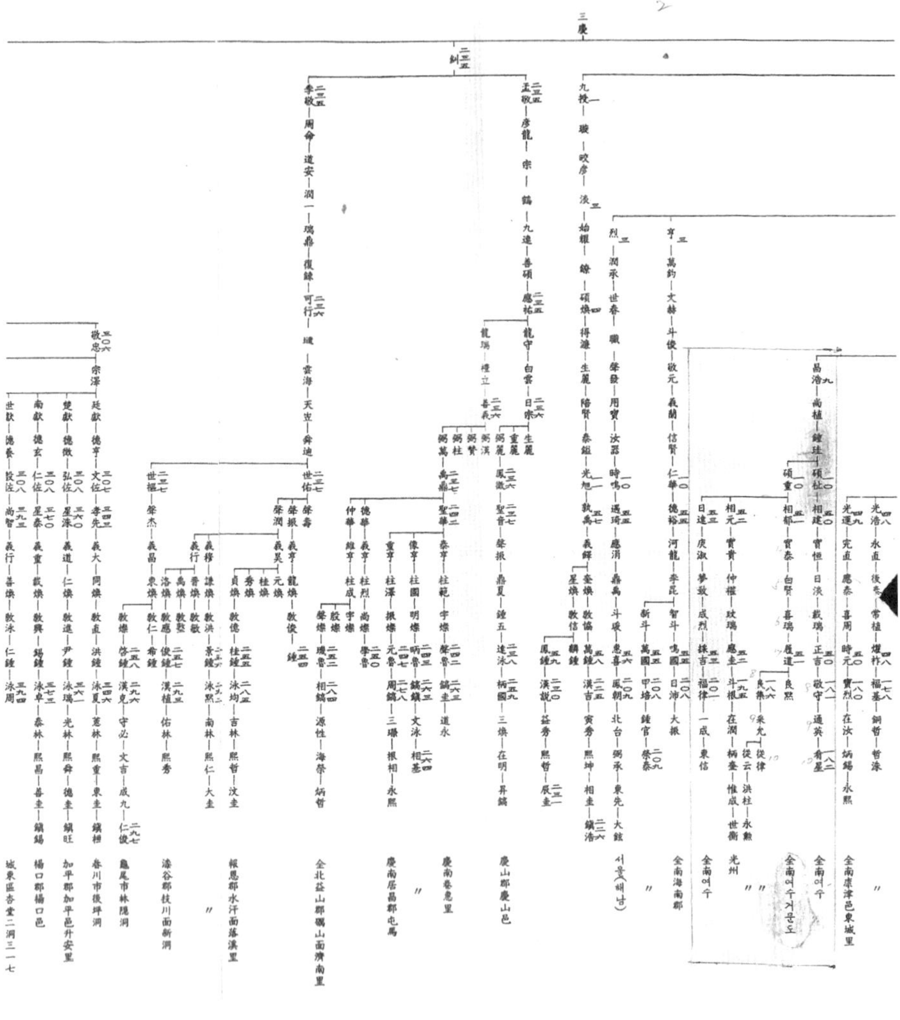
全南康津邑東城里
全南여수
全南여수거문도
光州
全南海南郡
서울(해남)
慶山郡慶山邑
慶南居昌郡屯馬
全北益山郡礪山面濟南里
報恩郡水汗面落漢里
漆谷郡枝川面新洞
龜尾市林隱洞
春川市後坪洞
加平郡加平邑升安里
楊口郡楊口邑
城東區杏堂二洞三一七

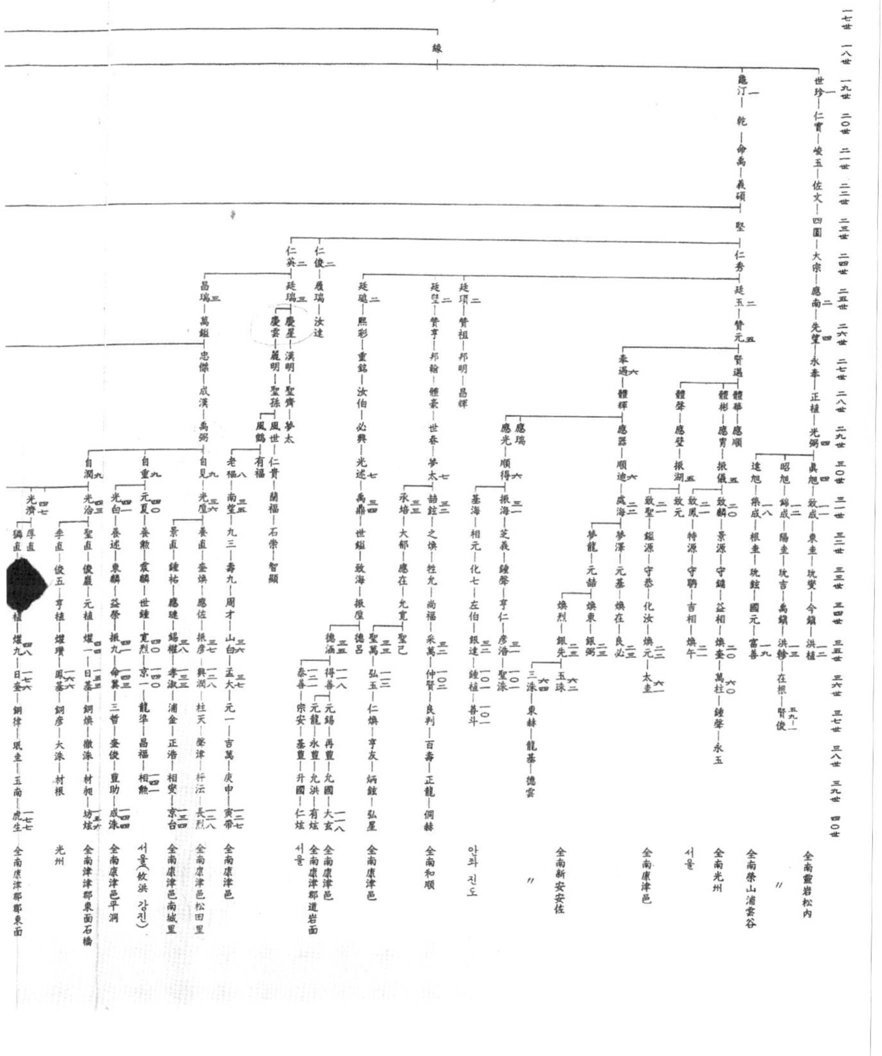
一七世
一八世
一九世
二〇世
二一世
二二世
二三世
二四世
二五世
二六世
二七世
二八世
二九世
三〇世
三一世
三二世
三三世
三四世
三五世
三六世
三七世
三八世
三九世
四〇世
全南靈岩松内
全南榮山浦雲谷
全南光州
서울
全南康津邑
全南新安佐
아좌 진도
全南和順
全南康津邑
全南康津邑
全南康津郡道岩面
서울
全南康津邑
全南康津邑松田里
全南康津邑南城里
서울(飲洪 강진)
全南康津邑平洞
全南津津郡東面石橋
光州
全南康津郡郡東面

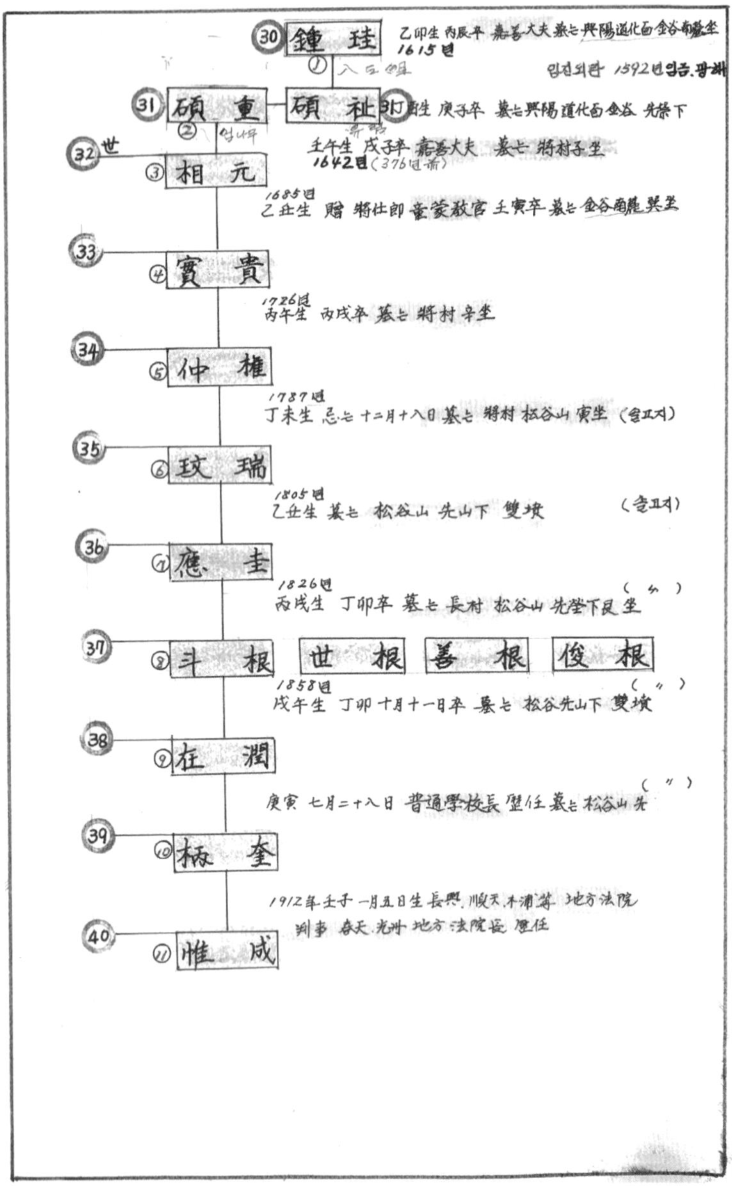
30 鍾 珪
乙卯生 丙辰卒 嘉善大夫 墓는 興陽道化面金谷
1615년
入島祖
임진왜란 1592년
31 碩 重
碩 祉
丁酉生 庚子卒 墓는 興陽道化面金谷 先塋下
壬午生 戊子卒 嘉善大夫 墓는 將村
1642년
32世 相 元
1685년
乙丑生 贈 將仕郎 壬寅卒 墓는 金谷
33 實 貴
1726년
丙午生 丙戌卒 墓는 將村 辛坐
34 仲 權
1787년
丁未生 忌는 十二月十八日 墓는 將村 松谷山 寅坐
35 玟 瑞
1805년
乙丑生 墓는 松谷山 先山下 雙墳
36 應 圭
1826년
丙戌生 丁卯卒 墓는 長村 松谷山 先塋下艮坐
37 斗 根
世 根
善 根
俊 根
1858년
戊午生 丁卯 十月十一日卒 墓는 松谷先山下 雙墳
38 在 潤
庚寅 七月二十八日 普通學校長 歷任 墓는 松谷山 先
39 秉 奎
1912年 壬子 一月五日生 長興 順天 木浦 等 地方法院
判事 春天 光州 地方法院長 歷任
40 惟 成

康津

子 成漢(성한)

子 禹弼(우필)

子 自見(자견)

子 自重(자중)

子 自潤(자윤)

子 昌浩(창호)

子 尚植(상식)

康津白道面金塘里後麓辛坐合窆
(강진백도면금당리후록신좌합폄)

字는致成 五月十九日卒 配는金海金氏 忌五月廿七日 墓先塋下雙墳 ◉女 姜呂周 晉州人
(자치성 졸 배 김해김씨 기 묘선영하쌍분 강여주 진주인)

十一月六日卒 配는金海金氏英男의女 十月七日卒 墓康津郡道岩面告前洞癸坐雙墳有床石
(졸 배 김해김씨영남 여 졸 묘강진군도암면고전동계좌쌍분유상석)

通政大夫 忌七月二十日 墓先塋下癸坐 配는淑夫人密陽鄭氏好男의女 忌十月十九日
(통정대부 기 묘선영하계좌 배 숙부인밀양정씨호남 여 기)

墓는康津波之大清勝亭山麓庚坐 有床石 ◉ 黃再清
(묘 강진파지대청승정산록경좌 유상석 황재청)

乙丑生壬午四月十二日卒 墓는康津邑向日里局內子坐有石碑 配는昇平金氏興白의女 忌三月七
(을축생임오 졸 묘 강진읍향일리국내자좌유석비 배 승평김씨흥백 여 기)

日 墓康津邑上神鶴里西麓己坐有床石 善山金氏世葬阡세우다 ◉ 女 淤井七 南原人
(묘강진읍상신학리서록기좌유상석 선산김씨세장천 암정칠 남원인)

字는士亨 號는秀岩 丁卯生 忌戊辰七月十九日 公性端逸清淨博愛 允性好文學而遊吟
(자사형 호수암 정묘생 기무진 공선단일청정박애 윤성호문학이유음)

山水靜僻之間 故處士云 墓康津寶岩 今道岩面石門外麓 紅岩嶝 乾坐 配는南平文氏
(산수정벽지간 고처사운 묘강진보암 금도암면석문외록 홍암등 건좌 배 남평문씨)

永圭의女 忌는己巳八月九日 墓는告箭洞先考墓左便下 配는光山金氏夢斗의女 生四男
(영규 여 기 기사 묘 고전동선고묘좌편하 배 광산김씨몽두 여 생사남)

五月廿四日卒 墓는公之墓階下乾坐上下墳 有石碑
(졸 묘 공지묘계하건좌상하분 유석비)

丁酉生 辛丑十一月十一日卒 通德郎 墓는康津薪智鎭九味峙乙坐 配는耽津崔氏 八月
(정유생 신축 졸 통덕랑 묘 강진신지진구미치을좌 배 탐진최씨)

十六日生 十月九日卒 墓는寶岩面萬德山下
(생 졸 묘 보암면만덕산하)

乙未生戊戌卒 墓는萬德山先山下酉坐 配는光山金氏秉節校尉副司果逸大의女 墓는合窆
(을미생무술졸 묘 만덕산선산하유좌 배 광산김씨병절교위부사과일대 여 묘 합폄)

43 40 36

						3				3				
						春世				赫文				
					子					子				二六
				子					子	斗두				二七
			子	聲성	職직			子	敬경	俊준				二八
		子	用용	發발			子	義의	元원				子	二九
子		汝여	寶보			子	信신	蘭란			子	子	鍾종	三〇世
時시		器기				仁인	賢현				碩석	碩석	珪규	
鳴명						華화					重중	祉지		
초휘 만옥 初諱는 萬玉 묘 수영지충평리후록 墓는 水營地忠坪里後麓 배 함평노씨 配는 咸平魯氏 묘 동원 墓는 同原	묘 진도목장 서방남록 墓는 珍島牧場 西方南麓	초휘 일신 初諱는 日新 출 七月十日卒 묘 해남호교등 墓는 海南狐橋嶝 임좌 壬坐 배 함평노씨인원 여 配는 咸平魯氏仁遠의 女 출 十月十一日卒	일휘 용해 一諱는 用海 묘 해남산일면성산자좌 墓는 海南山一面聲山子坐	통정대부 通政大夫	판관 判官	배 낭주최씨권오 여 配는 郎州崔氏權五의 女 묘 해남화이면중마로자좌쌍분 墓는 海南化二面中馬路子坐雙墳	배 경주이씨 配는 慶州李氏 묘 선영하쌍분 墓는 先塋下雙墳 ◉子 聲華 성화 ◉時華 시화 ◉重華 중화 ◉致華 치화 ◉仁華 인화	배 나주정씨무현 여 配는 羅州鄭氏武玄의 女 묘 해남산일면성산자좌합폄 墓는 海南山一面城山子坐合窆	묘 선영하 墓는 先塋下 배 동원쌍분 配는 同原雙墳	묘 진도삼촌면향동간좌쌍분 墓는 珍島三村面杏洞艮坐雙墳	자 국보 字는 國甫 임오생 壬午生 무자졸 戊子卒 가선대부 嘉善大夫 묘 장촌자좌 墓는 將村子坐 배 정부인장수황씨묵 여 配貞夫人長水黃氏黙의 女 묘 금곡선영하유좌 墓金谷先塋下酉坐	자 국언 字는 國彦 정유생 丁酉生 경자졸 庚子卒 묘 금곡선영하 墓는 金谷先塋下 배 밀양박씨치장 여 配는 密陽朴氏致璋의 女 묘상동 墓上同 ◉碩道 석도	자 인수 字는 仁壽 을묘생 乙卯生 병진졸 丙辰卒 가선대부 嘉善大夫 묘 흥양도화면금곡남록유좌 墓興陽道化面金谷南麓酉坐 배 경주이씨하운 여 配慶州李氏夏雲의 女 묘쌍분 墓雙墳	一〇
55						55					51	50		

三一 三二 三三 三四

子 相장元원

자상인 字는相仁 을축생 乙丑生 증장사랑동몽교관 贈將仕郎童蒙教官 임인졸 壬寅卒 묘금곡남록손좌 墓는金谷南麓巽坐 배유인밀양박씨 配는孺人密陽朴氏

동재의 여 同裁의女 묘장춘자좌 墓는將村子坐

子 實실貴귀

자헌세 字는憲世 병오생 丙午生 병술졸 丙戌卒 묘장춘신좌 墓는將村辛坐 배언양김씨래하의여 配는彦陽金氏來河의女 묘장춘선산자좌 墓는將村先山子坐

子 仲중權권

자윤지 字는允之 정미생 丁未生 기는십이월십팔일 忌는十二月十八日 묘장춘송곡산인좌 墓는將村松谷山寅坐 배금성나씨 配는錦城羅氏 웅창의여 雄昌의女

묘장춘선산하 墓는長村先山下

子 玟민瑞서

자영득 字는永得 을축생 乙丑生 배밀양손씨 配는密陽孫氏 묘송곡산선산하 墓는松谷山先山下 쌍분 雙墳

子 應응圭규

자응조 字는應祚 병술생 丙戌生 정묘졸 丁卯卒 묘장춘송곡산선영하간좌 墓는長村松谷山先塋下艮坐 배김해김씨장원의여 配는金海金氏壯元의女 묘쌍분 墓는雙墳

子 實실萬만

자관세 字는寬世 신사생 辛巳生 증남도도사 贈南都都事 기는칠월이십오일 忌는七月廿五日 묘진주평촌도치오좌 墓는晋州平村島峙午坐 배숙부인 配는淑夫人

동복오씨상하의여 同福吳氏尚夏의女 기는사월오일 忌는四月五日 묘함양예치묘좌 墓는咸陽艾峙卯坐

五二

195 195 194 192 192

52

應主

子 斗根(두근)	字는 世裕(자는 세유) 戊午生(무오생) 丁卯十月十一日卒(정묘…졸) 配는 金海金氏萬烈의 女(배는 김해김씨 만열의 여) 墓는 松谷先山下雙墳(묘는 송곡선산하 쌍분) 後移葬于 谷城郡吾山面鳳洞里 鳳凰臺上(후이장우 곡성군오산면봉동리 봉황대상)
子 在潤(재윤)	字는 乃文(자는 내문) 號는 雲圃(호는 운포) 庚寅七月二十八日生(경인…생) 普通學校長歷任(보통학교장역임) 庚辰十月十一日卒(경진…졸) 墓는 松谷山先塋下卯坐(묘는 송곡산선영하묘좌) 室은 密陽朴氏(실은 밀양박씨) 丁亥生(정해생)
子 柄奎(병규)	一九一二年壬子一月五日生(임자…생) 長興順天木浦等(장흥순천목포등) 地方法院判事(지방법원판사) 春川光州地方法院長歷任(춘천광주지방법원장역임) 辨護士開業(변호사개업) 室은 金海金氏佑炫의 女(실은 김해김씨 우현의 여) 一九一五年乙卯四月二日生(을묘…생)
子 惟成(유성)	一九四〇年庚辰六月五日生(경진…생) 成均館大卒(성균관대졸) 室은 全州李氏得秀의 女(실은 전주이씨 득수의 여) 一九四七年丁亥二月十一日生(정해…생)
子 世衡(세형)	一九八〇年庚申九月十二日生(경신…생)

三六 三七 三八 三九 四〇世

三八	三九	四〇世			기록
		女	亨형	娥아	一九七四年甲寅갑인二月十一日生생
	子	仁인	錫석		一九四五年乙酉을유四月廿八日生생 室실은順天朴氏鍾錄순천박씨종록의女여 一九四八年戊子무자五月三日生생
		子	佑우	衡형	一九七四年甲寅갑인十一月十三日生생 ◉俊衡준형 一九七八年戊午무오一月二日生생
	子	東동	錫석		一九四七年丁亥정해十二月廿一日生생 室실은泰安李氏文成태안이씨문성의女여 一九四九年己丑기축二月二十日生생
		子	正정	勳훈	一九八二年壬戌임술二月廿六日生생
		女	允윤	娥아	一九八〇年庚申경신六月三十日生생
	子	斗두	錫석		一九五四年甲午갑오七月九日生생
	子	昌창	錫석		一九五六年丙申병신七月十五日生생 室실은興城張氏在石흥성장씨재석의女여 一九五八年戊戌무술十一月三日生생
		女	正정	娥아	一九八五年乙丑을축十月二十日生생
	女	仁인	貞정		一九三八年戊寅무인三月二十六日生생 夫부는金容閔김용열 光山人광산인 判事辨護士판사변호사
	女	秀수	賢현		一九五〇年庚寅경인七月二十五日生생 夫부는朴松夏박송하 密陽人밀양인 法院判事법원판사
	女	秀수	珍진		一九五二年壬辰임진十月十日生생 夫부는尹英秀윤영수 海南人해남인
子	炳병	玉옥			甲寅갑인四月三日 己未기미十二月十一日卒졸 配배는全州李氏世彬전주이씨세빈의女여 甲寅갑인八月十三日生생
	子	惟유	弘홍		一九四一年辛巳신사七月六日生생 室실은慶州金氏龍福경주김씨용복의女여 一九四五年乙酉을유三月二十一日生생

一九六

善山金氏籠巖派譜 卷之四 (生員公)

- 子 大永(대영) 一九七三年癸丑(계축)十月五日生(생)
- 女 秀榮(수영) 一九七六年丙辰(병진)六月二十四日生(생)
- 子 吉弘(길홍) 一九五二年壬辰(임진)五月十二日生(생) 室(실)은 密陽朴氏(밀양박씨) 龍善(용선)의 女(여) 一九六一年辛丑(신축)二月二十五日生(생)
- 子 在永(재영) 一九八二年壬戌(임술)九月十日生(생)
- 女 美珍(미진) 一九八五年乙丑(을축)七月九日生(생)
- 女 甲貞(갑정) 一九二四年甲子(갑자)九月十一日生(생) 夫(부)는 李東甲(이동갑) 咸平人(함평인)
- 女 順子(순자) 一九三七年丁丑(정축)五月七日生(생) 夫(부)는 趙鏞珍(조용진) 咸陽人(함양인) 國民銀行檢查役(국민은행검사역)
- 子 子 柄珠(병주) 辛酉(신유)九月六日生(생) 丁卯(정묘)五月九日卒(졸) 配(배)는 慶州崔氏(경주최씨) 潤浩(윤호)의 女(여) 一九二六年丙寅(병인)十二月十三日生(생)
- 子 晟泰(성태) 一九五七年丁酉(정유)七月六日生(생)
- 子 晟鎭(성진) 一九六〇年庚子(경자)十一月十四日生(생)
- 女 京華(경화) 一九五〇年庚寅(경인)一月二十八日生(생) 夫(부)는 崔南辰(최남진) 慶州人(경주인)
- 子 子 柄徹(병철) 一九二六年丙寅(병인)一月十三日生(생) 壬戌(임술)十月廿五日卒(졸) 配(배)는 靈光金氏(영광김씨) 龍煥(용환)의 女(여)
- 子 駿翰(준한) 一九五五年乙未(을미)七月六日生(생) 室(실)은 慶州金氏(경주김씨)
- 子 明錫(명석) 一九五七年丁酉(정유)十月二十一日生(생)

三六	三七	三八	三九	四〇世			
			女	晋진	希희		一九六〇年庚子경자一月十五日生생 ◉惠善혜선 一九六三年癸卯계묘四月二十八日生생
	子	乃내	潤윤				乙未을미九月二十九日生생 乙卯을묘十一月七日卒졸 配배는平澤평택林氏임씨 墓묘는在邊村재변촌
		子	主주	鉉현			一九二四年甲子갑자十一月廿二日生생 室실은鄭平任정평임慶州人경주인서곤의女여 一九二七年丁卯정묘六月十五日生생
			子	錫석	斗두		一九六一年辛丑신축二月廿八日 室실은李京喜이경희慶州人경주인光現광현의女여 一九六二年壬寅임인十二月廿三日生생
				子	東동	垣원	一九八四年乙丑을축五月廿三日生생
子	世세	根근					字자는同先동선 乙丑生을축생 配배는慶州金氏士淑경주김씨사숙의女여
	子	道도	潤윤				字자는道吉도길
		子	佑우	用용			一九〇七年 月 日生생 忌기는十一月廿日 墓묘는西島陽地서도양지놀음바탕 室실은密陽朴氏밀양박씨
			子	平평	元원		一九四二年 月 日生생 乙丑을축十月廿九日卒졸 室실은金正守김정수 慶州人경주인
				子	光광	信신	◉慶信경신
		子	義의	用용			癸丑계축八月十五日生생 庚戌경술八月二日卒졸 墓묘는西島里서도리골추머리 室실은李方禮이방례 全州人전주인按文안문의女여
							一九一二年壬子임자十月十七日生생
			子	東동	星성		一九三九年乙卯을묘三月廿六日生생 室실은朴今子박금자密陽人밀양인基南기남의女여 一九四〇年庚辰경진十一月七日生생
				子	浩호	喆철	一九六九年己酉기유三月廿一日生생

				女	守수	貞정	一九六七年丁未정미五月廿九日生생 ◉淑숙貞정 一九七三年癸丑계축四月二十七日生생
			子	星성	連연		一九四六年丙戌병술七月一日生생 室실은李今姬이금희慶州人大攝경주인대섭의女여
				子	正정	錫석	一九七六年丁未정미二月八日生생
				女	美미	稷직	一九七四年甲寅갑인七月三日生생 ◉美미眞진 一九七九年己未기미一月廿二日生생
			子	星성	學학		一九五一年辛卯신묘七月廿七日生생 室실은鄭永心정영심慶州人平吉경주인평길의女여
				子	大대	勳훈	一九七九年己未기미十月九日生생
				女	美미	香향	一九七八年戊子무자一月十四日生생
子	善선	根근					
	子	孝효	仁인				
		子	參삼	律율			一九二四年生생 忌기는六月十六日 室실은金海金氏김해김씨仲業중업
			子	忠충	吉길		一九四八年戊子무자五月八日生생 室실은金銀順김은순金海人錫호김해인석의女여
				子	廷정	勳훈	一九六九年己酉기유六月廿三日生생 ◉廷정敏민 一九七二年癸丑계축四月廿八日生생
				子	廷정	根근	一九七四年甲寅갑인四月四日生생
	子	孝효	順순				◉吉길伯백 ◉吉길南남

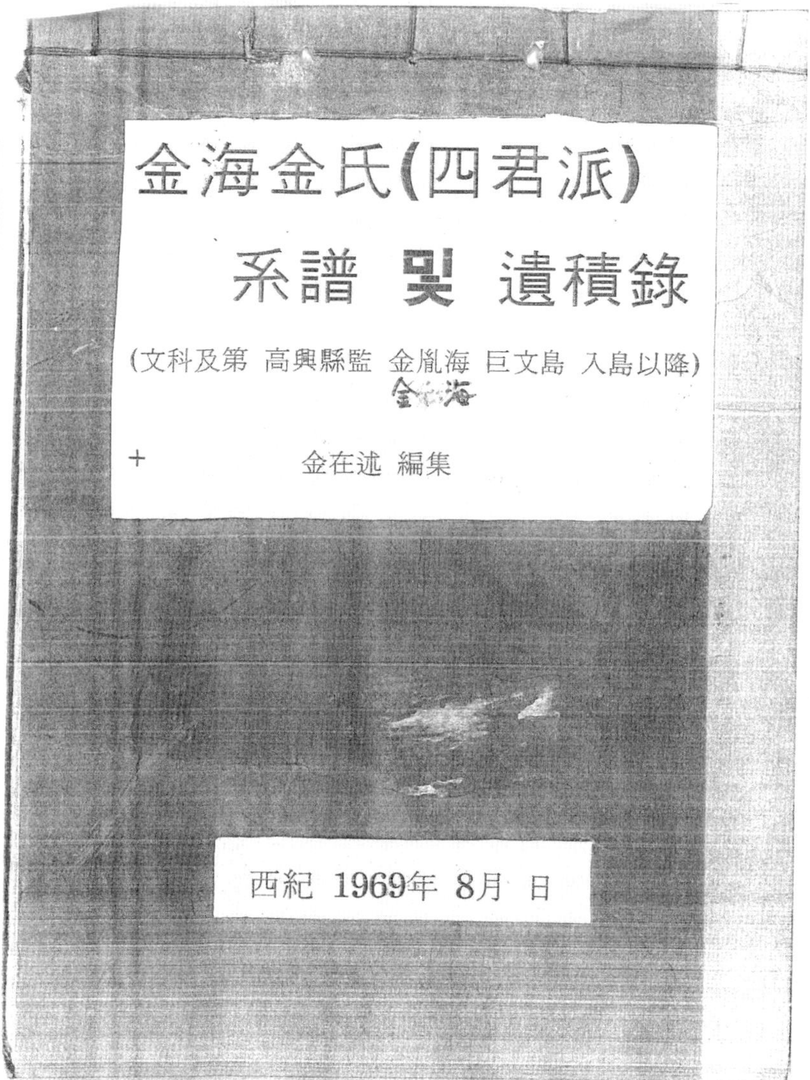

金海金氏(四君派)

系譜 및 遺積錄

(文科及第 高興縣監 金胤海 巨文島 入島以降)

金[illegible]海

\+ 金在述 編集

西紀 1969年 8月 日

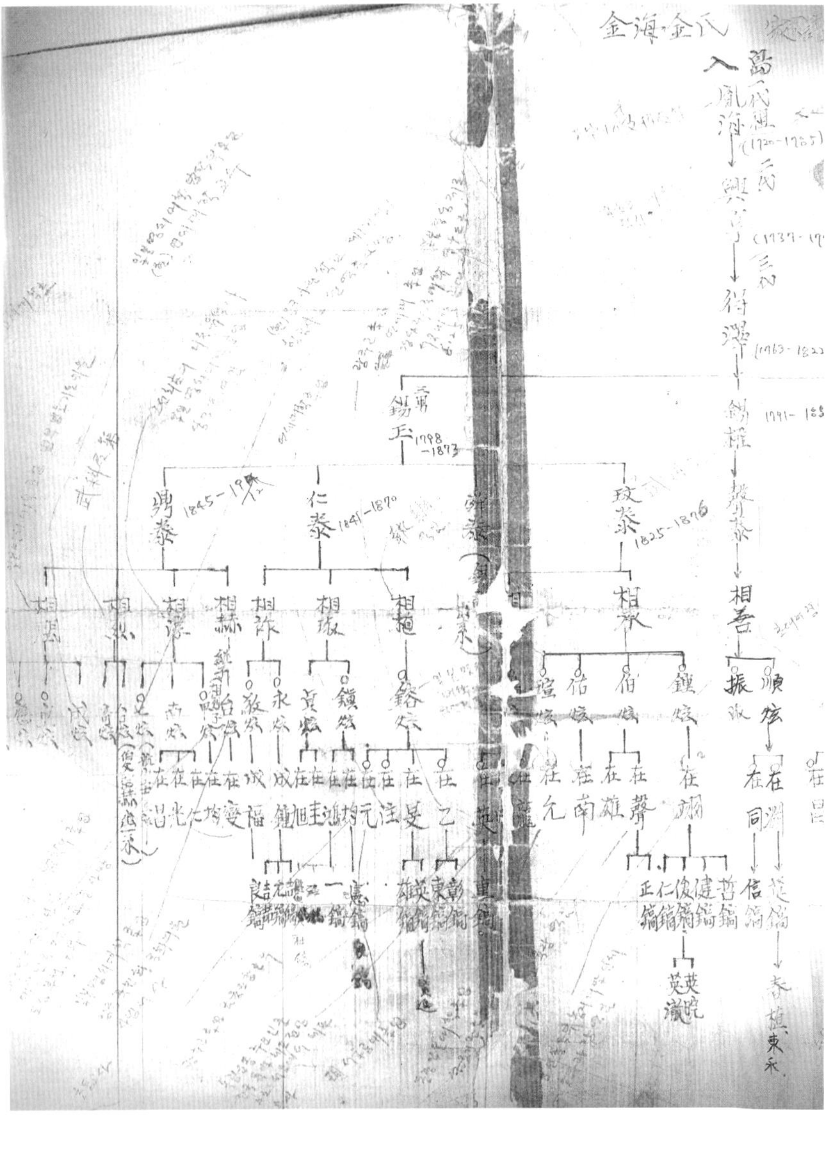
金海金氏

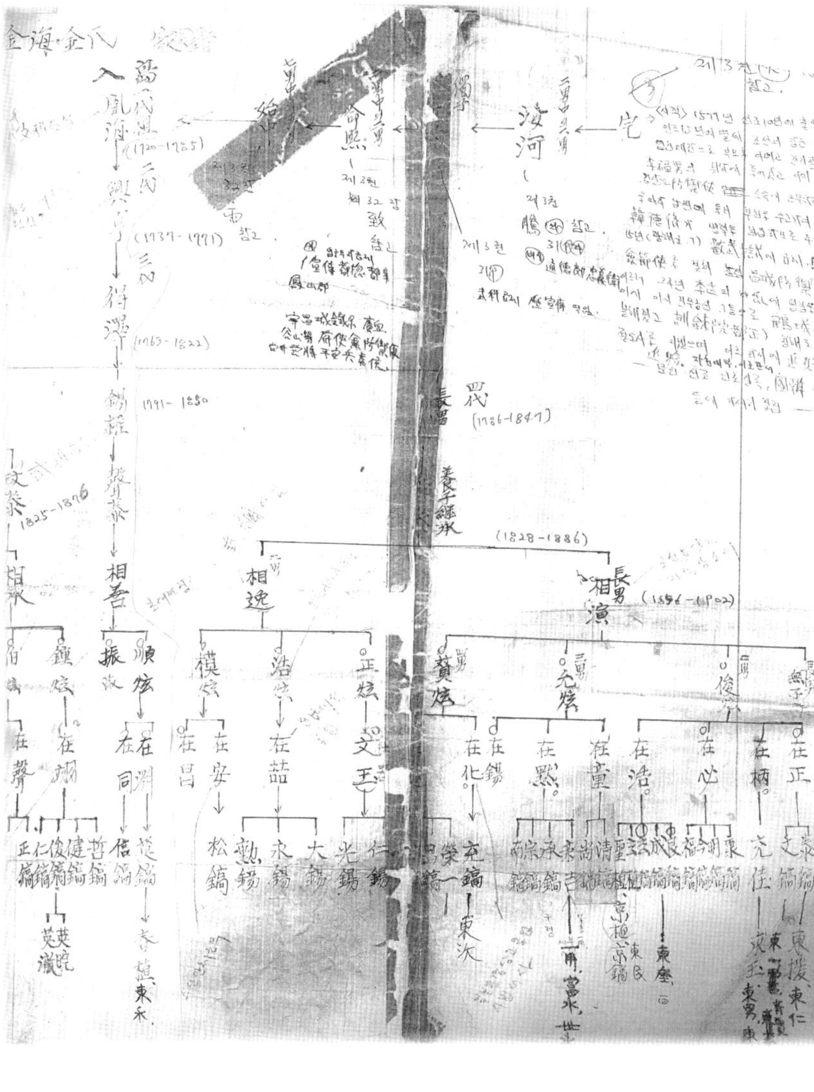
(1720-1785)
(1737-1791)
(1763-1822)
1791-1850
(1786-1847)
1825-1876
(1828-1886)

巨文島行政過程

0, 1396년(태조5) 흥양현에 귀속됨

一、本來에 三島(現巨文島)는 興陽縣(現高興郡)의 所屬으로서 興陽縣監이 統治하였음、

二、西紀 1,711年(李朝肅宗37年) 統營으로 移管되여 風憲을 두고 統治하게 되였음.

三、西紀 1,855年(哲宗6年) 다시 興陽縣下로 歸屬되여 統治하였음.

四、西紀 1,887年(明治20年) 亦是 興陽縣下에서 僉水軍節度使 兼 守防將을 두어 統治하게 되였으며 三島를 巨文鎭이라 稱하였음.

五、西紀 1,885年(明治28年) 麗水郡으로 屬하게 되여 長竹島、草島를 上島라 하고 巨文島를 下島라 하여 各々 執綱을 두고 統治하였음.

六、西紀 1,905年(明治38年) 突山郡으로 改編됨

으로써 突山郡守가 統治하였음.

七. 西紀 1,908年 孫竹島 草島를 併合하야 三山面廳을 두고 面長이 統治하였음.

八. 西紀 1,914年(大正三年) 郡面廢合의 期際 麗水郡 管轄로 麗水郡守가 統治하였음.

九. 西紀 1,949年 麗水邑을 市로 昇格식힘에 隨伴하야 麗水郡을 麗川郡으로 改稱 麗川郡行政管轄로서 現在에 이르고있음.

本家系譜및史蹟을作成한趣旨

本家系譜는正族譜가않이라 西紀1943年八代宗孫
인 在勳兄任께서門中의族譜를가지고 서울로移居하
였으며 날로變貌하여가는現時에隨伴하여門中의모든
系通이稀傳해저감을遺憾스럽게生覺한나머지後孫들의
게系通的精神을函揚시키기爲하여金海金氏의大同譜
에서 우리入島祖以來의簡單한記錄을土台로삼고
또는先親任들의追憶의傳說을想起하여素筆이나마
家系譜를作成하는同時先親任들의史蹟을記錄한바
後孫들이여보라— 우리祖上의偉大하신史蹟을 偉大
한先代의피를이어받은우리後孫들은他에比하야
얼마나名譽로운일인가 이거룩하신우리先親任들의
偉大한史蹟에對하여秋毫라도毁傷이될行爲는後孫
各自가自省하여야할것이며 우리先親任들의偉大하신
業績에衷心으로感謝를드리는同時 따라—
後孫들間에相互系通을하자 相救相助門中에和睦
함이偉大한祖上에對한報答이라고生覺하면서本
文을門中各宅에보내는바입니다—

西紀1961年 月 日

入島八代孫 在述 書

門中 各宅

이 系譜와 遺蹟의 記錄을 보고

幼時때부터 先親任들의게 少少히 聞튼 우리先代任들의 系譜와 偉大하신 遺蹟을 이제 記錄으로 옮겨 後孫들의게 傳하야 누구나 一覽하면 쉽게 알게 됨을 無限이 깁브게 生覺하는 同時 이 記錄編製를 한 再從兄(在述)任 게서는 別敎育도 받지못하야 薄識한 분이오나 하시는 말씀이 (한할아버지의 子孫은 異身同骨)이라는 뜨거운 精神으로서 本記錄編製를 한바라고 生覺할 때 深深한 敬意을 아낄수없다—

이 系譜와 遺蹟을 읽어본바 年令의上下는 고사하고 宗孫으로부터 順序的으로 되여있음으로 一覽하여 알수있게되여있고 記錄에는 未備된이 多少있으나 此點은 連絡不充分의 原因이라고 思料되오니 付託할 말씀은 相互連絡하야 未備된 事項을 記入하기로하고 此後의 出産, 婚姻, 別世等의 變動이 있을때는 各自相互連絡하야 記入하도록하여주기 바라는 바이다—

八代孫 在安 誌

入島祖史蹟
(亂海)

字를 濟遠이라稱하시였고 景宗元年辛丑生

英宗十七年文科及第 蔚珍縣令(現稱郡守)에歷任 後通訓大夫 後入島
(1741)

正宗九年乙巳拾月十九日卒(壽65歲)

配 淑夫人 光山金氏 景宗二年壬寅生 正宗十年丙午
(1722) (1786)

六月二十六日卒 墓 巨文島長村고래독기 雙墳

조선왕조 정2품에서 정3품에 해당되는 벼슬로서 당대 ~~[illegible]~~ 높은 반열 「通訓大夫」 직위에 오르시였다. 대감의 입도 이유에 대해서는 기록이 없으나 당대의 사정으로 보아 당파로 인한 유배가 아닌가 싶다. 묘라면 3번에 걸쳐에 있을 시점으로서 (1차에 2명 2차 P명 3차에 3명)을 실행하였다.

二代祖史蹟
(興亨)

字를 明準이라稱하시였고 英宗十三年戊午生

英宗四十七年辛卯五月二十三日卒(壽34歲)

墳墓 慶尚北道寧海烽火山辛坐

配 淑夫人 坡平尹氏 英宗十三年丁巳生 英宗五十年

三月三日卒 (壽38歲)

墓 巨文島後麓 巳坐

四代祖(錫錢)遺蹟

字를 君集이라 稱하였고 正宗十年丙午生
憲宗十三年丁未卒

配 淑夫人 錦城林氏

墓 巨文島長村山池洞 雙墳 巳坐

(附記)

위하라버지의 遺蹟을 쓰라면 끗지못할일이다

옛날부터 傳하여오는 말이 딸이많으면 8仙女를 구며 神仙사리를 한다드니 이하라버지는 8仙女가 넘은 9仙女를 出産했다고하시 追想컨대 生存時에는 勿論 아들을 하나 나어볼가하고 無限한 努力도 하셨을것이고 苦憫도 하셨을것이다 그러나 其後 9仙女가 各處로 出嫁하여 1人當 5人式 孫을 퍼젔다한다면 이제 7代가되였으니 其外孫이

幾數百名이 될것이며 더욱 繼承養子로부터 子孫이 번족하야
現在 鎬字舉列만 하드라도 이제 60名 以上을 두었으
니 鬼神中에는 多福한 鬼神이되어 滿面에 滿足感을 느기고
黃天에 平安히 잠드러 있으리

四代祖(錫權)遺蹟

字 乃酉 正宗十五年 辛亥生 (1791)
哲宗元年 庚戌卒 (1850)
配 礪山宋氏

四代祖(錫玉) 史蹟

字를 乃賢이라 稱하였고 戊午生 (1798) 癸酉六月一日卒(壽76歲)
克承慈訓以敦族恤貧爲己任鄕人爲之竪碑
孝行卓異 開國四百九十二年 命旌閭 贈朝奉大夫
(1883년)

동이불선 마을서

東西班의 벼슬로 종4품 1869년 고종2년부터 문신 종친의 벼슬로

童蒙教官

配 令人 安陽權氏 辛未三月四日卒 (1871년)

墓 臥鶴長村 龍山 巳坐 雙墳

五代祖(舜泰)遺蹟

字를 性裕라 稱하였고 戊子生 (1828년) 丙戌五月二十六日卒 (1886년)

配 晉州姜氏 忌六月六日 墓 臥鶴長村後麓

公号 蝸洞 長於詩賦 文名播世

※ 문장이 널리 나라 밖까지 전해 졌다.

五代祖(馨泰)遺蹟

字를 在汝라 稱하였고 癸未生 (1823년) 丙戌五月七日卒 (1886년)

配 慶州金氏

五代祖(敍彬) 遺蹟

字를 在基라 稱하였고 純廟二十五年乙酉五月八日生
1825
開國四百八十二年武科及第 開國四百八十四年
1874 1876
二月一日卒 墓 臥達長村龍山甲坐
配 彦陽金氏 純廟二十八年戊子生
開國五百一年十二月十二日卒
墓 臥達長村巖南山寅坐

五代祖(仁彬) 遺蹟

字를 在漢 憲宗七年十二月十七日生
1841
庚午十月十日卒
(1870)
配 慶州李氏 乙未生
明治三十七年甲辰十月二十三日卒
墓 德村深浦南麓 (西面으로 移葬)

五代祖(鼎燮) 史蹟

字 在亨 號濯可 憲宗十一年乙巳正月二十六日生

開國四百七拾五年丙寅八月二十五日中鄉試初試

1866.

翌年春赴會試渡灞而歸自後出沒京鄉屢試

不中居常鬱々將至仕年頗有折衝之氣焉見世

道衰微嘗吟詩一句黃金能使男兒倖白髮空

爲吾輩愁云々 開國五百一年壬辰始武科及第

在內歷副司果司憲府監察 折衝將軍龍驤衛

副護軍兼內禁將通訓大夫 在外歷仁同都護

府使而際當甲午東亂大正元年十二月三十日

卒 墓 在文爲長村山芝洞巳坐雙墳

室 淑夫人 密陽朴氏 憲宗十年甲辰正月

初六日生

* 通訓大夫: 이조시대 문계의 정3품. 東班의 通政大夫, 嘉善大夫, 資憲大夫, 明善大夫, 奉 正順大夫 서반의 折衝將軍, 禦侮將軍 등이다. (참고) 經國大典, 大典會通.

史蹟의 傳說

仁同令監이 別世하신지 至今으로부터 60年이다
그러나 仁同令監하면 流行歌처럼 三尺童子라도
모르는사람이 없다 其經由로 朝鮮 當時 官職에
계셨으니까 이름도 有名하시려니와 其傳說과 史蹟을
더듬어 볼때 賢明하시고 仁慈하신 어러신이 였다는
것은 틀림없다 일찍이 仁同府使를 歷任하시고 그後
의 일이겠시다 日本商船이 日本지폐 을 실고가다
台風으로因해 破船이 되였는가 台風後 洞里海岸
一帶에 日本지폐가 많이 漂流되였거늘 無知識한
洞里사람들은 日本지폐라 無所用하다고 拾得한 지폐을
紙物의 代用品으로 使用되였거늘 일찍부터 開明이 된 仁同
令監께서는 日本돈의 所用價值를 모를理 없었다
自身도 많이 拾得할뿐아니라 他人이 拾得하여노은 것까지
돈이되나 또는糧穀等으로 交換하여 一代 三千石의 巨富가

되였다고하오며 또는 언의해에 島中에 무서운 凶年이 휩씨
려 島民이 거의 飢死케되자 仁慈하신 金監게서는 自己
糧穀倉庫를 開放시켜 白米約 600叺을 放出 식혀
飢餓死直前의 島民을 求出 하셧으니 人間社會를 恒常
觀察하고 게신 하나님인들 이聖德을 모르시며 島民
인들 이德望을 이즈리오 其後 農事가 好轉되자 島民
들은 自進하야 長村에다 頌德碑를 세우고 其德을
高히 崇仰하였으나 時代의 隨伴으로 德과 義가 모두
희박하여 감에 따라 이荒廢한 頌德碑閣도 補修의 맛
을 못보고 至今은 초라하게 雜草만이 욱어저 있다
金監게서 大正元年(西紀1912年)에 逝去하시자 15日의
出喪으로 大牢九匹을 잡어 自古以來의 大葬禮式이 擧行
되였다

六代(相演) 史蹟

字是 世明이라고 稱하시였고 丙辰七月三十日生 (1856년)

開國五百十年七月八日卒 墓德村深浦南麓 午坐 (1902년)

配 淑夫人 慶州金氏 戊申生

(金竹產)

開國五百一年 壬辰三月五日卒 孝允得墓

長村 烏基南麓 午坐

史蹟

1392
510
1902

全羅道 文章資格狀을 授與하야 全羅道 文章이기도

하였으려니와 當代의 名筆이기도 하였다

職은 先生으로 하시였고 時叔父 仁同府使의 職의 職主

任務를 띠고 忠淸道 江景을 갔다 歸路途中 우수영도

近海를 遊海中 當時東學亂이 일어나 그곳住民中 男子

는 全部가 出征하였든 關係로 男子가 出入하면 女心이

變한다는 理由로 그곳使道께서 自給法을 宣布하야

他地方의 男子만 들어오면 拘束시키고 棍杖을

때리기로 되어있었다 이農青들 또는 우리先親任도 이곳

을航海하다가 붙잡혀 들어가 船員一同과 拘束을

당하였으나 그날이 마침 그곳使道의 生日 잔치 날로

隣近使道들이 모두 會集하야 酒宴을 벌여 祝賀할제

太守倉에서 詩를 짓기 始作하였다 그때 우리先親任도

詩를 잘수있었다 하여 筆墨을 갖다주매 詩를 지어 使道

에게 上呈하였더니 上呈한 詩는 使道들이 모두 칭찬하여

보신바로 되어버려와 偉大先達任을 몰라 보시와

奇異罪를 지었다고 모두 早年에 罪 謝罪하였으며 더욱

偉大先達任을 모셨다는 記念으로 黃牛를 한마리 더

잡어 優待를 하여주었시며 業界의 地域이 공해 但 匠文島

船舶에는 自由出入할수 있다는 特許權을 받아가지고

十五日間을 特別한 待優를 받다가 歸港하였음

文代(相[illegible])遺蹟

字를 世彦이라 稱하였고 開國四百七十年生
1863

明治四十四年六月十六日卒 墓 後村深浦 子坐
1911

室 淸州韓氏 開國四百七十六年丁卯生

職 巨文島第三代 執綱을 歷任하여 島政을 다스렸음

文代(相善)遺蹟

字를 士仁이라 稱하였고 丁巳生 丙辰九月五日卒
1857 1916

墓 西村 陽地山 亥坐

室 晉山金氏

(附記) 適分[illegible]被設創

西紀 1885年 四月 [illegible] 巨文島使道 [illegible]李氏

[illegible] 本島在職中 [illegible] 民

[illegible] 使道 [illegible] 使道

自身 全羅道監察使前에 上訴코여 비장이 來島하야 巨文島民의 代表者로 連行되었으며 監察使前에 本島使道非行과 民心의 動搖等을 詳細히 上告하였음으로 監察使에게 感動하야 無罪放出 無事歸鄕.

六代 (相祿) 遺蹟

字를 默彦이라 稱하였고 哲宗六年乙卯二月十六日生 開國四百九十四年乙酉十二月六日卒

配 慶州鄭氏 哲宗二年辛亥四月十五日生 大正五年二月十四日卒 墓 長村後龍山甲坐

七代 (相興) 遺蹟

字를 贊彦이라 稱 開國四六六年丁巳生 開國五○四年乙未六月十三日卒 墓 古島 室 善山金氏 開國四百六十四年八月十九日生

文代 (相植) 遺蹟

字를 世峻이라 稱하시였고 開國四百七十三年 甲子三月八日生
1864

室 密陽朴氏 開國四百七十一年壬戌生

(附記) 배가불너千石이였고 氣像이무서워 호랑이였다고
傳한다 每事에 事理가 밝아 萬中을領導하시였고
生 執綱으로 在職中公과私가分明하야其이름
이 至今도 높흐시며 甚至於는 自己子息(鎔俊)
이學校校長으로在職中 公席에서는 반드시校
長先生任이라고 敬語로서對하시는超越한精神
을所有하신令監이시다.

文代 (相敦) 遺蹟

字를 世官이라稱하시였고. 開國四七五年丙寅二月一日生
壬子十一月初六日卒
配 光山金氏乙丑十二月廿八日生 甲寅二月二十六日卒

文代（相祚）遺蹟

字를 世浩라稱. 開國四百七十七年戊辰十一月二日生

室 密陽朴氏 明治元年五月十七日生

文代（相林）遺蹟

字를 孝彥이라稱、開國四百九十五年十一月三十日卒

室 星州裵氏 墓 長村山芝洞下麓

（附記） 偉大하신 父親을 모시고 富裕한 宅의 長男으로 태
여나 모든 體軀로나 聰明한 頭腦가 可히 되여 此 秀才였
다 十九歲때 嚴親을 모시고 寶城에 結婚코저 또는 서
울 科擧次 出發하야 寶城 栗浦에 들여 結婚式을
올니고 三日後에 上京하야 科擧日을 기다린 次 父親
과 漢江을 散策中 갈매기 떼가 漢江에 헤엄친놈
或은 나는놈 무수히 놀고있기 때문에 好奇心에 作亂삼아
조각돌을 하나 던진것이 不意에도 命中되여 갈매기 한마리가
即死하게되자 嚮해 만흔 其父親은 무슨 凶事인고 하엿드니

文代(相淳) 遺蹟

號를 字瀷이라稱. 開國四百八十年十月二十八日生(辛未)
明治三十四年任管理署主事 其後 歷任陸軍教官及
海州警務官 全羅道(全州)警視 明治四十二年陞
敍奏任官三等從七位 日政時光州府議員及
全羅南道評議員等을 歷任 赫道府政을 하얐음
配 慶州金氏 (長興으로移居)

(附記) 28歲에 1899년 일본명치대학 법학부졸업. 32歲때(1903년)에 陸軍敎官任
1905년(34세)에 警務官任.

위의 官職도 훌륭스러니와 傳하는 말에 依하면
그의 母親의 夢中에 하늘에서 鶴이 내려와 腹中으로
三回오르 [illegible] 誕生하얐는대 果然
옛날부터 上記와 같은 [illegible] 大人을 낳는다는 傳說
과 같이 年少때부터 每事에 聰明하야 秀才中秀
才였으며 李朝末葉 開化黨에서 全朝鮮에 秀才
八名을 選出하야 朝鮮最初 外國留學을 보내는
當時 日本明治大學法學部를 卒業하고 歸國
하야 官職에 在職中 善政도 하였으리니 와—

터득이 愛鄕心이 불타 西島里에다 全羅道 第三次의 學校(現在 西島國民學校)를 設立 現在 西島國民學校에 敎育功勞碑가 建立되어 있어 巨文島 永遠不忘의 偉人이 되어 있다

1906

1908년 建物 校舍(41坪) 運動場(342坪)으로 11月16日.
私立 樂英學校 開校 校長兼 敎師로 在任 諸島 青少年들에게 民族魂과 獨立精神 敎育
同校는 1912年 6月 20日. 私立 巨文島普通学校로 改稱 1920년 7月 1日. 巨文公立普通學校로
設置認可 同年 11月 3日. 開校 1921년 3月 22日. 公立認可 後 처음으로 [illegible] 12名 第1回
卒業生을 보냈다

文代(相烈)遺蹟

字를 德彦이라 稱, 開國四百八十二年 癸酉 十月 十六日 生

開國五百年 武科及第

1873년생으로 1891년 만 18세에 무과 급제 무과는 3년에 한번씩 실시 했었으나 30명을 선발하였다

室, 長水黃氏 開國四百八十四年 乙亥生 (長興으로 移居)

文代(相閏)遺蹟

開國四百九十一年 壬午 五月 十三日 生 日本明治大學 法學部 卒業

서기 1882년생

明治三十九年 任 法部法律起草委員 (2[illegible])

* 1906년 대한제국 근대국가의 법률을 기초하시다

明治四十年 任 平理院 主事 (25세)

1907년 [illegible]

* 관직은 특별직이어서 품계를 측정하기에는 힘이드나 [illegible] 차관직에 해당 된다고 할수있다

室 全州崔氏 (서울로 移居)

그러나 서울로 移居하신 後의 벼슬길은 알수없다

七代（俊炫）遺蹟

字는 化辰이라稱、開國四八四年乙亥九月三十日生（壽74歲）
（1875年）

室 草溪崔氏、開國四八八年五月八日生
（1879年）

墓 長村山池洞

七代（允炫）遺蹟

字는 化仁이라稱、明治十四年辛巳二月八日生
西紀1969年六月二十五日卒（壽八十九歲）

室 星州裵氏 六月七日卒
繼室 平山申氏 明治二十年五月十三日生
西紀一九六五年一月 日卒
墓 長村

七代（瓚炫）遺蹟

字는 亨奎라稱、開國四九二年癸未八月二十二日生
（1883年）
檀紀四二九四年七月十四日卒（壽79歲）
（1961年）

室 全州李氏、開國四九八年九月十日生
（1889年）

墓 德村

七代 (正炫) 遺蹟

字는 益彬이라稱、開國四九六年丁亥七月三日生

室 靈光金氏 墓 德村

七代 (浩炫) 遺蹟

字는 寬珍이라稱、開國五百一年壬辰二月二十三日生

1892 (壽四十九歲)

室 仁同張氏 墓 光州無等山

略歷、日政時巡査部長및道山林主事

七代 (模炫) 遺蹟

字는 學模라稱、開國五百十年辛丑三月三日生

西紀一九二九年卒(壽三十二歲)

室 密陽朴氏

(附記)

容貌가美男이며當時의紳士이기도하였다 青年時代日本方面을來往하였으며 光州서精米所를經營中

身患으로 歸鄕治療次入島하자 其의 母가 別世함에 葬禮式을 마치고 定處없이 出他하더니 木浦 濟州島 間의 連絡船에서 其의 兄에게, 兄이여 妻子를 付托한다는 日語로 된 簡單한 遺書를 남기고 파도높은 푸른바다에 投身하니 嗚呼哀哉라 享年三十歲의 美男의 青年 東亜日報에 報道되였으며 婦人朴氏는 二十九歲의 青春寡婦로서 年少한 三男妹를 거느리고 一生을 守節하고있는바 本面에서 烈女의 表彰을 受與하였다

七代(順炫)遺蹟

明治七年八月一日生

墓 長村

室 全州李氏

七代(振淑)遺蹟

室 金氏金氏

墓 長村

七代(鍾炫)遺蹟

字를 益善이라稱. 開國四百八十二年癸酉四月十六日生 (1873)
(壽二十六歲) 開國五百七年戊戌十一月二十九日卒 (1898)
室 慶州李氏 開國四百七十七年戊辰正月十二日生
(壽六十歲)
墓 德村深浦 雙墳

(附記) 年令은 비록年少하였으나 聰明하고 事理에 밝아 從祖 仁同令監께서 門事에나 洞事에 對해서 從孫의게 相議하였다고함.

七代(伯炫)遺蹟

字를 益元이라稱、明治十一年戊寅一月十九日生 (1878년)
(壽六十歲)
日本明治大學法科卒業　墓 長村山芝洞
室 慶州金氏 明治十二年十二月三十日生 (1879년)
檀紀四二九四年辛丑 卒
墓 長村

(附記) 虛空을 나는새도 거름을 멈추고 길에가는 車馬도

도라가시도 그天時音에 十三月[illegible]으로 이마々々하게
生긴風身이오 凡人에 [illegible]超越한 紳士的人物이시였다
甚至於는 어느都市를 步行할대에도 何人을勿論
하고 [illegible] 보라보지 않이하고 지나는사람은 없었다
고하니 其風身은 可히 짐작 할수있으리라
의무니 [illegible] 初代面長을 歷任하셨으며 實山郡鄕
校[illegible]、校監等을 歷任하셨고 地方開發및敎育事
業에 功勞가 많은 偉人이시다—

七代(佑植) 遺蹟

字는 亨[illegible] 明治十三年庚辰六月五日生

室 密陽朴氏 明治四十一年戊申一月二十七日卒
墓長村右麓[illegible]坤坐

繼室 密陽孫氏 明治二十五年四月十七日生

(長興으로移居)

七代（[illegible]）遺蹟

字는 [illegible]이라稱 明治十七年甲申四月十五日生

明治四十三年庚戌一月一日卒

墓 [illegible]

室 [illegible]氏 [illegible]月六日生

墓 [illegible]

七代（[illegible]）遺蹟

字는 益[illegible]이라稱、開國四八八年己卯生

明治四十一年九月十五日卒

室 慶州金氏、開國四八二年九月七日生

墓 長村

七代（[illegible]）遺蹟

字는 [illegible] 明治二十四年辛卯九月十六日生（壽四十一歲）

(1891년)

室 [illegible]氏、明治二十五年壬辰三月五日生

墓 長村

略歷、日本明治大學卒業

[illegible]普通學校長、三山面長

[illegible]

七代 (鎮炫)

檀紀[illegible]年[illegible]生(戊戌)(1898)

配 密陽朴氏

七代 (貞炫)

檀紀[illegible]年[illegible]十四日生(辛丑)(1901)

配 ~~晉州姜氏~~ 李

七代 (永炫) 遺蹟

檀紀[illegible]年[illegible]生 (1888)

配 [illegible] 長村

繼配 [illegible]李氏

七代 ([illegible]炫)

[illegible]十八年乙[illegible]日生(乙未)
(1895년)

配 慶州李氏 [illegible]七月十三日生(丁酉)

[illegible]

六代（[illegible]）

七代（[illegible]）[illegible]

開國五百六[illegible]年[illegible]（[illegible]）生
1399

全[illegible]長興[illegible] （長興[illegible]）

（[illegible]）[illegible]卒業、
[illegible]國民會長

七代（[illegible]）

檀紀四[illegible]四六年四月八日（癸丑）生（1913）
1913
（略歷） 東京明治大學卒業、 道廳、府廳勤務
全羅南道[illegible] 大韓民國國軍將校
現役中戰死

配、

七代（[illegible]） [illegible]

檀紀[illegible]（1919） 2014 卒
（略歷） [illegible]長

八代（七[illegible]）

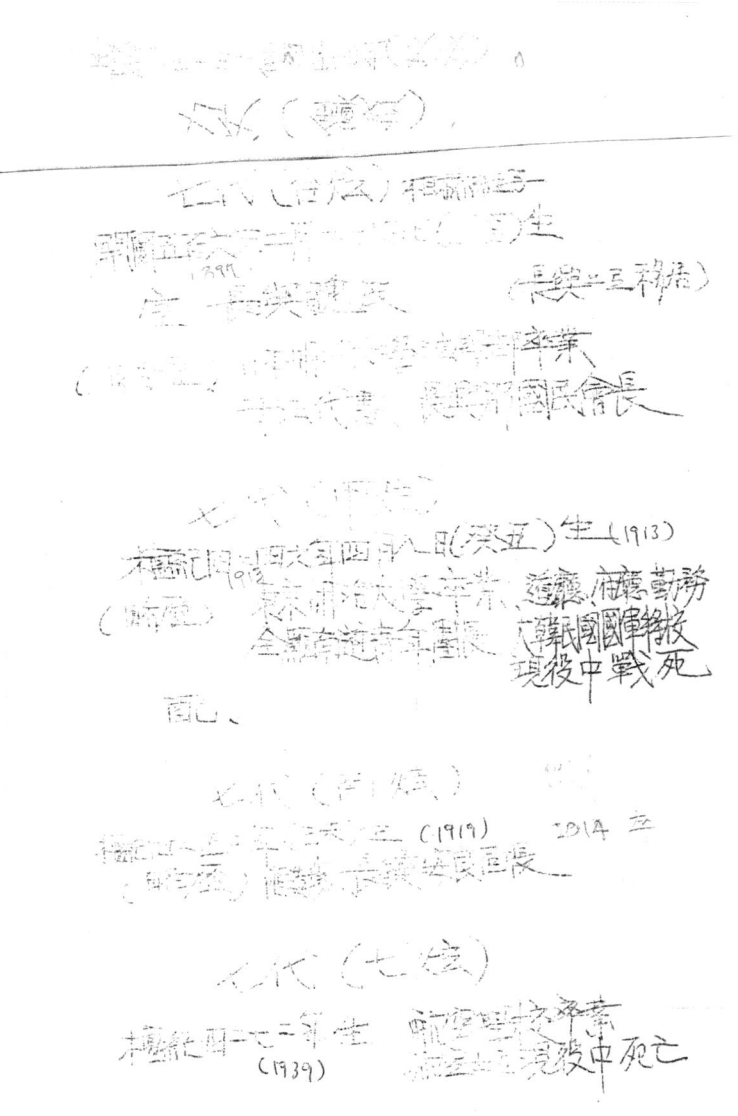

檀紀四二七二年生 航空學校卒業
（1939） [illegible]現役中死亡

七代（奇炫）
檀紀四二四五年一月三日生（壬子）(1912)
光州 漢藥房經營
室

七代（成炫）
檀紀四二四七年一月二十八日（甲寅）生(1914)
（略歷）日本明治大學卒業
延世大學教授 仁荷大学教授

配

七代（重炫）
檀紀四二四九年五月五日（丙辰）生 (1916)

七代（應炫）

七代（益炫）

八代(在正)遺蹟

檀紀4239年生 1969年7月25日卒(壽64歲)
(1906)　墓 長村 山地谷
配　崔溪崔氏(~~[illegible]~~)　墓 長村 山地洞 壙
(崔德業)

八代(在柄)(無子辛化父繼承)

(1909)
檀紀4242年6月17日生　癸 字 慶德用
此 ~~西言~~ 西紀(양)1992年2月15日卒
配 善山金氏(金昌用)

八代(在心)

檀紀4246年2月27日生
(1913)
配　慶州金氏(金廣禮)

八代(在浩)

檀紀4249年7月17日生　(양력) 졸
(1916년)

配 密陽朴氏
(朴敬仁)　(양력)
(음 3.25)

八代(在童)

檀紀4241年11月17日生
(1908)

配

八代(在默)

檀紀4247年7月5日生
(1914)

配 全州李氏

八代(在錫)

檀紀424? 年 月 日生
(19

配

六、二五 動亂으로 行方不明

八代(在化)

檀紀4243年(庚戌)12月22日生(1910)
(略歷) 東京東西商業卒業, 面書記二十年, 行政書士
配 原州元氏

八代(在述)

檀紀4249年(丙辰)3月十二日生(1916)

配 密陽朴氏

八代(在奉)遺績

字는 文玉이라 稱 檀紀4251年2月26日生(1918)
西紀1967年11月 日卒 墓德村

配 羅州林氏

(附記) 大東亞戰爭時 戰死通知書 받고 三年喪을
마쳤는데 不德이드 生還하여 鄕里에서 歡迎을 받았음

八代 (在喆)

西紀 1927年 月 日生 (丁卯)

光州市鶴林洞 二区 五班 居住

光州全南大學 佛文科 卒業

配

八代 (在安)

西紀 1927年 2月 28日生 (丁卯)

(略歷) 水産團體 十五年 勤務 (1980.1.10日 死亡 (陰 11.23日 庚申年)

配 晋州姜氏

八代 (在昌) 遺蹟

西紀 19 年 月 日生

(略歷) 第一回 步兵學校 卒 陸軍少尉任官

六二五 動亂時 戰沒

八代（在淵）

檀紀四二三三年九月九日生 (1900)

配 坡平尹氏

八代（在同）

檀紀四二四三年四月二十二日生 (1910)

配 密陽朴氏

八代（在翊）

字를 滿英이라稱、明治二十五年壬辰二月二十三日生
(1892年)

室 善山金氏 明治二十二年己丑一月十二日生
(18[illegible]年)
（壽五十五歲 墓德村深浦）

（略歷）日政時面協議委員二十年間
朝鮮總督府創設의全國的인農地開發營團本部
總務課長在任時解放

幼時에 父親을 잃고 片母侍下에서 獨學으로 뛰어난
秀才였다. 漢學은 勿論이요 新學으로 史學 哲學 英語
日語 佛敎學 藥學 其他各方面에 이르기까지 能通하야
可히 萬物博士라는 稱頌을 받고 社會凡節과 모든 行身
이 模範的인 人品이요 一代 [illegible] 役割을 하였다
官職은 五十歲가 넘어 朝鮮總督과 親面이되여 博識을
稱頌하고 한자리를 준다는것이 全國的인 農地開發營
團本部 總務課長職으로 勿驚 二十餘名의 職員을 傘下
에 두었다 한다. 獨學中에는 무슨 書籍이던지 一讀하
면 完全히 暗記되였다 하니 其頭腦를 可히 짐작하시라.

全南 麗川郡 敎育長(第四代) 金憲章이 公에 사위가 되시다 (서울 移居)

八代(在聲)

檀紀四二三三年九月十九日生 (1900)

配 慶州崔氏

(略歷) 初等敎職員 校長 敎育長 等 五十年勤續
~~全南麗川郡 第二代~~
全南 麗川郡 第二代 敎育長 歷任

八代 (在雄)

檀紀四二四六年七月二十五日生 (1913)

配.

〈略歷〉金融組合勤務、長興水利組合勤務

〈長興移居〉

八代 (在南)

西紀 19 年 月 日生 (長興移居)

配.

八代 (在允) (서울 移居)

檀紀 四二四○年七月七日生 (1907)

東京日本大學卒業.

配 平山申氏

八代(在龍)遺蹟

明治三十一年戊戌十一月七日生
早卒

室 草溪崔氏 明治二十八年一月二十四日生
早卒

墓 長村後山

八代(在明)遺蹟

檀紀四二三四年十一月十四日生 (1901)

(略歷) 光州高等普通學校卒業 同校勤務
抗日鬪士로 活躍中全國手配重要人物로
서울서체포되여 獄死
3·1운동 10주년인 1929년 3월1일 기해 민족운동

(附記) 학생의
나라를 건지려는 한송이 꽃이 열매도 맺기전에
애처럽게 떠러젔네 그 이름은 金海金氏門中의
아름다운 꽃이로다
민족위해 떠러진 보람 獨立門 열매되여
永世에 빛나리라

八代(在英)遺蹟

檀紀四二三七年五月二十日生(壽29歲)
(1904년)

墓 長村

(略歷) 光州高普卒業 金融組合書記

配

1904
29
1933

八代(在乙)

檀紀四二四三年十一月十日生
(1910년)

配 密陽朴氏 卒墓 全北井邑

(略歷) 光州高普卒業、延世大學數物科卒業、
日本京都帝國大學卒業、同校研究科勤務
서울工大教授 新西餃 工学博士、
6.25로 納北 北韓 某大学 教授

八代(在旲)

檀紀四二四七年三月二十三日生(甲寅)
(1914)

配 全州李氏 檀紀四二四六年 月 日生

八代(在注)遺蹟

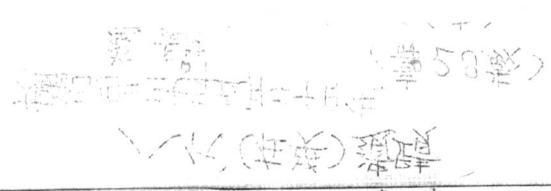

檀紀四二四九年十二月三日生 (1916)

延世大學數物卒業 順天女高敎師

配 鄭氏 卒

麗順反亂事件으로 因해 死亡.

八代(在元)

檀紀四二五四年 月 日生 (1921)

서울高等工業學校機械科卒業

(現서울工大)

6.25로 因해 行方不明 (越北)

八代(在均)

檀紀四二五六年四月十八日生 (1923)

配 平山申氏

(四六/歷) 國民學校敎師

八代(在鴻)

檀紀四二六四年三月二十六日生 (1931)

配

八代(在圭)

檀紀四二七二年九月五日生. (1939)

現. 목포해양경찰 여경.

八代(在旭)

檀 西紀一九六○年七月二日生 (

八代(成鐘)

檀紀四二五六年七月二十日生 (1923)

配 平山申氏

八代(成福)遺蹟

檀紀四二五 年 月 (日生 卒

墓 寶城會泉

配

八代(在燮)

檀紀 年 月 日生

高麗大學卒業

九代 (兌鎬) (父在正)

檀紀四二七〇年十一月二十七日生 (1937)

配 密陽朴氏

九代 (文鎬) (父在正)

檀紀四二七三年十月十五日生 (1940)

配

九代 (充佳) (父在柄)

檀紀四二七六年九月九日生 (1943)

配

九代 (康鎬) (父在必)

西紀一九 年十二月五日生

九代 (明鎬) (父在必)

西紀一九 年一月四日生

九代(今鎬)(父在浩)

西紀 19 年九月五日生

九代(福鎬)(父在浩)

西紀 19 年九月五日生

九代(良鎬)(父在浩)

檀紀四二七六年三月二十二日生 (1943)

(1968.2)

檀紀 ~~四二九一年~~ 八 月 五 日 卒 (25 壽)

(음력)

九代(成鎬)(父在浩)

檀紀四二七九年九月九日生 (1946)

甲種 海機士 所持 ~~[illegible]~~

(現) 機關長

九代(玄鎬)(父在浩)

檀紀四二八四年九月十六日生 (1951)

(1977) (음력)

檀紀四三十九年四月五日卒 (25 壽)

九代(玄植)(父在浩)

檀紀四二八六年八月十六日生 (1953)

九代(雲植)(父在浩)

檀紀四二九0年八月二十三日生 (1957)

国立海洋大学 ~~機関~~航海学科 ~~卒業~~ 제14기卒,

公認 甲種 海機士 所持

九代(英植)(父在浩)

西紀一九六一年六月四日生

慶南大 哲学科 卒. 東亜大学 大学院 哲学科 卒

九代(京鎬)(父在浩)

西紀一九六二年五月五日生

国立釜山工業大学 電機科 卒

九代(清鎬)(父在童)

西紀一九六五年八月五日生

九代(尚鎬)(父在童)

西紀一九六七年十月十七日生

九代(新吉)(文在默)
檀紀四二七四年九月二十日生 (1941)
配 廣州李氏

九代(承鎬)(文在默)
檀紀四二七九年二月十二日生 (1946)

九代(宗鎬)(文在默) (·1953)
檀紀四二八六年九月十八日生

九代(南鎬)(文在默)
檀紀四二八九年七月二十八日生 (1956)

九代(充鎬)(文在化)
檀紀四二八二年(癸未)十月三日生 (·1949)
麗水商業學校卒業
海運通信士

九代(榮一)(父在述)

檀紀四二七三年十月十六日生 (1940)

光州高等學校卒業、서울漢陽大學中退

水産團勤務

九代(昌鎬)(父在述)

檀紀四二八一年三月十四日生 (1948)

九代(辰鎬)(父在述)

檀紀四二八八年七月九日生 (1955)

九代(千鎬)(父在述)

西紀一九六一年十月十六日生 (

九代(仁錫)(父在奉)
檀紀四二九一年一月十四日生(戊戌)(1958)

九代(光錫)(父在奉)
西紀一九六二年一月二十四日生

九代(大錫)(父在喆)
西紀一九六五年 月 日生

九代(永錫)(父在喆)
西紀 年 月 日生

九代(勲錫)(父在喆)
西紀 年 月 日生

九代(英鎬)(父在淵)
檀紀四二六六年一月二十四日生 (1933)
配 同福吳氏

九代(信鎬)(父在同)
西紀一九五四年四月十五日生

九代(哲鎬)(父在瑚)
檀紀四二四四年八月二十一日生 (1911)
配 申氏 卒
(略歷) 日本明治大學政經科特待卒業
유도 四段 6.25로 越北
農地開發株式會社事務取締役社長

九代(健鎬)(父在瑚)
檀紀四二五〇年二月七日生 (1917)
(略歷) 서울工大電氣科卒業
日政時 鴨綠江水力發電所技士 6.25로 越北
配 崔氏 서울女子醫專卒業

九代(俊鎬)(父在湖)

西紀一九二二年一月二十五日生

配

(略歷) 東京明治大學卒業

柔道場 및 整骨院經營(六段)

釜山警察署柔道師範歷任

九代(仁鎬)(父在湖)

西紀一九 年 月 日生

京畿高普卒業

九代(正鎬)(父在馨)

西紀一九二〇年 月 日生

配

九代(重鎬)(父在英)

西紀1,930年 月 日生 高興郡廳勤務

配、

九代(彰鎬)(父在乙)

西紀一九四○年 月 日生 1976년 9월 16일 거문도에서 드리서 김용규에이 피살

京城師範學校卒業. 소련 모스크바에학원 정치유학

六·二·五 動亂으로 因한 行方不明이나 처순용사.
김용규에 "由" 역은 1982년도 시효인조 어란 TV 드라마에
의하면. 소련 모스크바大學 卒業으로 영상 했다。

九代(東鎬)(父在乙)

西紀一九四七年 月 日生
(단기4278年)

麗水商業高等學校卒業

九代(英鎬)(父在旻)

西紀一九四二年 月 日生

高麗大學中退 ~~學院 강사~~ 학원 강사 역임, 중등교사

配、 梨花女子大學校卒業.

九代(雄鎬)(父在旻)

西紀一九四五年 月 日生
(단기4277年)

九代(憲鎬)(父在昀)
단기4286年3月29日生
九代(良鎬)(父在均)
檀紀. 四三九十年 月二日生
檀紀. 四三十三年 月日. 卒(23壽)
全南大學 国文学科
三年在学中死.
九代(一鎬)(父在鴻)
단기4292年2月 日生

九代(吉鎬)(父成鍾)
단기4281年3月7日生

九代(元鎬)(父成鍾)
단기4286年1月7日生

九代(吉喆)(父成鍾)
단기4289年2月11日生
[redacted]
(現) 回乞. 木木大大 機關 科 卒業.

九代(良鎬)(父成鍾)
西紀19 年 月 日生

十代(東援)(父兌鎬)
西紀1966年 8月25日生
東亜大学校工科学 土木工学科 卒業

十代(東玉)(父充佳)
西紀 年 月 日生

十代(春植)(父英鎬 祖父在洲)
西紀 年 月 日生

十代(英晥)(父俊鎬)
西紀1954年 月 日生

十代(英澈)(父俊鎬)
西紀19 年 月 日生

巨文島의 全盛時代

No. 1

巨文島의 全盛時代
巨文島

150戶 山口縣에서 [illegible]、 [illegible]에서 漁船集結
底引網 300餘隻을 [illegible]을 [illegible]했다

[illegible] 住民들은 商業에 從事하고 [illegible]하고 [illegible]
의 商品을 [illegible]했다

日本人들은 [illegible]에 [illegible]하고 第一次防波堤가 完成
되어 [illegible]으로서 [illegible]을 갖추었다

齋藤實 [illegible] [illegible] [illegible] [illegible] 代總督이
[illegible] 했다.

二次大戰에는 陸戰隊 海軍 航空隊가 防空壕
를 構築했다 一戰不辭할 決戰態勢였다

6.25 巨文島에는 [illegible]軍人 黃海道 甕津 避難民 [illegible]
[illegible] 10余隻에 避難民 600余名이 濟州島 訓練을 받고
[illegible]하였다
[illegible] 學校 學生 70名이 [illegible]하였다
全南警察이 [illegible] [illegible] 學校舍를 占有하였고 木浦 方面에서
避難民이 避難하였는데 巨文島는 [illegible] [illegible]가 [illegible]
되었어도 [illegible]이 侵入을 할수없었다.

西湖里(長村) 行政의 中心이였다

倭人들을 排斥하고

1905年에 金相淳先生이 學校를

設立하고 人材를 養成했었다.

日本에 大學生을 냈고

日本語 敎師를 招聘해서 解放

卽後부터 海運界에 船長에 進出

을 얻을수 있었다는것입니다.

延日郡 西湖里는 너무나 退步

를 하였다. 靑年의 奮起를 거듭

促求한다.

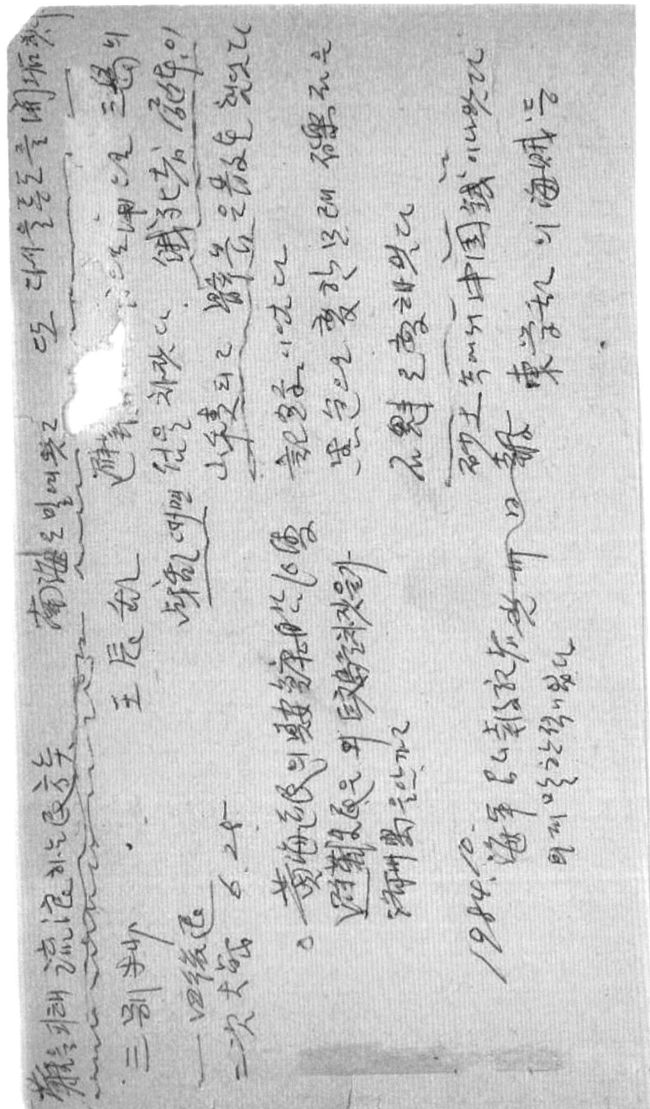

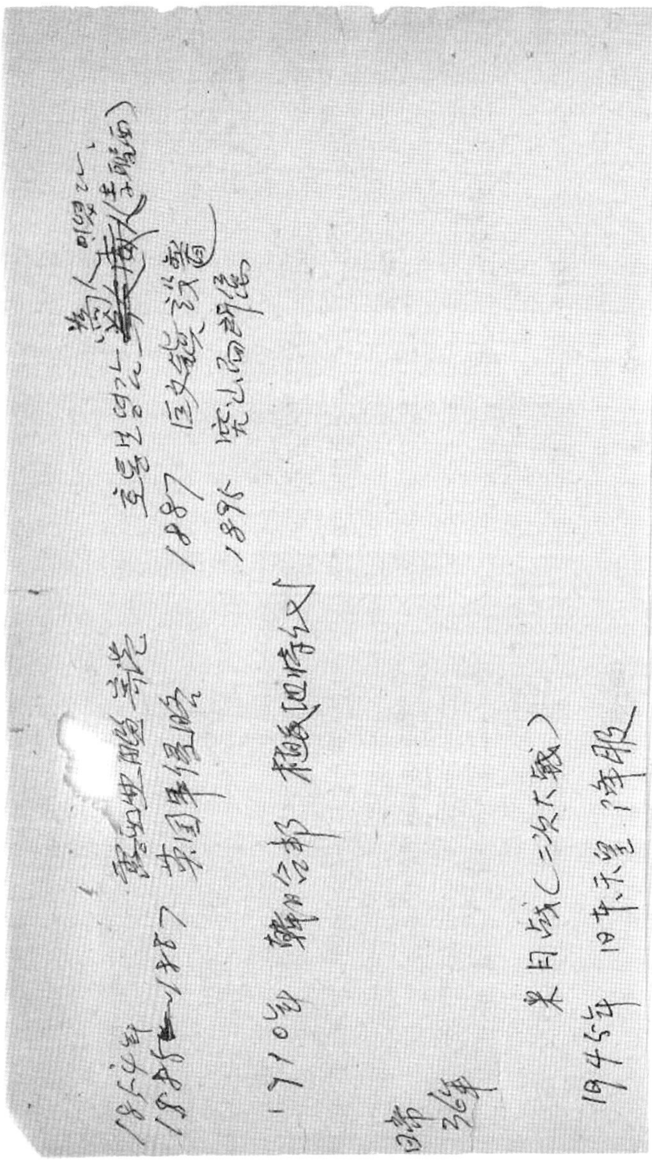
1854年 露西亞艦 寄港
1885—1887 英国軍侵略 1887
1895
1910年 韓日合邦 植民地時代
日帝 36年
米日戰(二次大戰)
1945年 日本天皇 降服

追憶

○ 150m 防波堤件 水産庁長 承認

郡財務課長 現場 郡守經由 書類 提出

鄭相和 ...課長이 西鉉에 書信 냈다고

...社長 陳情書 作成 한다. 보여주었다

國際遠洋水産會社 專務 房部長 周旋

金南坮 生産課長에게 水産庁長 面會 ...에서 내려

가서 施設課長에게 說明했음

育英會 基金 造成 國際遠洋 一次出漁 船員協助

○ 高公 運動 — 某人缺損 75,000원 抛棄

○ 高公生 6.25戰爭 戰死者. 10余名 遺墨碑

○ 1973年 都家 ...하는 우리 없었다

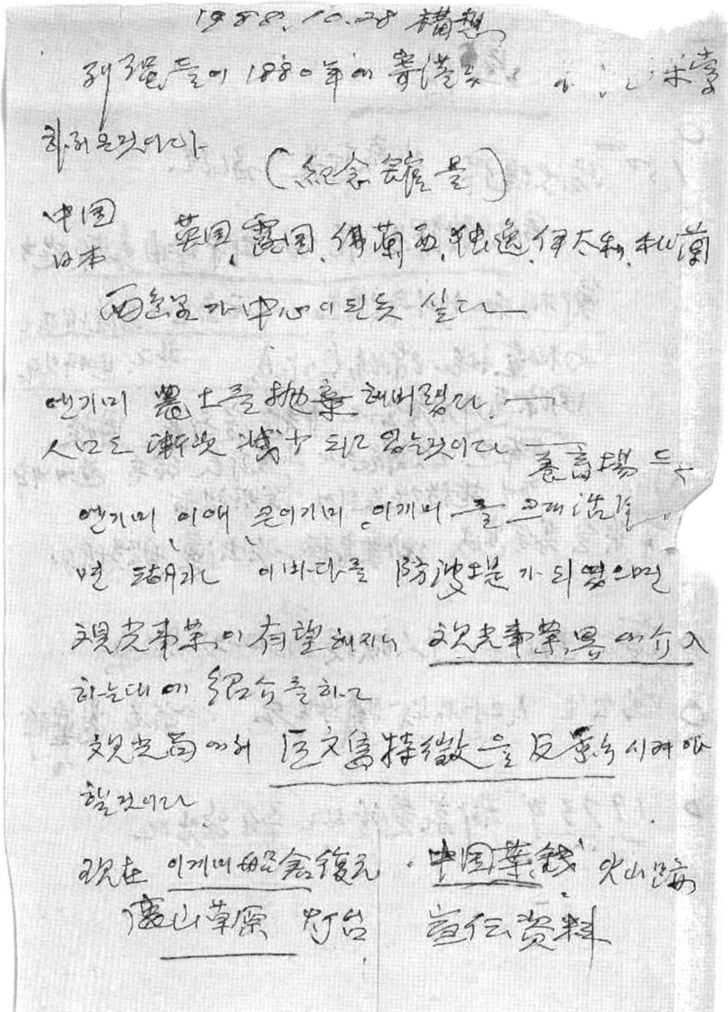

1988. 10. 28 補遺

列强들이 1880年에 寄港했 … 来享
하러온것이다. (紀念館을)

中國
日本 英國, 露國, 佛蘭西, 獨逸, 伊太利, 和蘭

西歐가 中心이 된듯 싶다

엔기미 農土를 抛棄해버렸다.
人口도 漸次 減少되고 있는것이다 養畜場 등

엔기미 이애 큰이기미, 이기미 를 드레 浩
면 藍湖가 이바다를 防波堤가 되었으면
觀光事業이 有望해지니 觀光事業界에 介入
하는데에 紹介를 하고
觀光局에서 巨文島特徵을 反影시켜야
할것이다

現在 이기미 母公會復元 · 中國葉錢 火山石
廣山草原 灯台 宣伝資料

巨文島는 지나간 不運했던 史實과 想像外의 奇績을 남겼읍니다.
本島는 英國艦隊가 (1885-1887) 不法占領 당시 租借地로 使用케
울것을 要請해왔을때 日本의 策略으로 이루어지지 못했읍니다
英國의 租借地가 成立되었더라면 香港에 버금가는 幸運을 가져왔을 것이
며 日本은 감히 넘보지도 못했을것입니다

巨文島로 命名

中國 丁汝昌 提督은 巨文島에 碩士가 많음을 ~~보고~~ 알고 政府에 建言하여
巨文島로 命名 하였읍니다

韓末 政府는 遊學生으로 東京에서 學業을 마치고 歸國하자 1905年
金相淳先生은 學校를 設立하고 日本人敎師를 招聘하는등 他地
方에 앞서 敎育에 힘써 巨文島文化가 빨랐으며 大韓民國 二代 海軍
參謀總長 中將 朴沃圭氏를 輩出하셨을때 海外에 進出하여
商船에도 ~~從事~~ 就業하였고 解放後에는 우리나라 海運業의
發展에 크게 寄與 ~~하니 크게~~ 하였읍니다
住民들이 [illegible] 集中 移住하기에 本島人口가 ~~激~~ 減少 ~~한 實情입~~ 되고있읍니다
니다.

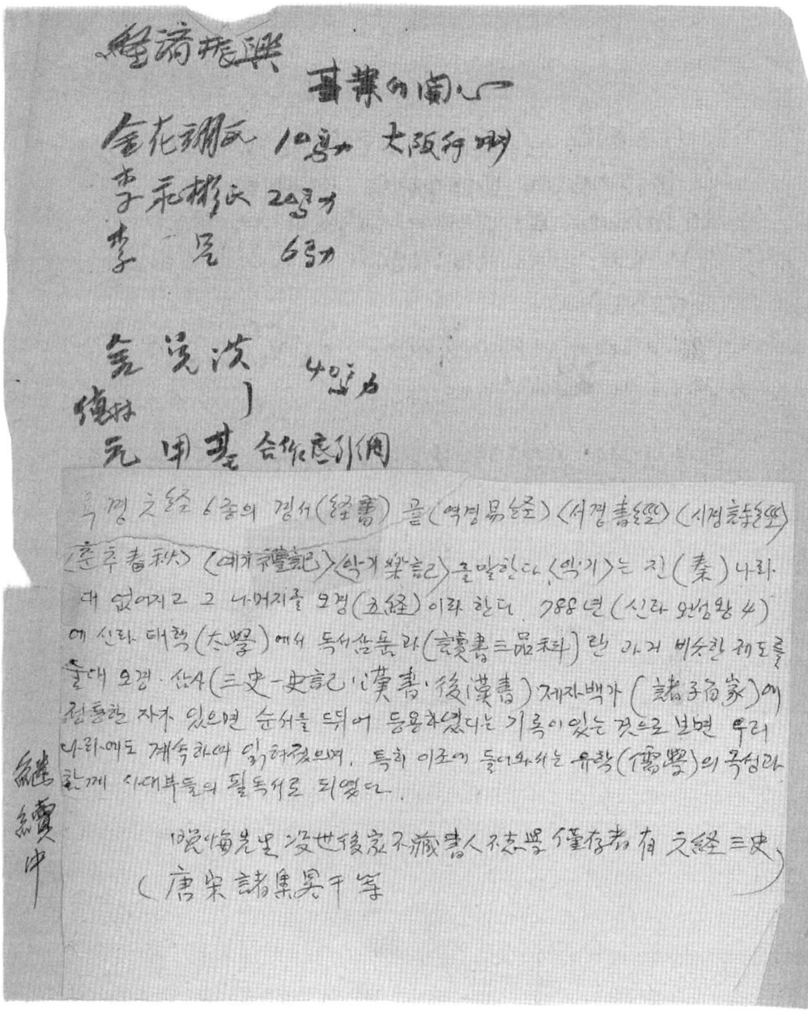

經濟推與

事業에 關心

金花珊氏 10萬원 大阪에서

李乘彬氏 20萬원

李 呈 6萬원

金晃洪 40萬원

德水]

元用基 合作處引用

육경 六経 6종의 경서(経書)를 〈역경 易経〉〈서경 書経〉〈시경 詩経〉〈춘추 春秋〉〈예기 禮記〉〈악기 樂記〉를 말한다. 〈악기〉는 진(秦)나라 때 없어지고 그 나머지를 오경(五経)이라 한다. 788년(신라 원성왕 4)에 신라 태학(太學)에서 독서삼품과(讀書三品科)란 과거 비슷한 제도를 두고 오경·삼사(三史-史記·漢書·後漢書) 제자백가(諸子百家)에 정통한 자가 있으면 순서를 뛰어 등용하였다는 기록이 있는 것으로 보면 우리나라에도 계속하여 읽혀졌으며, 특히 이조에 들어와서는 유학(儒學)의 융성과 함께 사대부들의 필독서로 되었다.

晩悔先生 没世後家不藏書人不志學 僅存者有 六経三史 (唐宋諸集若干等)

繼續中

별지 제12호 서식)　　　확인서 발급 신청서

1) 성 명 : (한글)　　　(한문)

2) 등록번호 :　　　(전화번호 :

3) 주소 :

4) 부동산의 표시 :

5) 대장상 소유자 : (한글)　　　한문　　　등록번호

6) 대장상 소유자의 주소 :

본인은 위의 부동산을 19　년　월　일

19　년　월

신청인

여천군수 귀하

발급번호 제　호

위의 사실을 확인합니다

19　년　월　일

여천군수　귀하

구비서류 | 1. 보증서　2. 부동산등기부등 · 초본 (미등기 부동산은 등기부 열람 증서) 1부
3. 부동산 매매 사실 증명서 (귀속부동산 및 국공유 부동산에 한함) 1부

주 : 1. 전매자로부터 취득하였을 경우에는 대장상 : 하단에 전매자의 인적사항을 ( ) 하여 기재하여야 합니다

2. 이 확인서를 분실하였을 경우에는 발생에 [illegible] 재교부 신청을 하여야 합니다

3. 확인서는 1991년 6월 30일 까지 유효 [illegible] ; 유 : 이건 등기에 [illegible] 특[illegible] 이 법에 의해서 이전 등기를 [illegible]

西島 崔鍾德氏는 里所有
이고 姜義三 崔相文 現所有者
가 土地台帳上 李永[illegible]氏
名儀者 가 아니다. 特措法
1991年 施行하자 一言半句도
없이 保証人이 登記手續을
했다. 崔鍾德은 里에서 緊
要하게 使用한 土地이다

① 성명: 보증서

② 주민등록번호: (전화번호:)

③ 주소:

④ 부동산의 표시:

⑤ 대장상 소유자: (한글) 한문

⑥ 대장상 소유자의 주소 등록번호

1. 위의 부동산은 19 년 월 일부터(토지·임야) 대장에 등록된 소유자로부터(대장상 소유자와 다른경우: 로부터) 가 하여

2. 위에 보증한 사항에 대하여 민·형사상의 책임을 질것을 서약합니다.

19 년 월 일

(보증인)

주소 여천 시군구 삼산 읍·면 서도 동·리 1253 번지

주민등록번호: 370517-1655019 성명: 김복남 (인)

주소: 여천 시군구 삼산면읍면 서도 동·리 1251 번지

주민등록번호: 360805-1635011 성명 임현숙 (인)

주소: 여천 시군구 삼산 읍면 서도 동리 1273번지

주민등록번호: 402716-1633018 성명: 김길웅 (인)

여천조수 귀하

주: 1. 전매자로부터 취득하였을 경우에는 대장상 소유자·하단에 전매자의 연락사항( )하여 표기하여야 합니다

2. 보증서 발급 대장을 보관 관리하는 보증인이 계인을 날인하여 발급하여야 합니다

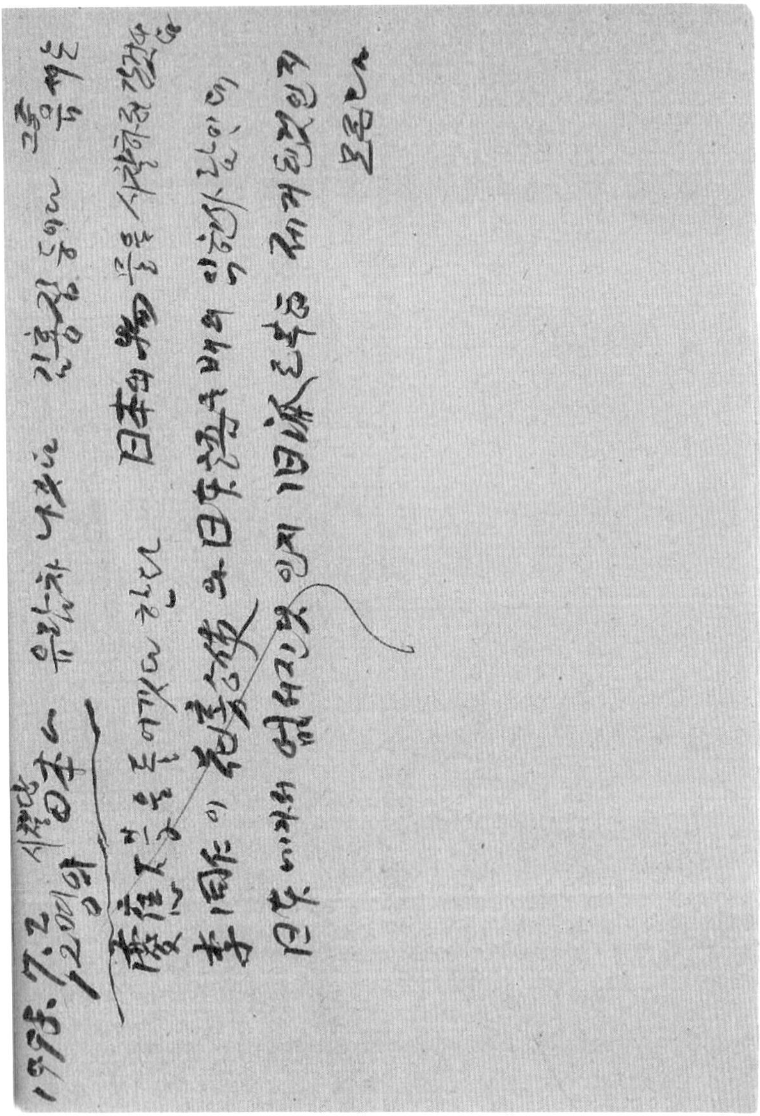

1978. 7. 2 12명의 시찰단 日本으로 유람차 나갔다 김홍집 등이다 그중 둘째는

慶應大學을 들어갔다 한다 日本의 문물을 사찰하러 갔었다

李東仁이 花房公使와 日本語를 배워 익힌 사람인데

日本에 와서 없어진 것인지 旧派로부터 제거된 것인지

모른다

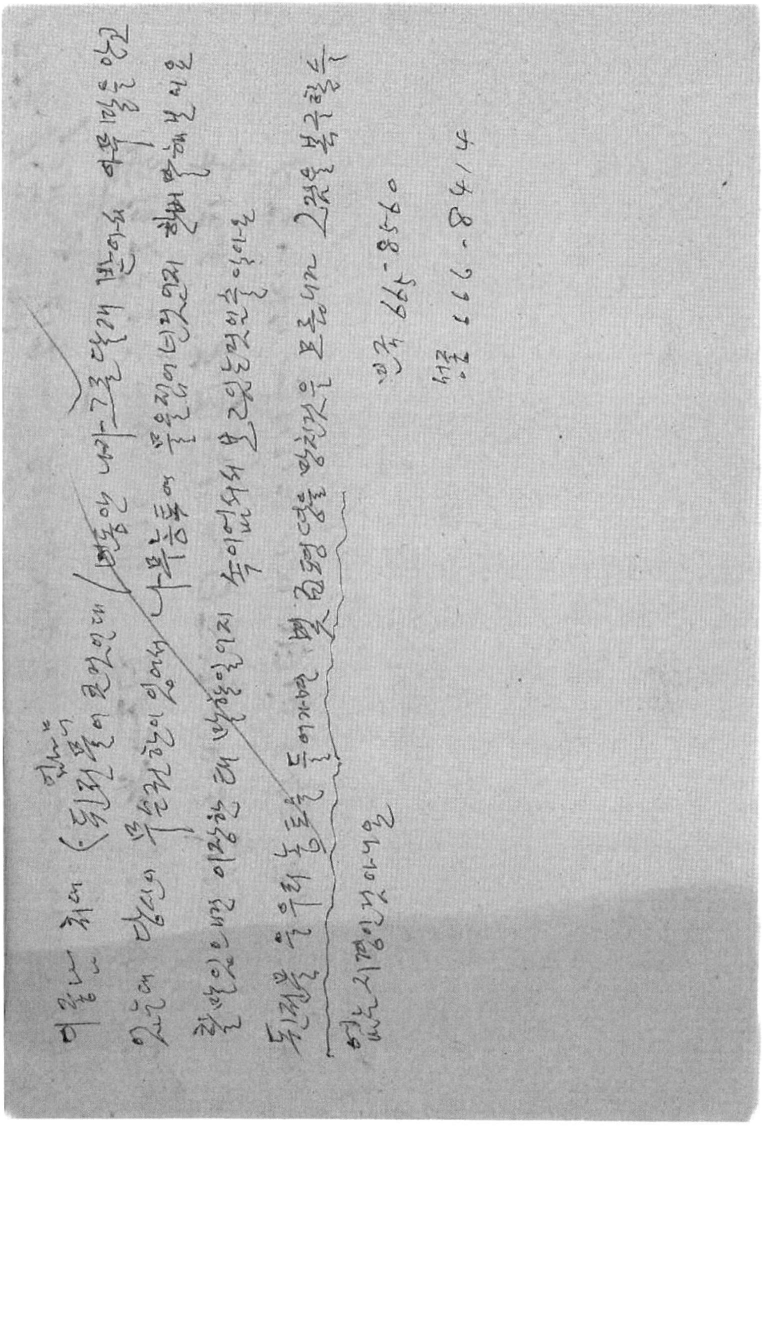

여름날 최대 (된장물이 흘렀언대 / 그동안 나가 그를 달래 봤어도 아무 말을 안고
있는데 당신의 무슨 권한이 있어서 나무 논두렁에 물을 집어 넣었는지 한번 말해 보시오
할말 있으면 이장한테 말할 일이지 속이 없어서 보고 있는 멍청인 줄 아시오
된장물을 우리 논도랑 들어가면 벼 百평 넘을 망친 것을 모릅니까 그것을 복구할 수
없는 지경인 것 아니오

연락 665-8560

서울 666-8414

酒造場 賣渡의 動機

① 白氏가 臣文夏酒造場을 經營하고 있는 [illegible]에서 [illegible] 하여 苦痛을 받는 것보다 賣渡한 것을 [illegible]

[illegible]

② 臣文夏 酒場을 150萬圓에서 決定을 보지 못했다는 것은 / 酒場分을 195萬圓에서 으로 臣文夏의 [illegible]

③ [illegible] 家屋을 엿느냐의 問題인데 倉庫를 [illegible] 하여 使用할 것을 승낙했다 自己의 家族이 臣文夏 [illegible] 家에 同居中이기에 家屋이 [illegible] 하며 본채를 [illegible] 것

[illegible] 家를 팔는다는 것은 困難한 問題로다 臣文夏家에 移舍하기가 [illegible] 하기 困難하다 (自己의 [illegible]場 等에서)

④ 相對方에는 臣文夏가 決裂된 것에 [illegible] 하여 [illegible] 酒場의 사는 곳에서 答을 들은 것 [illegible]

집은 넣주는데, 垈地는 後日 精算하자고 했고 保留시킨 것

契約에 905番地로만 記入한 것

實은 正確하게 5. 6 7番地 이기에 測量해서 適當하게 分割할 當該人의 意思이다

⑤ 7番地에 建立하는데 [illegible]을 버리고 마지고게 한다고 한다 自己意思를 [illegible] 시킨다고 했으나

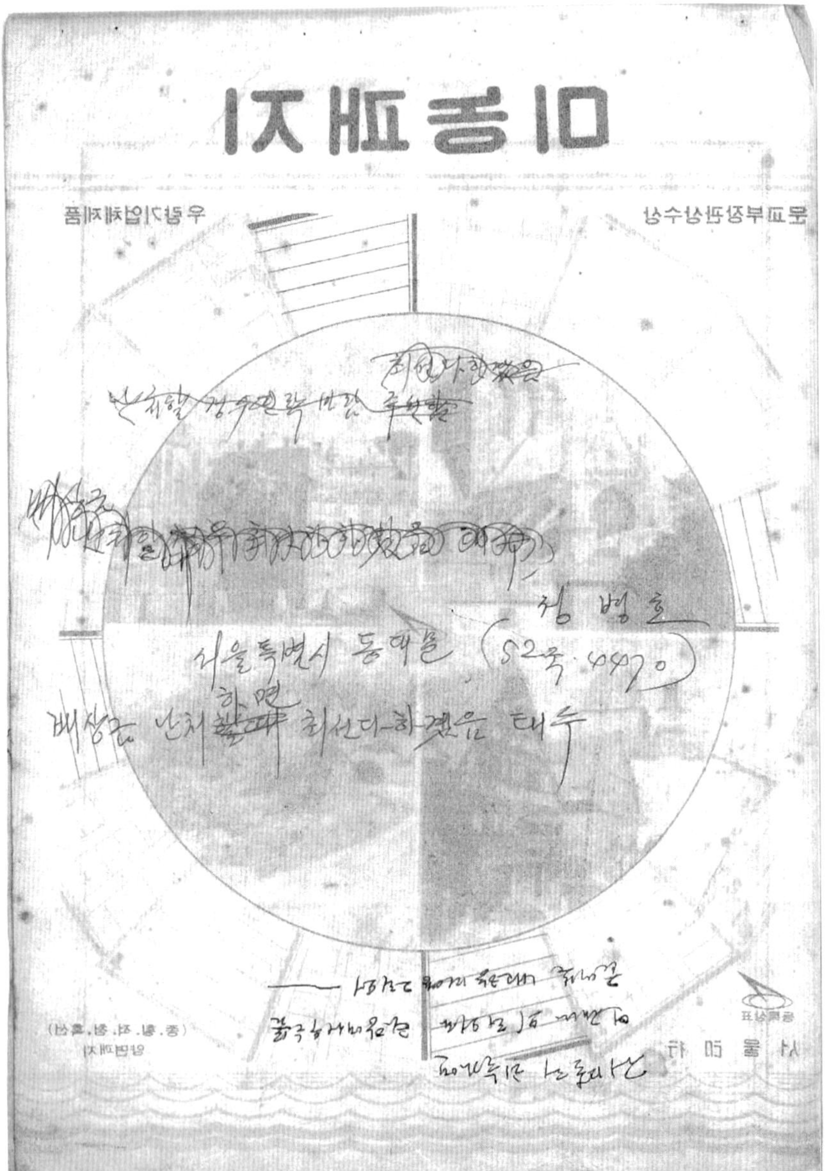
정 병 호
서울특별시 동대문 (52국 4470)

민들이 참깨·콩 등 타작물로 전환했기 때문으로 분석되고 있다.

이같이 올해 대파재배면적이 크게 줄어들자 최근 海南지역에는 많은 외지 상인들이 볍씨와 이식을 마치거나 묘판에 남아 있는 대파까지 밭떼기로 사들이고 있으며 평당 거래가격도 지난해보다 4배 가량 많은 3천5백~4

천해지역에 피해되는 등 계속 오름세를 보이고 있어 품귀조짐까지 나타내고 있다.

이 때문에 많은 농민들이 값이 더 오를 것을 예상, 포전거래를 기피하자 일부 상인들은 농약값과 비료대·인건비까지 부담하는 조건을 내세우며 사재기를 하는 등 가격인상을 부채질하고 있는 실정이다.

노후여객선 교체 내년부터 연차적

【麗水】麗水港을 중심으로 운항되는 노후 여객선들이 내년부터 오는 98년 사이에 고속선·초쾌속선 그리고 차량운송 겸용 여객선 등으로 교체된다.

麗水해운항만청은 23일 여객선 현대화 계획에 따라 내년부터 오는 98년 사이에 노후 여객선을 모두 교체키로 했는데 특히 麗水-조발(麗川군 華井면)간을 운항하는 정해호(1백53t·정원 2백13명)를 오는 94년에 18노트의 속력을 낼 수 있는 1백t 고속선(정원 2백명)으로 대체하고 오는 95년에는 麗水-거문도간을 운항하는 영일호(1백74t 속력 12노트·정원 3백35명)는 3백24t급 초쾌속선(속력 40노트·정원 3백50명)으로 대체할 계획이라는 것이다.

또 오는 97년까지 麗水에서 연도(麗川군 南면)간을 운항하는 신양호(1백53t·정원 2백43명)', 경주호(1백5t급·정원 2백14명)', 7신흥호(1백26t급·정원 2백12명) 등 3척을 1백t급 쾌속선(정원 1백50명)으로 대체 취항시킬 계획이다.

고향 서로 나들이 민박사업 개점식

【麗川】「고향 서로 나들이」 민박사업 개점식이 지난 20일 麗山면 鶴溪리 가학산 서당골에서 張京烽 농협麗川군지부장, 尹周浩 麗山농협조합장, 유관기관장, 麗山농협 주부대학농업회원, 鶴溪부녀회원, 조합원 등 1백50여명이 참석한 가운데 있었다.

오는 8월말까지 麗山농

1993. 7. 24 [illegible]日報

1993. 7. 24 (1면후에는) [illegible] 7월 에 는 就航 한다고 新聞에 報道되었다 1992. 7 에 380t 을 [illegible]

7. 26일에 덕일호가 [illegible] 하였다 [illegible] 40여 분에 되돌아왔다 [illegible] 덕일호를 [illegible] 바란다

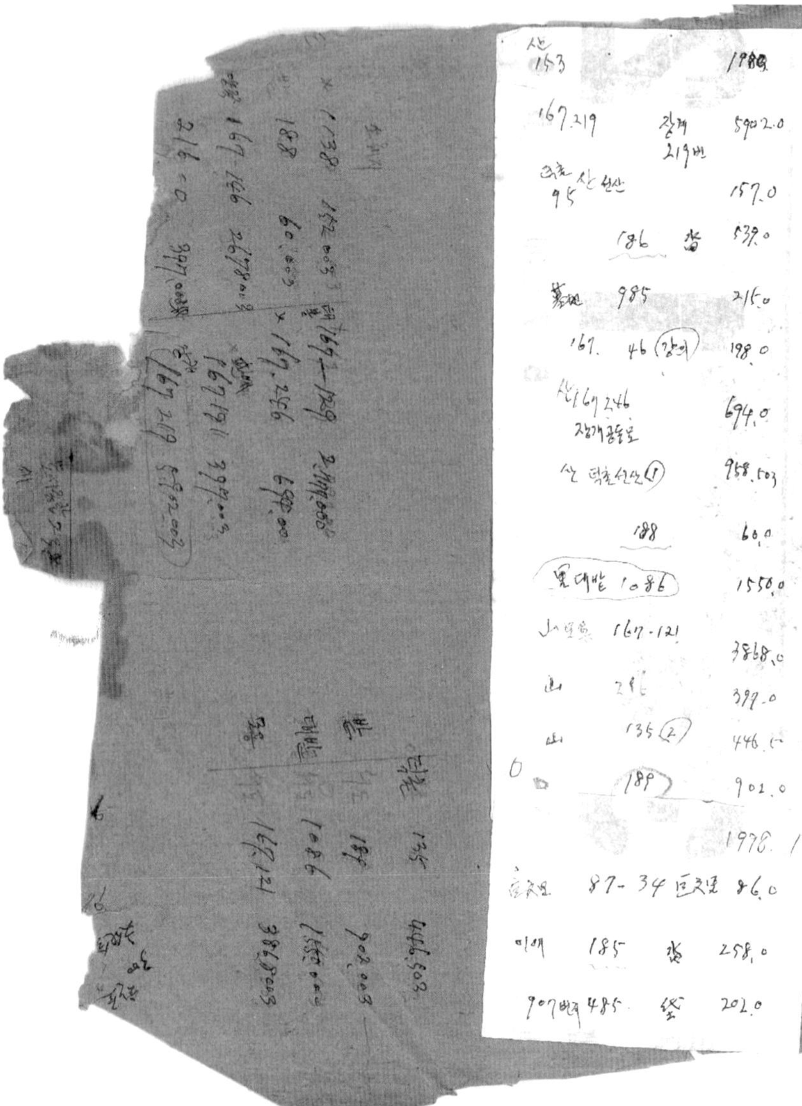

雜種地 자갈은 學校建築用에 消費되고
⊙ 住民의게 任意使用할 權利로 주엇슴니다
客船接岸에 苦悶을 解決하고 原來 物揚場이
아니고 船倉을 突出해 논 것인데 船倉위를
平地로 整理하고 道路를 만들고
接岸을 하기 위해서 한편쪽에 支障해서
자갈하고 果物揚場을 工事 構築해서 客船接岸
施設變觀된 것입니다
자갈提供은 突平 雜種地 자갈은 契約하지 안엇다
花가 되어 논산이에 등 此次 船一回 五坪 二十次로
되매 決定했습니다

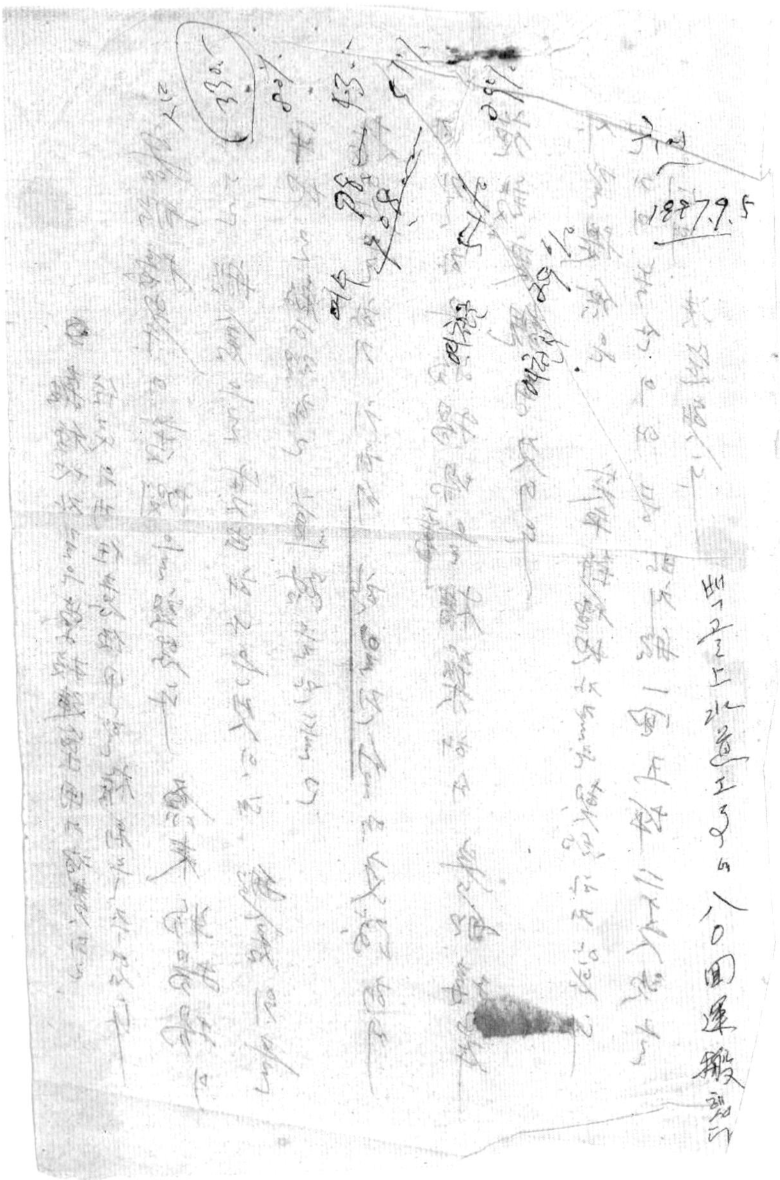

6

國會議員選擧 출마한 [illegible]相圭

[illegible] 廣氏

北濟州 새마을 담당

鄭相和

3인이 合作해서 北濟州郡의 도장을 받고 道에 [illegible]을 한것이다

國會議員도 北濟州郡에 부탁할 수 없는 處地에 郡財務當時 故鄕人인 崔今期氏가 下級官廳의 上申書가 必要할것이다 北濟州郡長에 發送

150m 엄청난 工事를 施行되는데 道에 建設業者에 넘겨서 手續을 해야 할것인데 나 말을 믿지 않고 있다

其後 道廳에서 公文이 왔다 規定에 따라 工事를 施行한다는 것이다

태평양화학
인류를 아름답게 사회를 아름답게

1992. 2. 7. 記

우리 사람들은 자기앞의
이기 이익에만 급급한다

이대로 두면 길가에도
어지럽게 해놓고 지적을 해도 무
관심하다.

군 행정이 마비되어도 무관
심이다

산을 아름답게 가꿀 줄도 모른
다 꽃나무도 베어버려도 무
관심이다.

나가 1973年 중에 방파제
를 기사廳에 진정하고
國際漁港 高相조를 만나고
부탁도 했다 재마을 課長 等
相知 새의 好意로 廳長의
承諾을 받은 셈이었다

道에도 連絡을 朴生豪 課長
에게 傳達케 했다 施設
課長에 傳達 되었다

그간 몇해지 無關心 했다
1個月後에 通知가 왔다
計劃대로 하겠다고 끝났다

1.6 生日날에 쓴다

두번 재해도 强行成事 할것인지
우물도 자재결연을

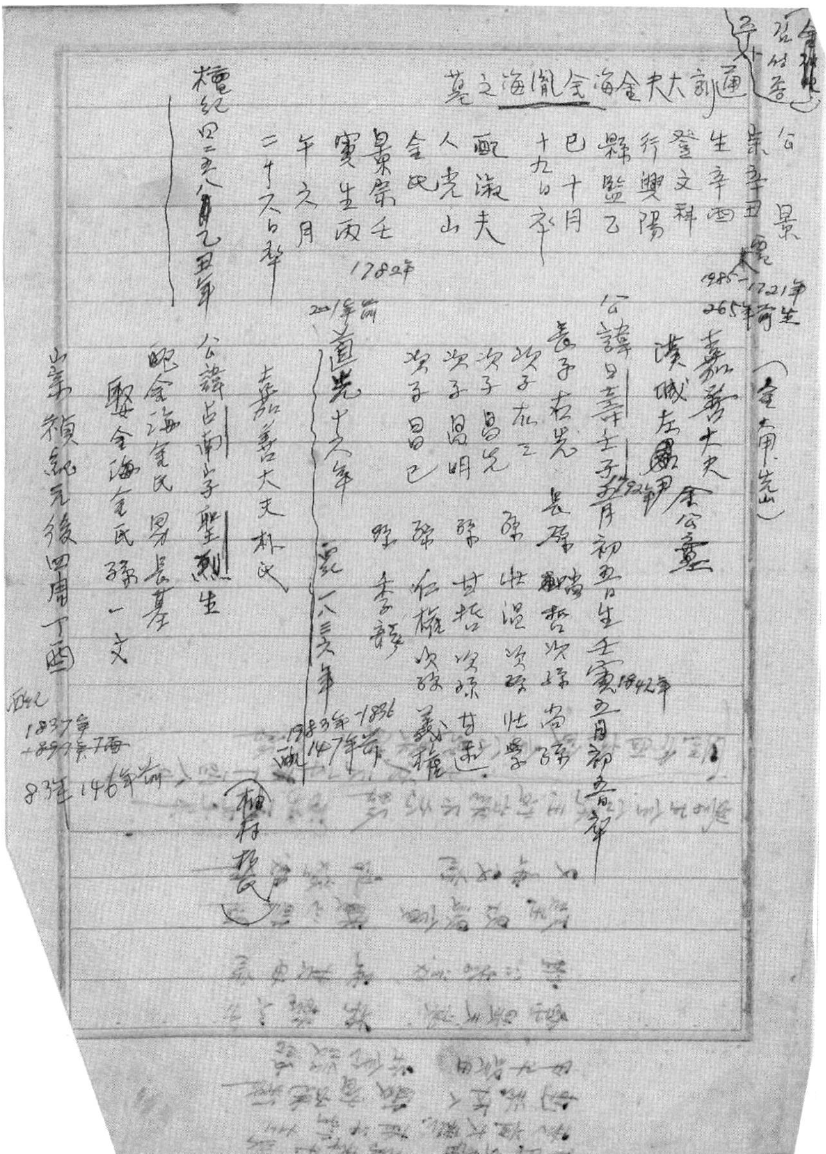

김성종
通訓大夫金海金公之墓
公諱景
宗辛丑生
登文科
行興陽
縣監乙
巳十月
十九日卒
配淑夫
人光山
金氏
景宗壬
寅生丙
午之月
二十六日卒
1782年
檀紀四二五八年乙丑年
1985-1721年
265年前生
嘉善大夫
漢城左尹 金公墓
公諱日壽壬子年正月初五日生 壬寅五月初五日卒
長子在光 長孫
次子在三 孫
次子昌光 孫
次子昌明 孫
次子昌己 孫
嘉善大夫朴氏
道光十六年
公諱昌南字聖烈生
配金海金氏 男長基
娶金海金氏 孫一文

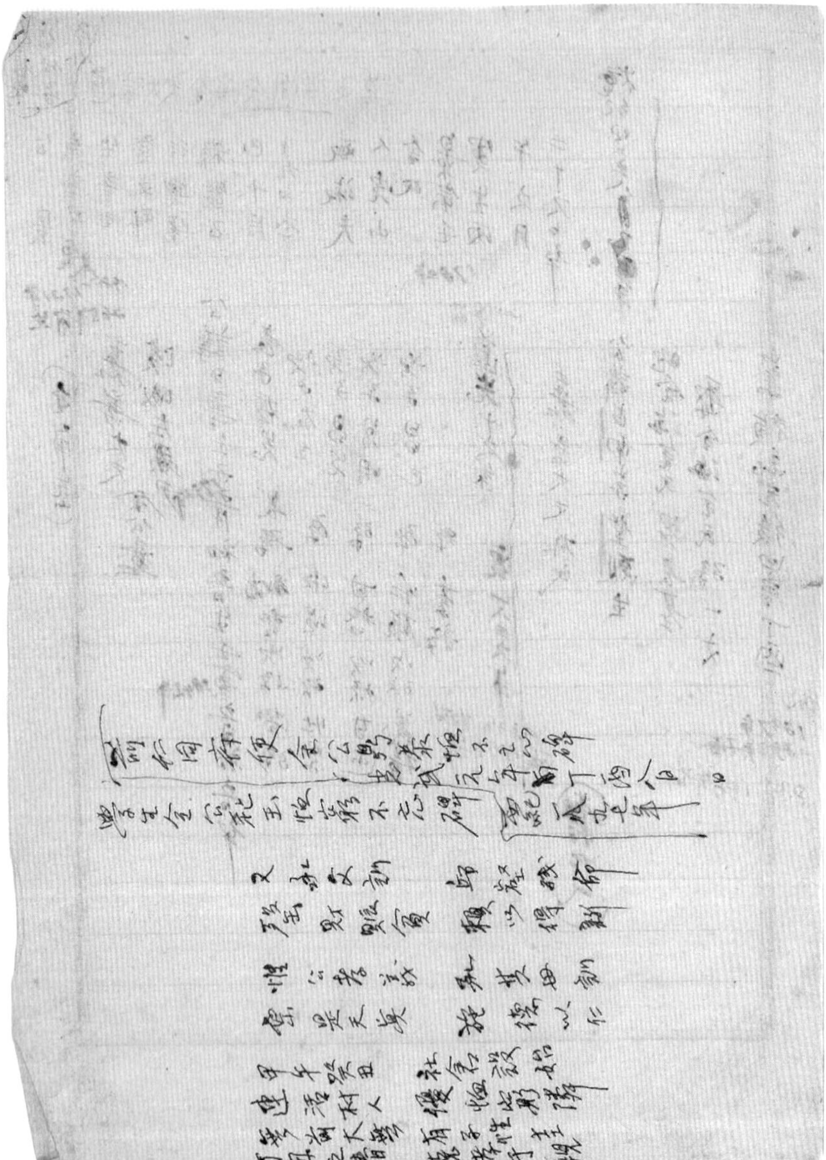

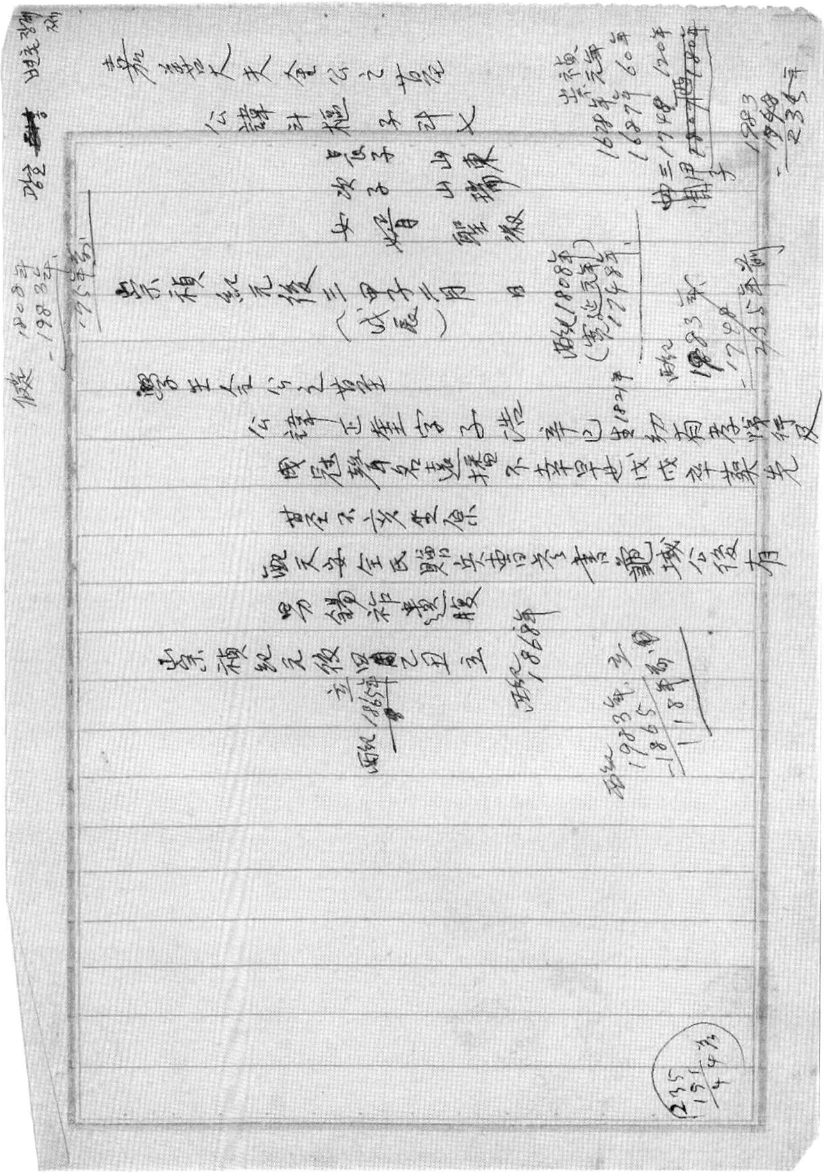

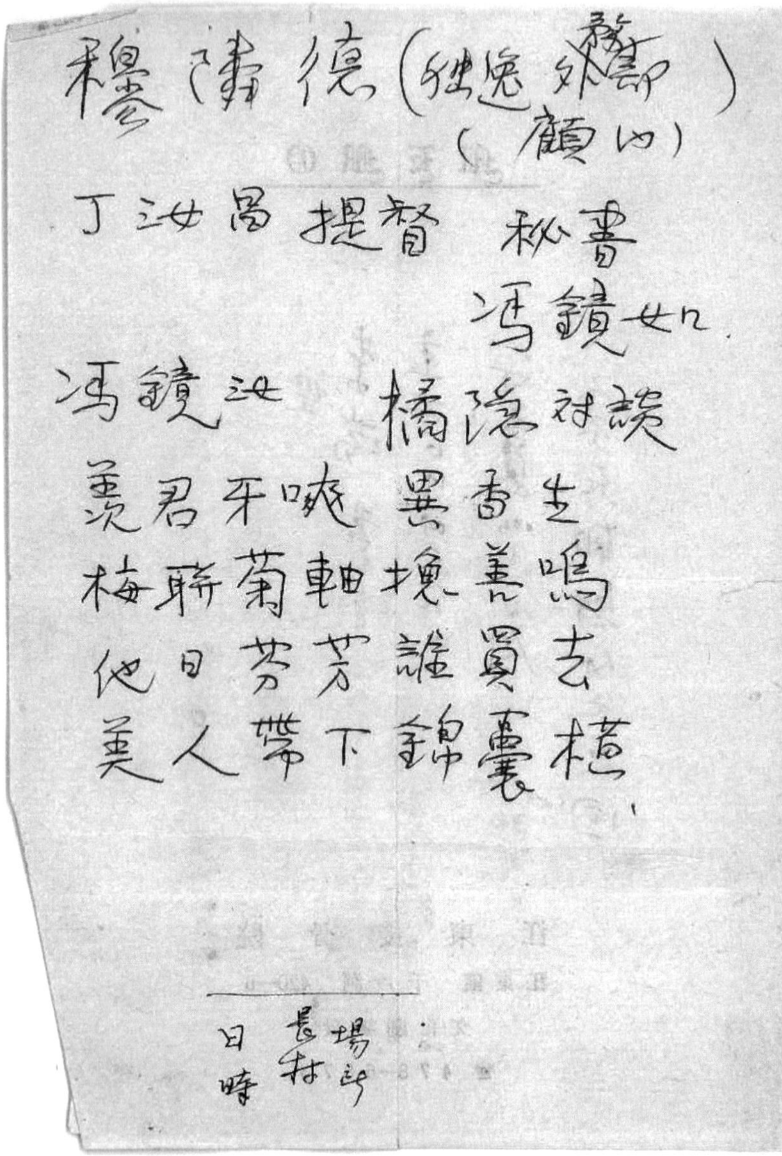

穆麟德(独逸外務部)
(顧问)
丁汝昌 提督 秘書
馮鏡如
馮鏡汝 橘隠对談
羨君年晚 異香生
梅聯菊軸換善鳴
他日芳芳誰買去
美人帶下錦囊藏

日時 長村 場所

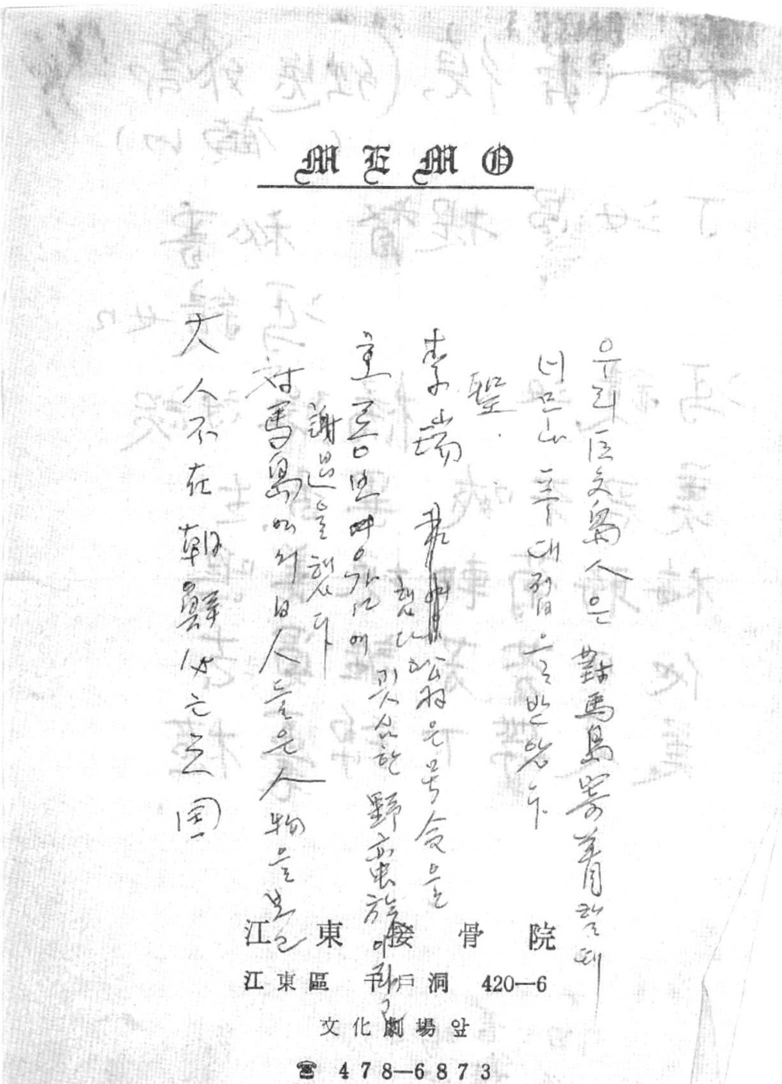
MEMO
우리 巨文島 人은 對馬島 寄着할 때
謝恩을 했다
江東接骨院
江東區 千戶洞 420—6
文化劇場앞
☎ 478-6873

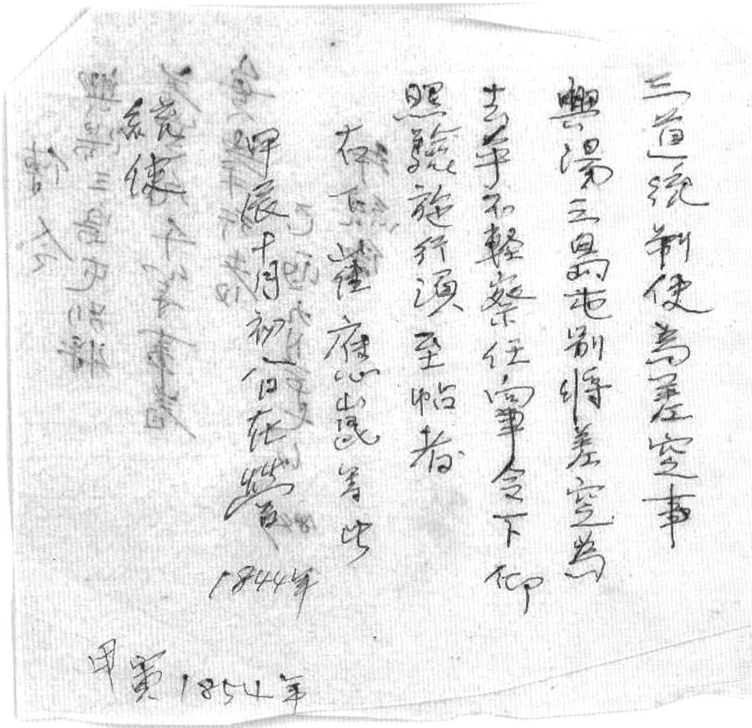

三道統制使爲差定事
興陽三島把別將差定爲
去年不輕察任當事令下仰
照驗施行須至帖者

甲辰十月初八日在營

1844年

甲寅 1854年

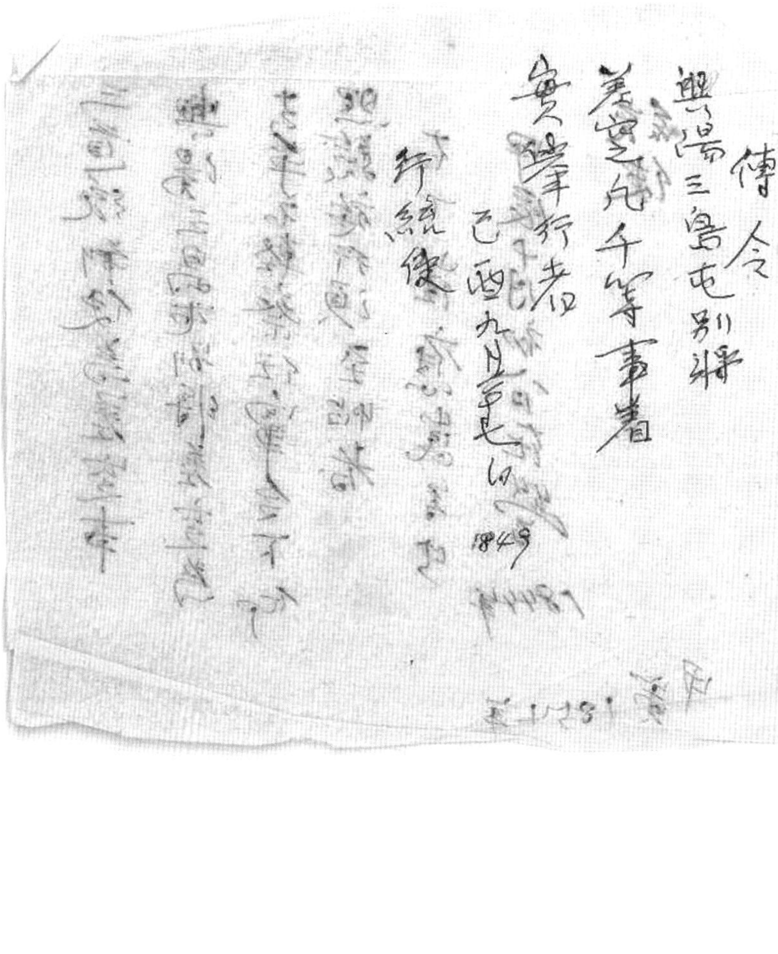
傳令
興陽三島屯別將
差定凡千等事者
無違擧行者
己酉九月十七日
行統使

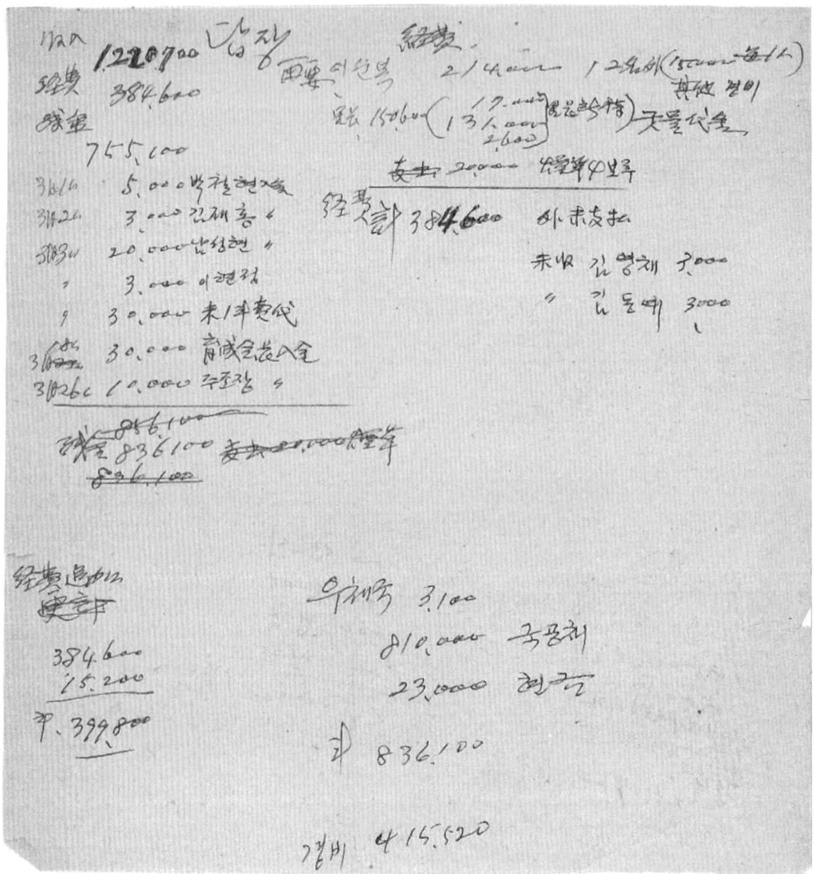
經費 384,600
殘金 755,100
5,000 박철현
3,000 김재홍
20,000 남성현
3,000 이현정
30,000
30,000
10,000 주조장
836100
384,600
15,200
計 399,800
우체국 3,100
810,000 국공채
23,000 현금
計 836,100
경비 415,520

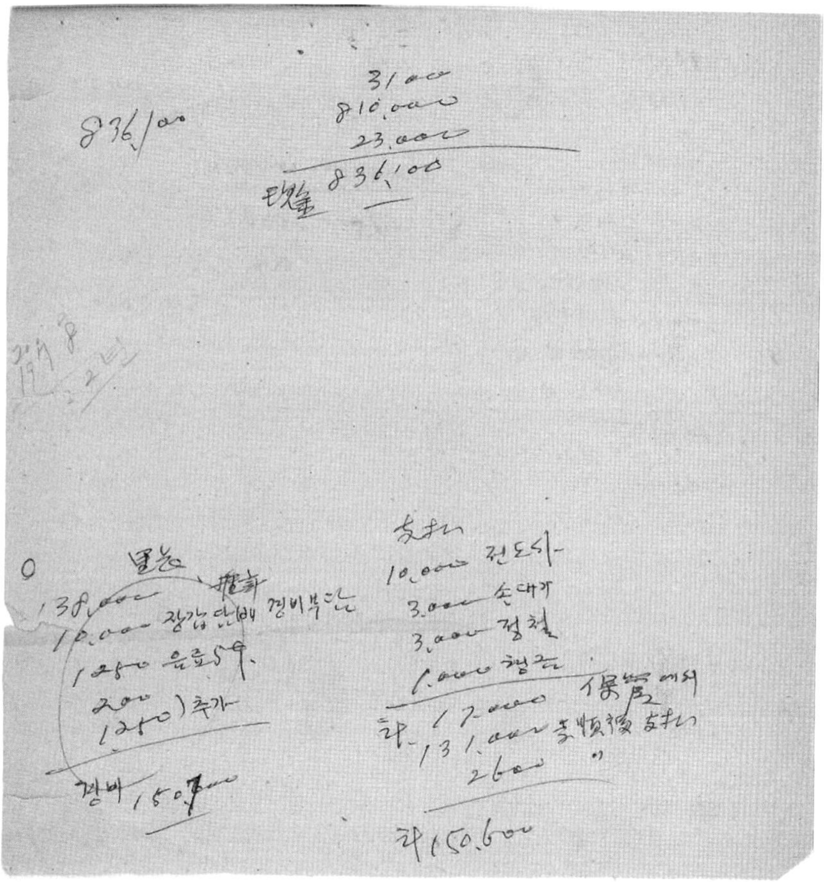

836,100

3,100
810,000
23,000
836,100

○ 별도

138,000
10,000 장갑 단배 경비부간
1,250 음료수
200
1,250 추가

경비 150,000

支拂
10,000 전도사
3,000 손대기
3,000 정철
1,000 헌금

計 17,000 保管에서
131,000 李順?? 支拂
2,600 〃

計 150,600

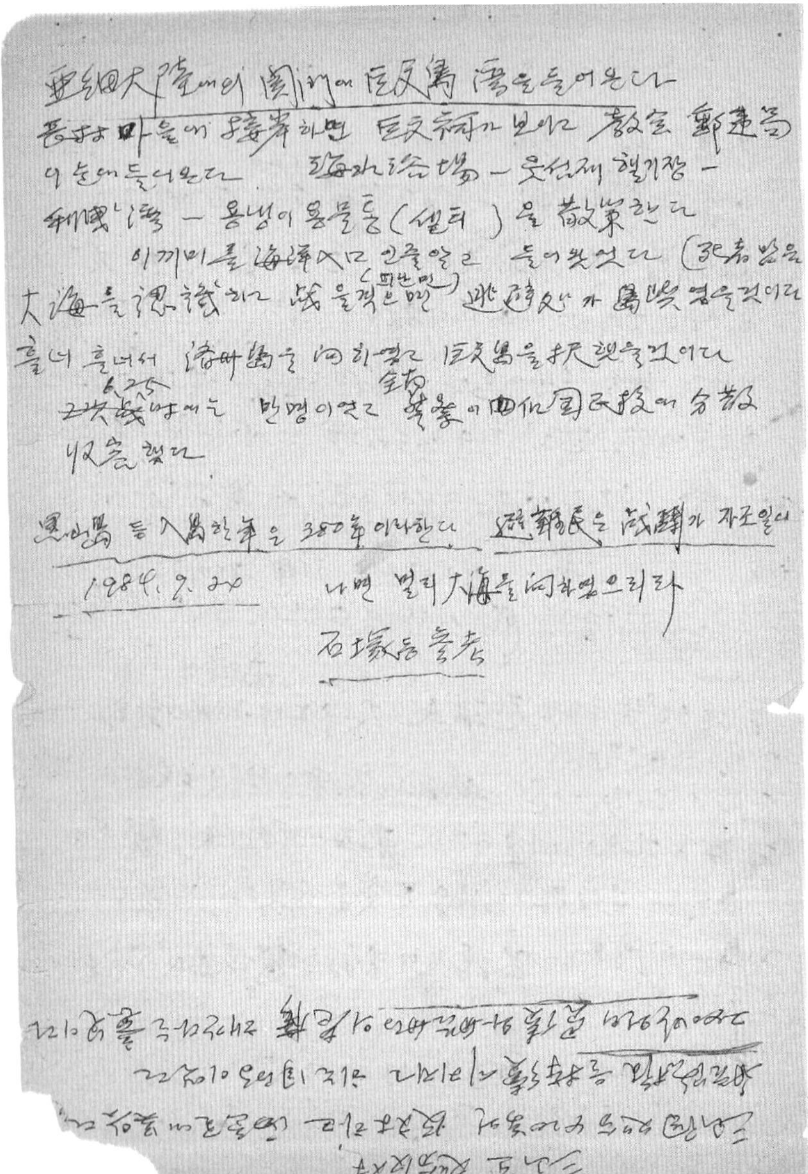
亞細亞大陸에의 關門에 巨文島 灣을 들어온다
틀림없는 마을에 上陸하면 巨文初가 보이고 教室 郵便局
이 눈에 들어온다 運動場 — 웃선재 헬기장 —
新興灣 — 용냉이 용물통(샘터)을 散策한다
이끼미를 海岸으로 인줄알고 들어왔었다 (
大海를 認識하고 (피난민) 逃避처가 島民 였을것이다
흘러 흘러서 島를 向하였고 巨文島를 했을것이다
6.25 때에는 반명이었고 全 에 分
收容했다
三山島 등 入島한 年은 380年이라한다
1984. 9. 24 나면 멀리 大海를 向하였으리라
石

稼穡하기 좋은?

개울 金成大 氏의 保藏된 記錄文은? 古代의

入島人들의 狀況이 있을가, 壬辰倭亂 이후 入島인지

(1) 學校 垈地 跡에 貝殼層이 山積 散在해 있는 것은

이러한 [illegible] 貝殼 등 [illegible] 우리나라의 [illegible]한 것을 보니 [illegible]

金錢 [illegible] 는 靑山島에서 온 것인지 그 당시 數가 [illegible]

中國 [illegible] 무엇일까, 모래가 거문 색으로 자갈을 [illegible] 들인가?

戰鬪地였을가 二人의 [illegible]은 무엇이 [illegible] 것인지

前에 쓴 石塚

장개재 빈촌 용냉이 등의 石塚(고릅장티) 古墳 ~~은 언제인지~~

古墳 장개재, 뒷전 삿티의 밭은 古墳 이기미 [illegible] 漂流人墓

(古墳은 人數를 代數 300年前, 이곳 其前은 石塚등)

冒險을 한다 江南 제비는? [illegible]

安定을 찾기 위해 漂流 (例 산되지가 역만도에, 귀군의 이동 [illegible])

南端의

戰亂으로 쫓겨다닌 避難民 大洋上에 孤島에 定着한 것이 西[illegible]民 들이다

食糧은 [illegible]할 길이 없고 船舶으로 商賣로 生活 [illegible]이 되었다

西海로 北쪽으로 往來하였다 東海에서 南海, 鬱陵島를 [illegible]하고 生産物 미역을 交易하였다. 미역은

西海에서 [illegible]하고 忠淸道의 米穀을 鬱陵島民의 食糧으로 交換했었다.

儒學者는 書堂에서 漢學을 가르치고 禮節을 가르쳤다

[illegible] 없었다 [illegible] 夫人의 敎訓을 받았고 孝道했고 一家에서 三孝婦가 四孝烈婦가 生하게 되었

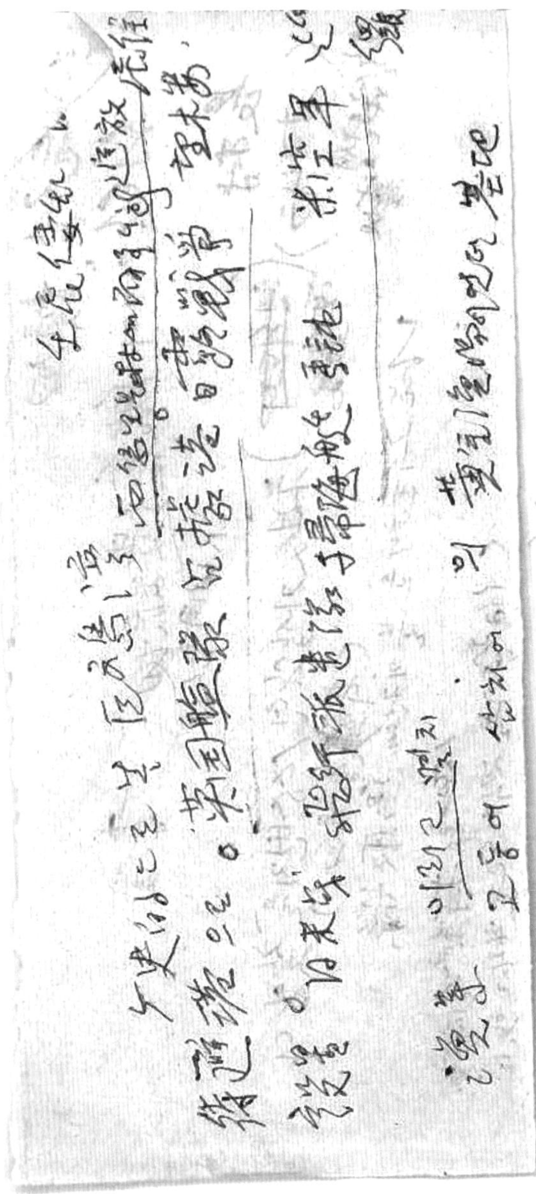

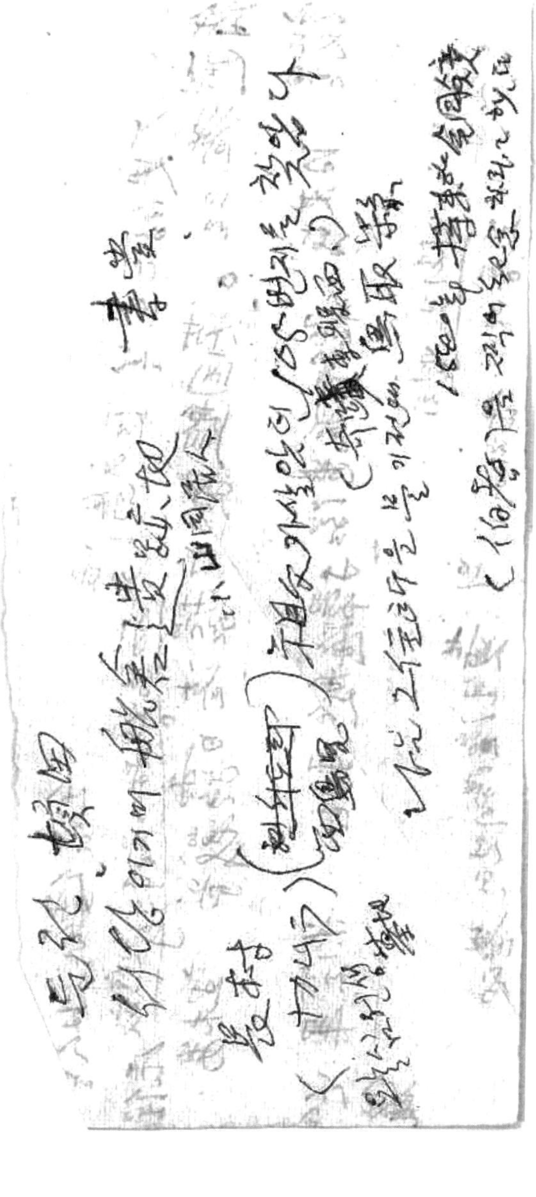

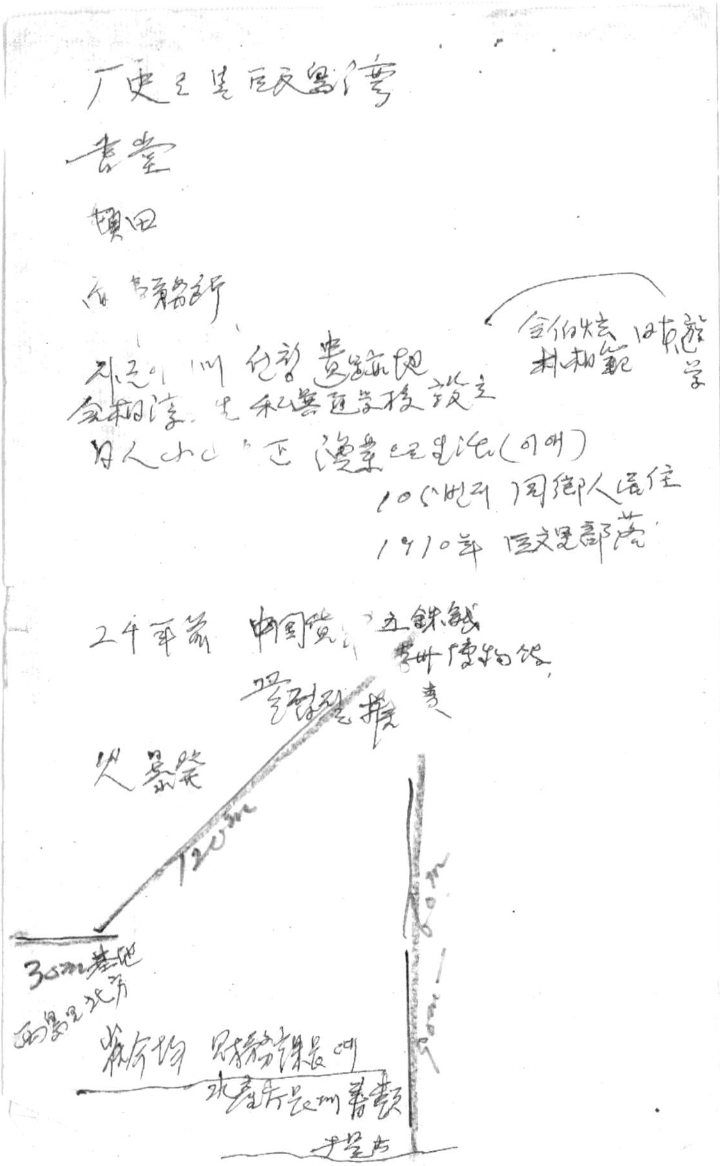
1910年
120m
30m

1885

厂史에는 巨文島 [illegible] 英国東洋艦隊 1854年

其他 列強 [illegible] 東方向 艦隊와 露国艦隊 寄港 防波堤 [illegible] 1854 各国

接岸施設 지점을 提供하고 工事 [illegible] 交換條件 [illegible]

人의 海運業이 發展하여 [illegible] 完成은 [illegible]

巨文島 三島에서 鬱陵島 往来 18[illegible]年 西海 [illegible]

1980年 [illegible] 巨文島 西島里 港灣宁 [illegible] 1980 陳[illegible]

將星旅行 歸鄕 [illegible]

[illegible] 金南 主査

[illegible]州 一 [illegible] 東亞大学에 1985年

巨文島에 安全施設을 命令하므로 82年 130

海底 개-부두 선착장 完工을 [illegible]

西島里에 1984 完工段階에 있습니다 用役会社에서 [illegible]

[illegible]의 視角을 [illegible] 있음을 보고

巨文島 [illegible] 30% 가 完工 되었고 이를 基準으로 84. 8. 28 [illegible]

[illegible]을 하고 地質調査 가 끝났는데 今年 [illegible] 着工을 하려 하고

放置 한것을 遺憾으로 [illegible] 됩니다

現在 継續中인 105m ~ 130m 工事가 完結段階에 있으나

[illegible] 그런데 今年에 大型船이 破壞되었습니다

사라호 颱風 때 東北風으로 北方 入口로부터 들어오는 波濤로 漁船들이 全破되었습니다. 西方에 걸친 海岸로 들어오는 北東風 波濤를 막아야 漁船의 停泊港으로서의 目的을 達成할 수 있을 것입니다.

방파제는 補強하는 것이 北方에 120m(30m)를 南方으로 延長함으로 北東風의 風波를 막을 수 있을 뿐 이곳 漁民들은 熱望을 ~~했습니다~~ 하고 있읍니다

太風			사망	재산피해
을축년	1936년	775.8 (m/sec)	1232 名	확인 불가.
18호 사라호	1959년	46.9 〃	847 〃	2조5415억
49호 셀마	1987년	40.3 〃	345 〃	6081억
57호 재니스	1995년	33.6 〃	65 〃	5676억
61호 올가	1999년	40.0 〃	67 〃	1조1078억
64호 프라피룬	2000년	58.3 〃	28 〃	2609억
66호 루사	2002년	56.7 〃	246 〃	5조1480억
67호 매미	2003년	60 〃		

一. 無條件釋放

二. 韓國漁業組合에 漁民漁船을

集合한데

三. 韓國襲擊이라는 누名을 씻고

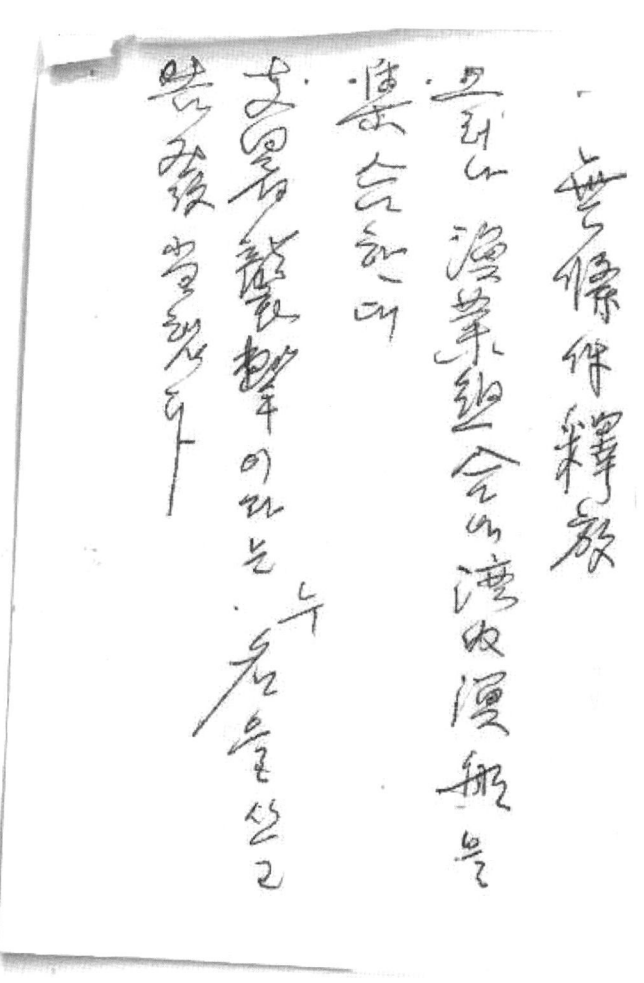

然後 會談할 것

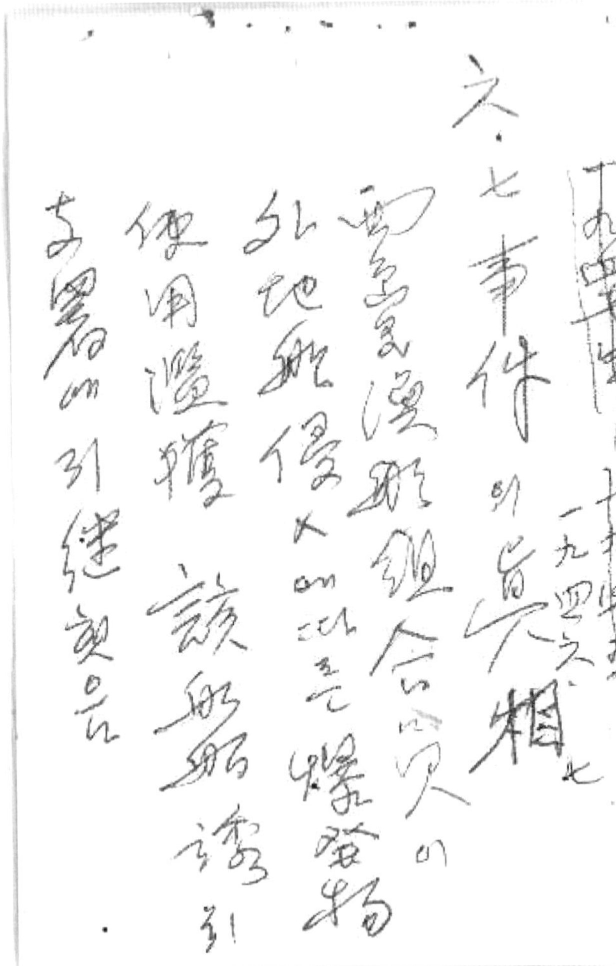

~~十九四七年~~ · ~~十九四六年~~ 一九四六、七

六·七 事件의 眞相

西歸漁船組合員이

外地船侵入에 따른 爆發物

使用濫獲 該船舶 誘引

本署에 引繼했음

一九四七年 慶南道內 爆發物 使用

六、七事件

慶南流刺網

流刺網業者와 密協ㄱ 決議

組合側 八百萬원、

住民、 花阡、 城百萬원

申告者는 二千/漢獲를

告之 事実上 議案을 만드고

固執이、成ᄒᆞ야 不可

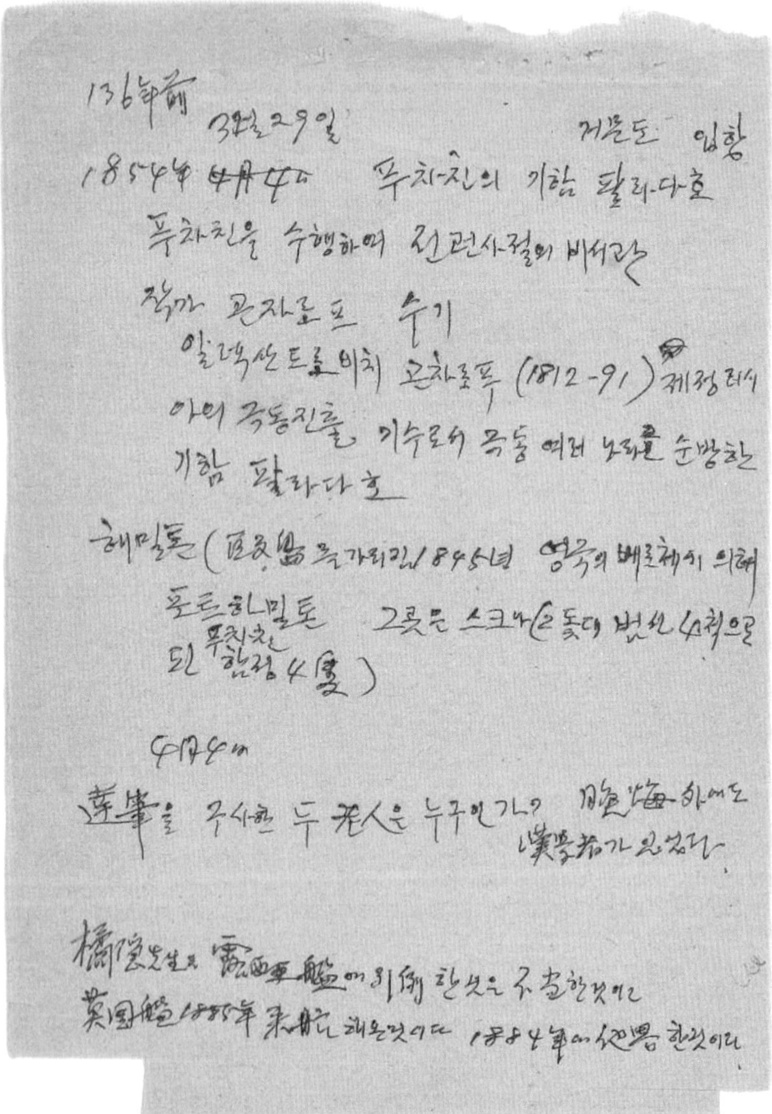

136年前
3월 29일 거문도 입항
1854年 ~~4月4日~~ 푸차친의 기함 팔라다호
푸차친을 수행하여 친관사절의 비서관
작가 곤차로프 수기
일렉산드로비치 곤차로프 (1812-91) 제정러시
아의 극동진출 기수로서 극동 여러 나라를 순방한
기함 팔라다호

해밀톤(巨文島를 가리킴 1845년 영국의 베로체에 의해
포트 해밀톤 그곳은 스크나(2 돌대 범선 4척으로
된 푸차친의 함정 4隻)

4月4日

筆談을 주사한 두 老人은 누구인가? 朝鮮 外에도
漢學者가 있었다

橘陰선생은 露西亞 艦에 외면 한것은 不當한것이고
英國艦 1885年 來航 해온것이다 1884年에 ___ 한것이다

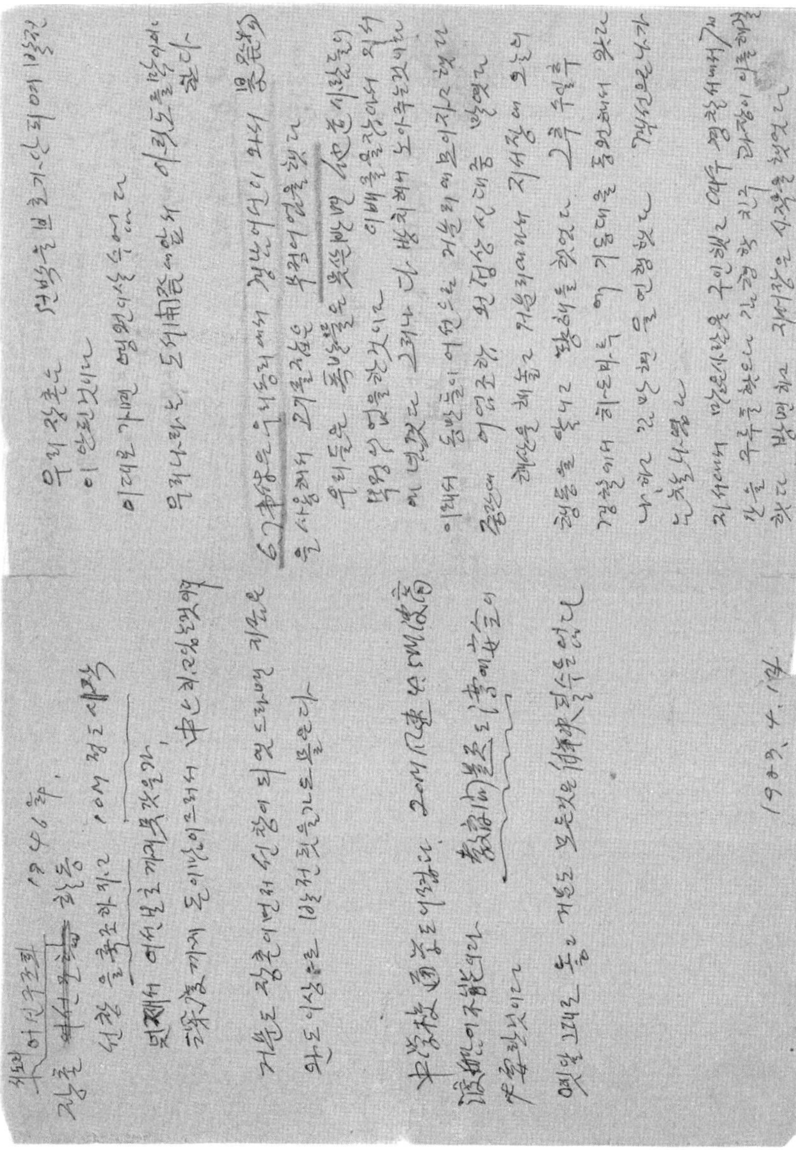

어선구조회 1946年,
장촌 ~~어선문화~~ 활동
선창을 축조하지고 10M 정도 시작
몇재서 어선보호 끼지 못갔을가,
[illegible]까지 돈이 많이 드러서 中止하고 말았어며
거문도 장촌이 먼저 선창이 되었드라면 지금은
완도 이상으로 발전되을가도 몰은다

中學校 通学도 어렵다. 20M [illegible]
[illegible] 不足한 이라 [illegible]의 安全의
中要할 것이다

옛날 그대로 놓고 거문도 모든것은 [illegible] 될수는 없다

1993. 4. 1[illegible]

우리 장촌은 어선을 보호가 안되어 발전
이 안된것입니다
이대로 가면 영원이 살수 없다
우리나라는 도서 [illegible] 많아서 이런 도를 많이 이어야
한다

67年상은 우리동리에서 정난어선이 와서 폭약을
을 사용해서 고기를 잡은 부정어업을 했다
우리들은 폭발물은 못쓰지만 소수 사람들이
부정어업을 한것이다 이배를 잡아서 지서
에 넘겼다 그러나 다 방치해서 노아주는것이다
이래서 동반들이 어선으로 거문리에 모이자고 했다
중간에 어업조합 원정상 신대중 말렸다
해산을 해놓고 거문리에 가서 지서장에 오늘의
행동을 말하고 항해를 했었다 그후 수일후
경찰에서 하도마[illegible]에 기동대를 동원해서 왔다
나하고 [illegible]을 연행했다 경찰선으로 나가
는 찰나였다
지서에서 많은사람을 구인했고 여수 경찰서에서 7
간을 구류를 했으나 [illegible] 친구 과장이 이를 해결
했다. 방면하고 지서장은 사직을 했었다

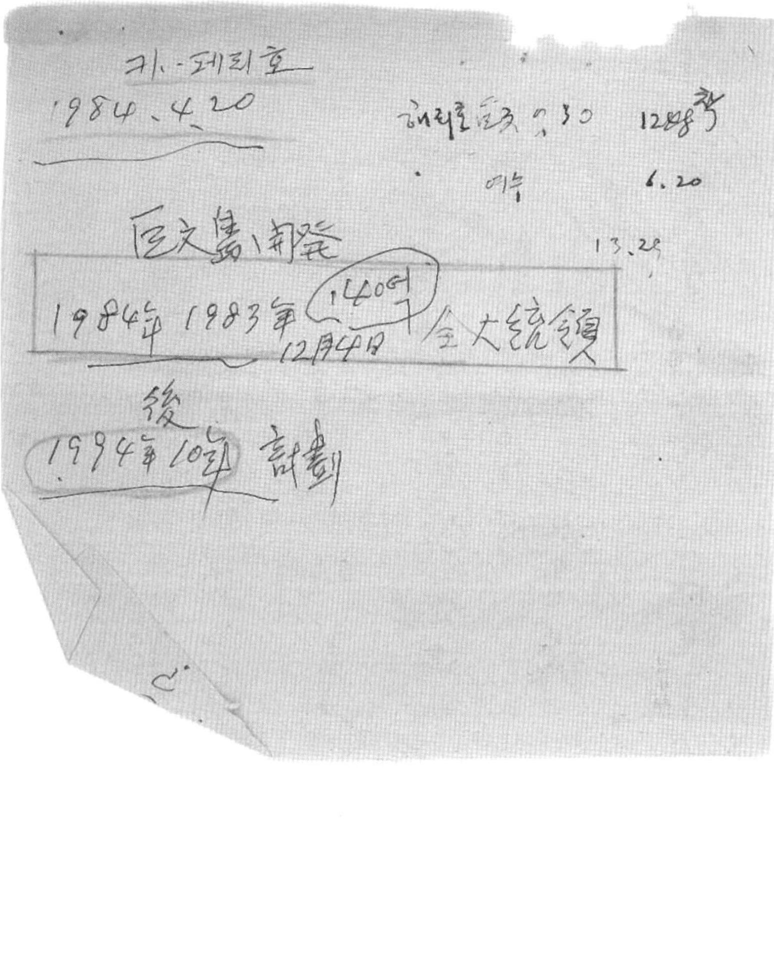

카·페리호
1984. 4. 20

해리호 운항 9.30 1288척
예능 6.20
13.29

巨文島 開發
1984年 1983年 140억 12月4日 全大統領
後
1994年 10年 計劃

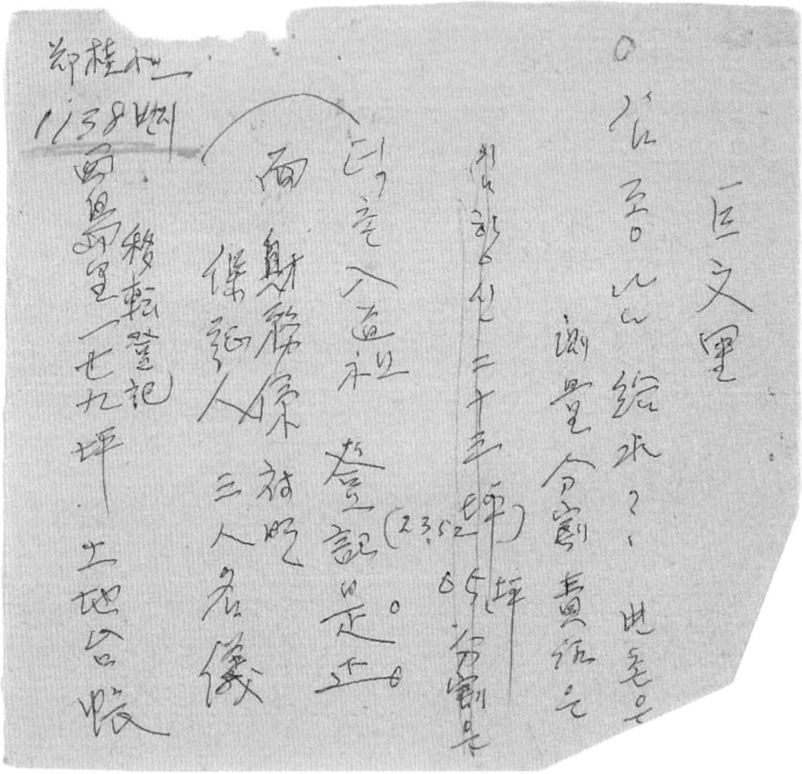

서도리의 압달은 암담하다

나가보아은 우리동리는 그대로다 1994.8.18

지금 학교마저 분교장으로 전락되고 있다

한자리에 모임을 갖는것도 꺼련형편이다

학교가 없어지면 동리도 없어지고 누구도 설명이 어렵게된다

누구를 믿고있는지 각자 반성하고 나오라

이권을 버리고

계동경보, 주이보 지금에들어있다 동리를 걸머쥐고 나갈사람들
오전에 전화 8번 넘어서. 주在은 전화 안받는다 다시 8번 이당끝내고
전화를 했다 주在에서 안내가 받기에 간천이에게 [illegible] 한다고 했다 들어오면
말한다나 했다

84年 [illegible]
外一[illegible] 조[illegible]
87年 金[illegible]自首
1976.9.16 [illegible] 이에
1981 海軍[illegible]
[illegible]
1949年
1976.9.16
[illegible] 金用[illegible]

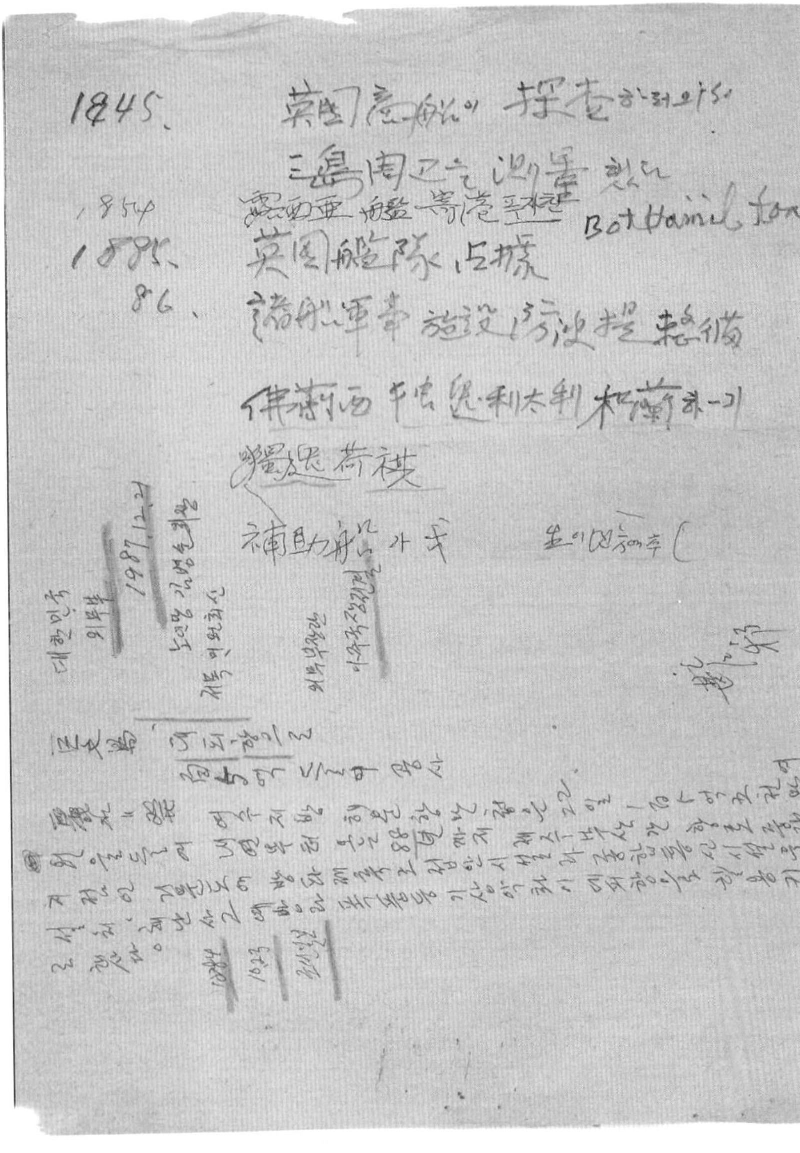
1845. 英國商船이 探査하러와서
三島周圍를 測量했다
1885. 英國艦隊 占據
86. 諸般軍事 施設 防波堤 整備
補助艦船 가 ...

[illegible] 되어야

새모술추산 [illegible]이 나오면 [illegible]

한대 어떤 [illegible]이 서있는가 한대 방법을

피로한 도시인들이 거문도 휴양지에서 한때를 즐겁게 보내게 ~~신경을~~ ~~마비시키고 싶도~~

○육지에서는 ○물 난리 ○교통사고 가 도시인들 농촌을

섬 생활에서는 ○해상조난 이 많다 위령탑을 만들고 조난사고를

미리 막는 일이 큰 사업으로 알고있어야 할것이다

관광객에 친절을 한다

○지방사람들이 깨끗하게 도로와 환경을 정비해야한다 선체 계기스포

에 나갈 노인들을 무료승선 시킬 의향은 없는지)

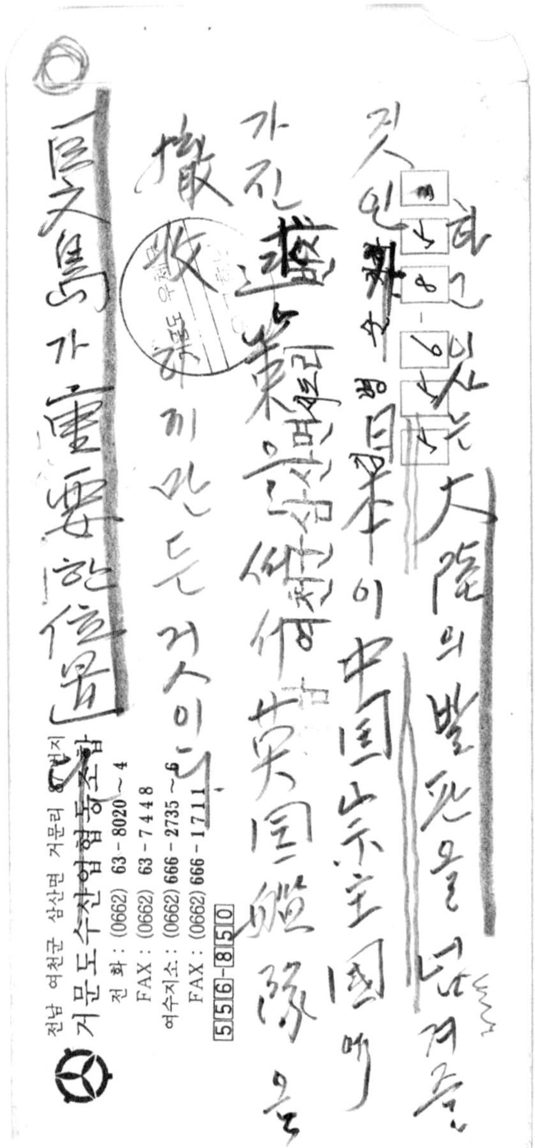
巨文島가 重要한 位置
전남 여천군 삼산면 거문리 87번지
거문도수산업협동조합
전 화 : (0662) 63-8020~4
FAX : (0662) 63-7448
여수지소 : (0662) 666-2735~6
FAX : (0662) 666-1711
556-850

- 조청장 1985.12.4 西山祠建立
- 松都에서 詩文 癸酉年 ○명
- 晩悔 行績 金相洙 碑文 및 牛窩上書
- 金海金氏 四世 旌文記
- 前府使 金東奎 墓所記
- 김보쾌위로 조난 12명 희사
- 회고록 水臺亭 風潮
- 군수에 서신
- 만회선생 노사기상석
- 고공 탁촌에 결정 5일된 침대 1969年

  용범이 용물동 地진분출 中国 열전화폐
- 큰이기미 만 큰이기미 분출식 松解禁 간판
- 金劉 四星에 請願文 1859年 138년전
- 기人月山燈台 앞 어선집결
- 鹿山公園에서 鹿島望
- 웃도 안내 김박선 만회묘 학교
- 晩悔 行狀
- 배골 모래사장 및 녹산 모바 사진

1 웃 섬에 오도감 [illegible]
2 오도감 교지복사본 및 호적
3 울릉도 史蹟
4 울릉도 첨부도 翁 島老人
5 丁 [illegible] 비석 서울
6 김 백련 선생 東京行
7 김 [illegible] 선생
8 노인단 방문 명사
9 노국 1954년 [illegible] 방문
10 독일 관측 지도
11 寧海 [illegible] 金氏 6代 [illegible]
12 조선일보 이규태 코너
13 조난선 애인 ([illegible])
14 미 연방세 [illegible] 里에 [illegible]
15 잡종지 [illegible] 人들이 이전
16 海軍 [illegible] 金 [illegible] 로

o 旅客船 [illegible] 150 [illegible]
o 巨[illegible]
o 德 [illegible]
o 三山 [illegible]
o 도화 [illegible] 20 [illegible] [illegible]
o 바라진 巨文島
o 五 [illegible]
o [illegible] 山 [illegible]
o 金 [illegible] 大統領 [illegible]
o 白 [illegible] 先生 [illegible]
o 中国人 [illegible]
o 中 [illegible] 天에 [illegible]

列强은 巨文島를 通過했으나 東洋을 눈독을 올리고 있어

巨文島歷史 英国軍占領.

中国 丁汝昌 一行이 撤軍할것을 要求함

日本 ― 英国과 同盟国이였으나 英国巨文島撤軍을 執拗하게 說得했음

日本은 36年간 植民地支配를 해왔고 歷代總督이 視察을 했음

巨文島에는 九州佐世保 飛行機를 配治했고

地方人等을 [illegible] 등 이었었고

二次大戰 때는 軍事施設을 徹底히 했으며 全羅海岸 [illegible]를 두고 10余機를 두었음   記念碑 掃海艇 [illegible]

우리巨文島는 漁場으로 有名하고 近海에는 漁族이 凋渴되고 있음 農業은 [illegible] 이시켜가면 [illegible]

觀光客이 白島를 中心으로 [illegible]을 가져오고 있으나 諸般施設이 未洽함

連續 結果으로 西島 ― ~~[illegible]~~ 서도간 連橋施設이되면 名實히 觀光 活性化를 期待합니다

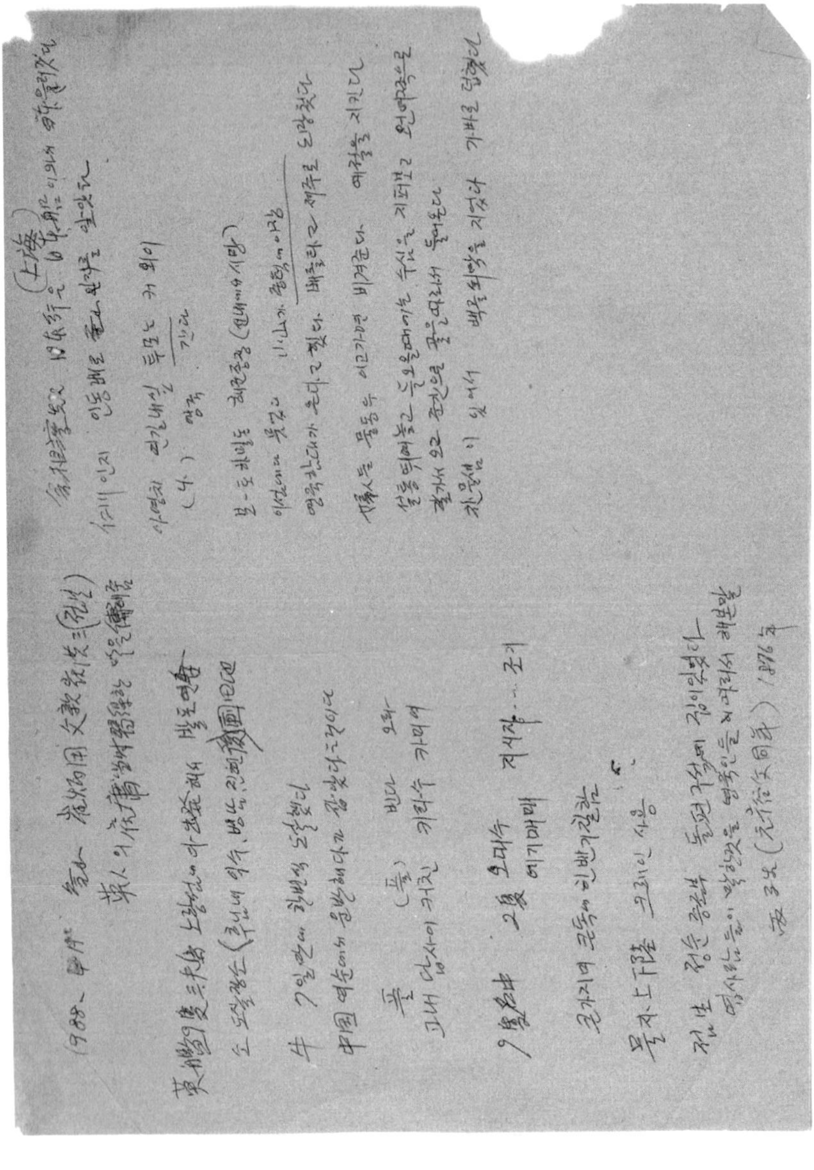

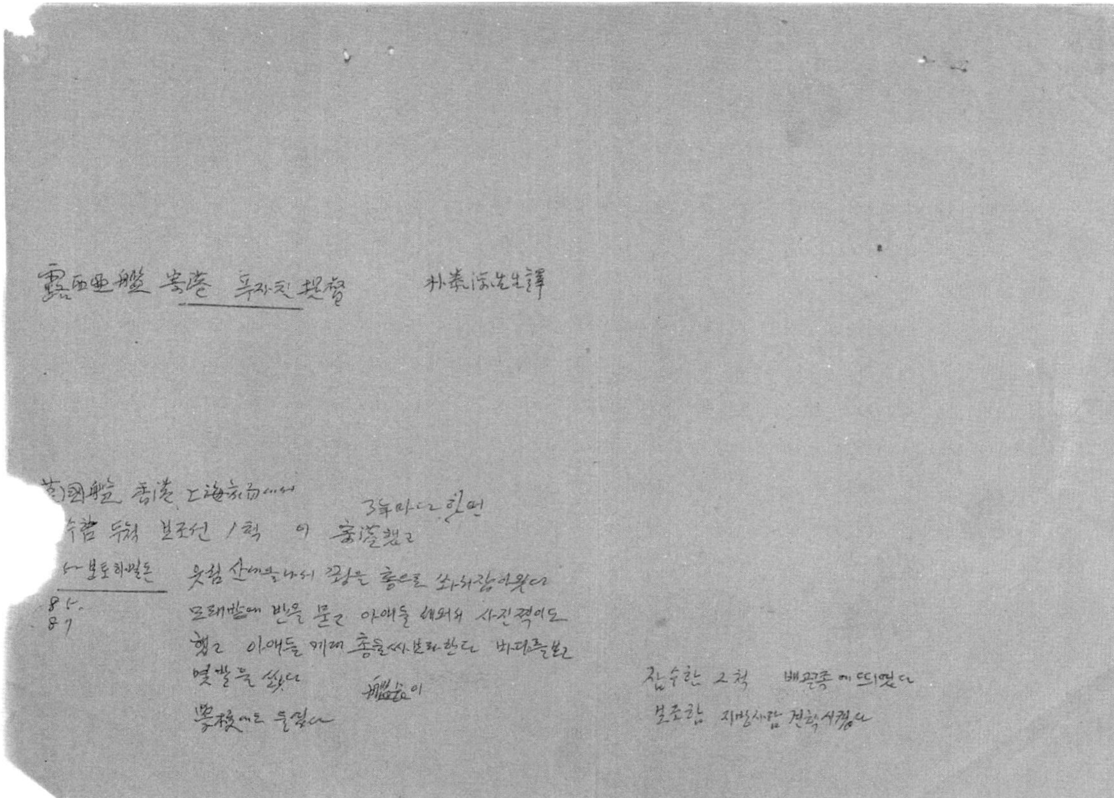

露西亞艦 寄港 무자치 提督　　朴泰淳先生譯

英國艦 香港, 上海方面에서
3年마다 한번
수艦 두척 보조선 1척 이 寄港했고

~보도하였든
8ㄴ.
8 7

웃침 산에올나서 꿩을 총으로 쏘아잡아왔다
모래밭에 반을 묻고 아애들 세워서 사진찍이도
했고 아애들 끼게 총을쏘보라 한다 바다를보고
몇발을 쏘았다
艦長이
學校에도 들렀다

잠수함 2척 배골촉에 뜨이였다
보조함 지방사람 견학시켰다

金玉均 1872 文科及第 (22歲)
(25才)

金弘集
수신사 1880年
임오군란 1882年
동학란 1894年
민비살해 1895年

김제명

개화당 일색으로 도일 5개월간 머물면서 일본의 교육자 福澤諭吉 에 소개받고 6월 하순귀항 (1851~1890)

1881년 개화당 일색의 수신사 일행으로 도일. 일본에서 5개월간 머물면서 당시 일본조야의 대표적 명사들을 소개받고 6월 하순에 귀국했다. 1882년 임오군란의 사후 대책의 수신사 박영효와 함께 부사로서 도일. 메이지 유신 후의 일본 문화와 교제하는 동안 본국 혁신의 필요를 절감했다.

1884년 12월 갑신정변을 일으킨 후 일만에 실패 일본 공사 다께조에 신이치로와 께 일본에 망명. 도모등지를 전전하면서 10년을 보냈다.

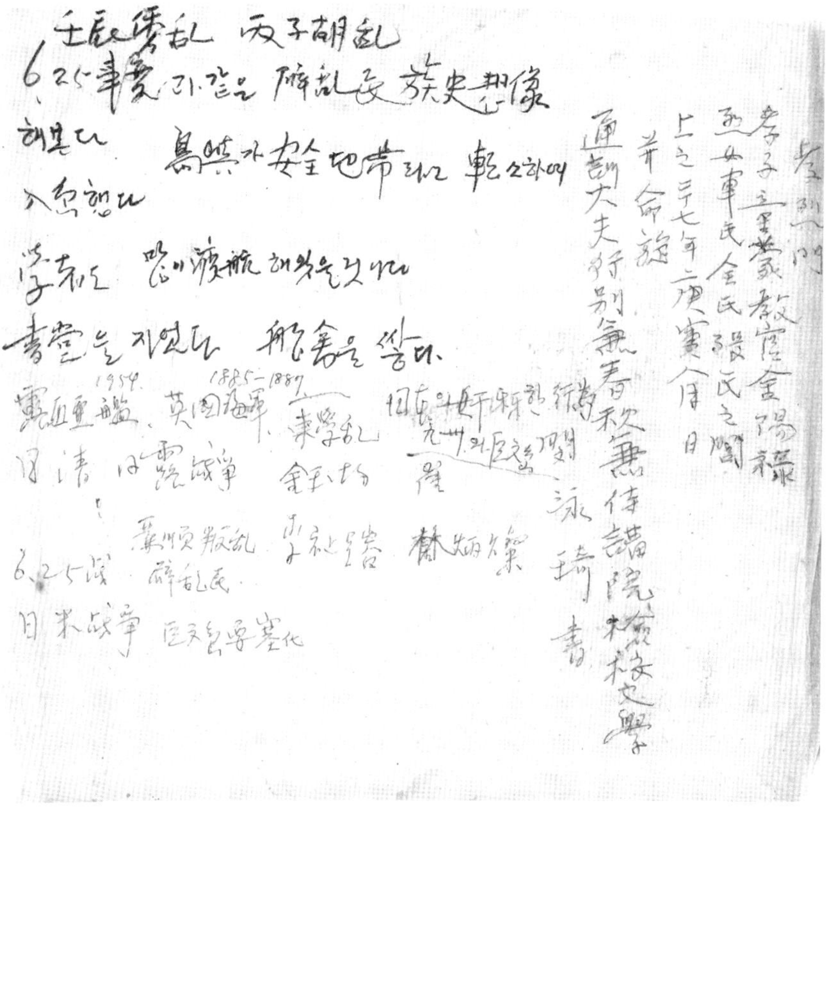
壬辰倭亂 丙子胡亂
6.25事變과 같은 騷亂은 民族史 想像
해본다 島嶼가 安全地帯라고 轉々하여
入島했다
學校 많이 渡航 해왔을 것이다
書堂을 지었다 船舍를 쌓다.
1954 1885-1887
英国海軍
東學亂
日清 日露戰爭
6.25
日本戰爭
孝子 童蒙敎官 金陽祿
烈女 金氏 張氏之閭
上之三十七年庚寅八月 日
幷命旌
通訓大夫 行 別兼春秋兼侍講院
詠琦 書

1937年 3月

1945년 二次大戰時 日本丸 6000t 米飛行機의 被擊으로
船은 中央에 機雷를 맞저 沈沒直前이였다 집앞으로 導引을 해 와서
들녘으로 다시 [illegible] 물로 導引했다

日本 陸戰隊는 要塞化 했다 西島 국민학교에 海軍航空 分遣隊를
두었다 鎭海에서 大型小上機로 物資를 運搬했다
終戰에는 日本軍艦 2隻이 碇泊하고 水上 飛行機 10余機가 待機했다
때로는 米機 곤소티댈은 2機가 유유히 偵察하러 들어왔으나 [illegible] 彈을 投下
하지 않했다 그러나 日本 軍艦는 數發의 機關銃彈을 空中砲火의
(사격 / 일본) 命中이 안되고 無事히 떠나갔다
[illegible] 野外 [illegible] 하고 執務하고 있었다
米國은 日本 廣島에 原子爆彈을 投下하고 降伏을 했다
歸鄕하다가 日本 下關서 濟州 사람들이 3隻 가량의 船舶으로 巨文島 入口
까지 無事히 왔다 米軍機가 이를 공격하고 銃彈을 投下했다 船舶은
火災에 쌓였다 내중에 가본즉 어린아이는 엄마 [illegible] 묶여있었다고 한다 死亡者들
은 多數에서 발견했다고 한다
다시 追憶 英國 海軍艦 2隻 補助艦 1隻이 巨文島에 들어왔다
船舶의 海兵이 山에서 [illegible] 한마리를 잡아서 모래밭에 묶고 우리들 4.5
人이 같이 寫眞을 찍고 바다쪽으로 銃을 쏴 발사 했다
露西亞 軍艦 30t 정도의 船舶이 들어와서 정박을 했다 에서 上海로
간다고 했다 젊은 夫婦였다 우리들에게 사과를 나누어 주었다

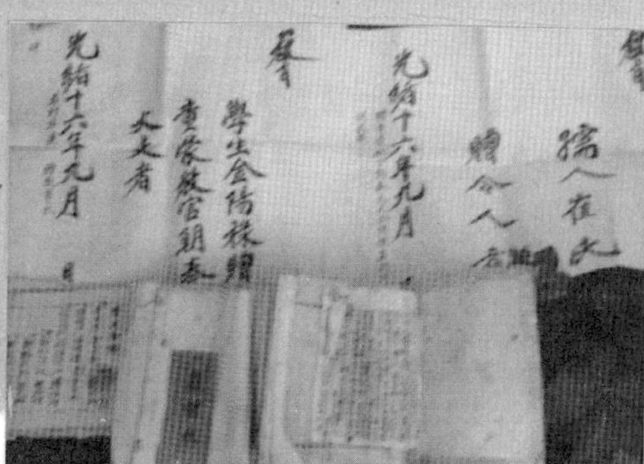

三 列女孝子

車氏婦人 贈領議政後裔

金氏 贈兵曹判書龜城府使後裔

張氏 旅軒先生後裔

贈朝奉大夫[illegible]金陽祿

公字乃卿号晩悔襄武公諱完八世孫也純祖丙寅五月十日生

公天資直摯平素事親盡誠從業於丁憬菴門弱冠

見識絶博教授生徒爲己任碩士多出其門

高宗乙酉九月十六日卒庚寅以孝命旌閭行績載于邑誌

誌丁坐 (一八八五年)

墓先妣 [illegible]

西紀一八九〇年

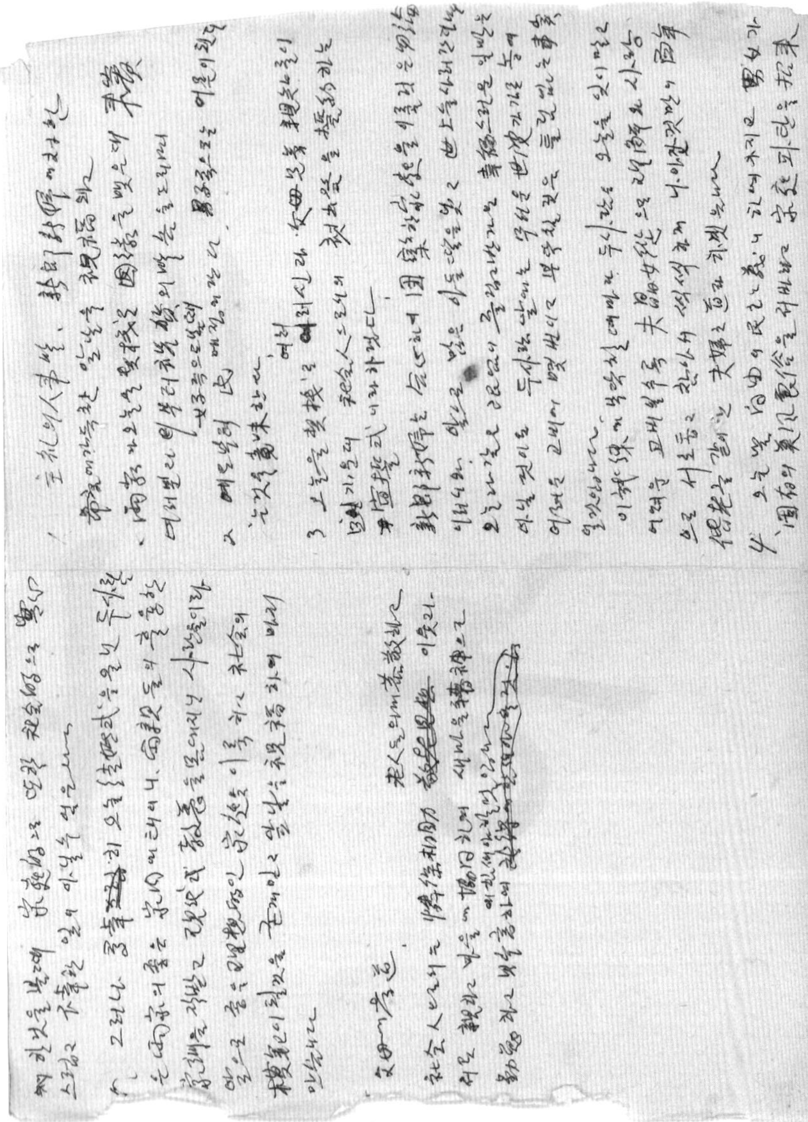

○ 私立學校運營難、 小額이나마、

外國船舶이 寄港했을 때 寄附金을 받았었을 때에 대한 感動을 學校 좋아

運營된 事例이다 — 故人 [illegible]이 있다

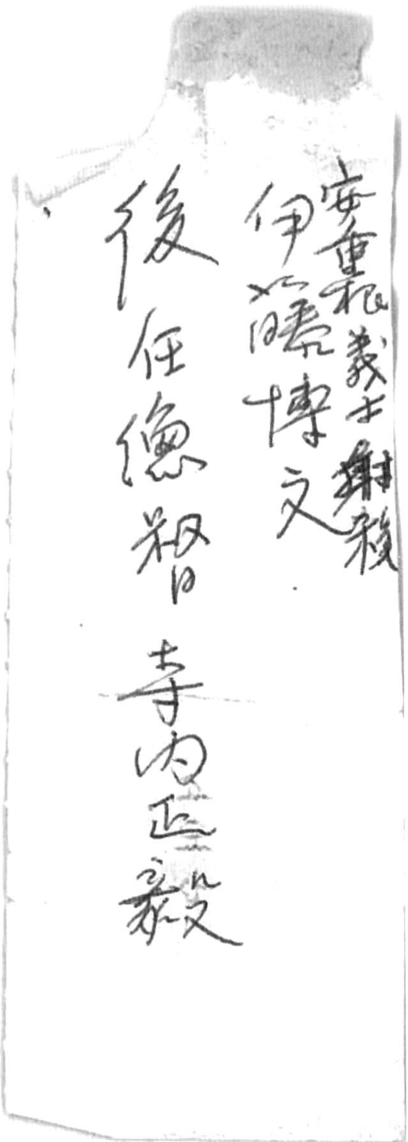
安重根義士 射殺
伊藤博文
後任總督 寺內正毅

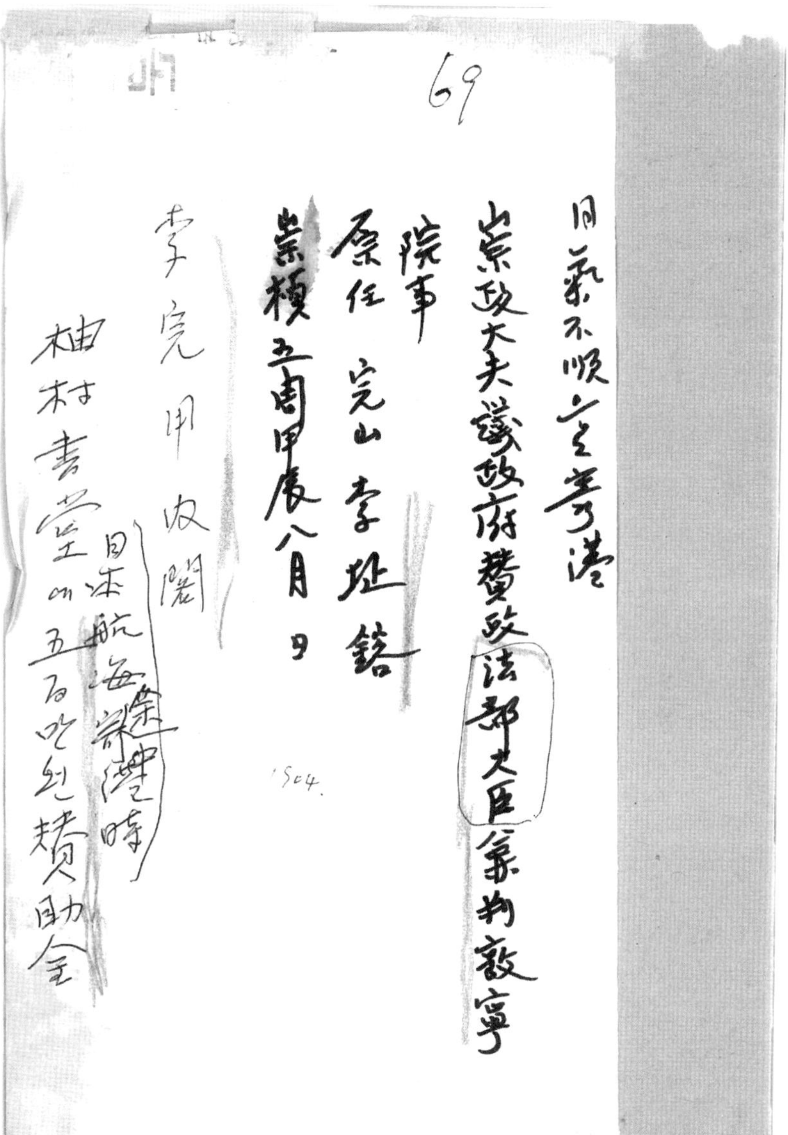

69

日氣不順之壽港

崇政大夫議政府贊政法部大臣兼判敦寧院事

原任 完山 李址鎔

崇禎五周甲辰八月 日

1904.

李完用 收閱

柚村書堂에 五百원 贊助金

日本航海兼[illegible]時

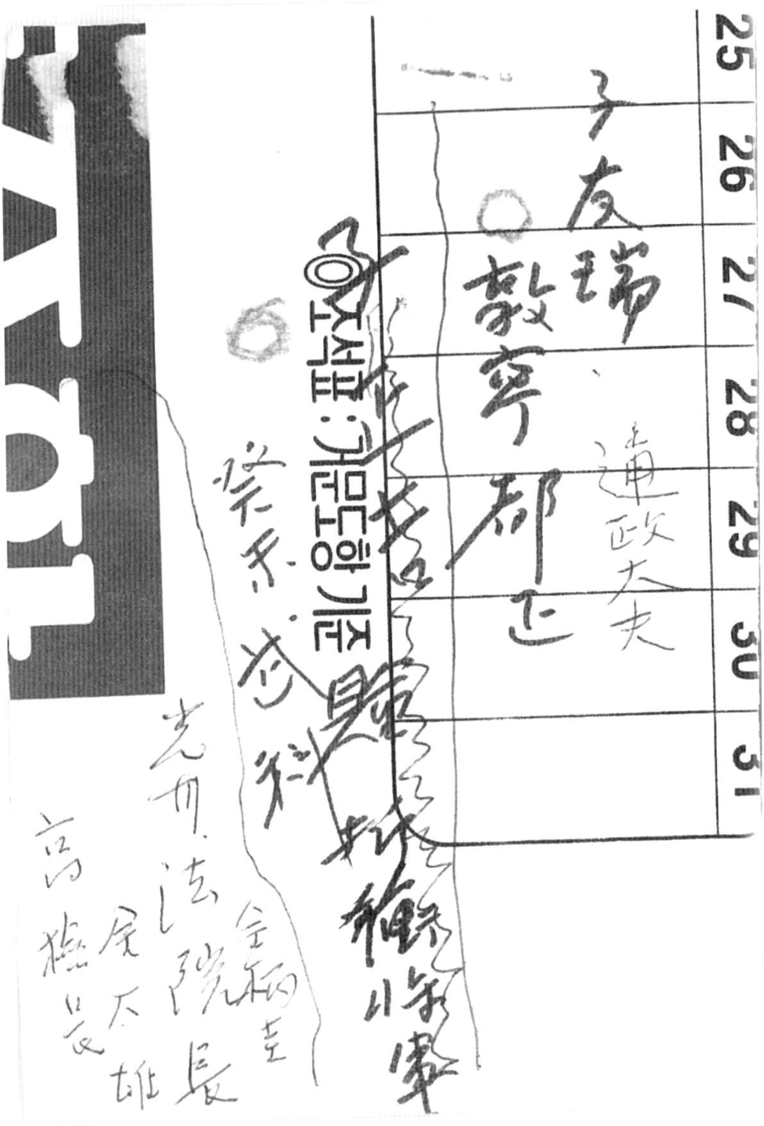

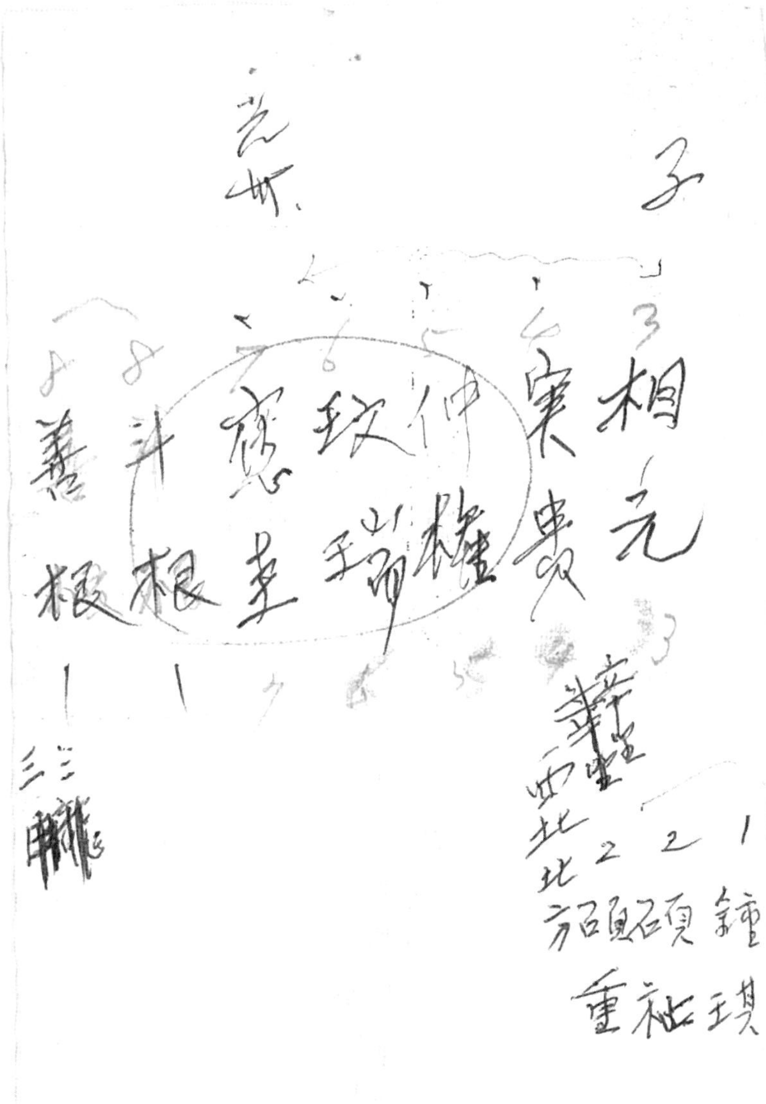

子相元

贈將仕郎 童蒙敎官

子寅器

贈 南部都事 僉知 五衛行時

中書議 五衛行時

子景錄

贈兵曹參議 五衛將 都總府副總官

子敬瑞 都總府副總官

僉

子敬瑞

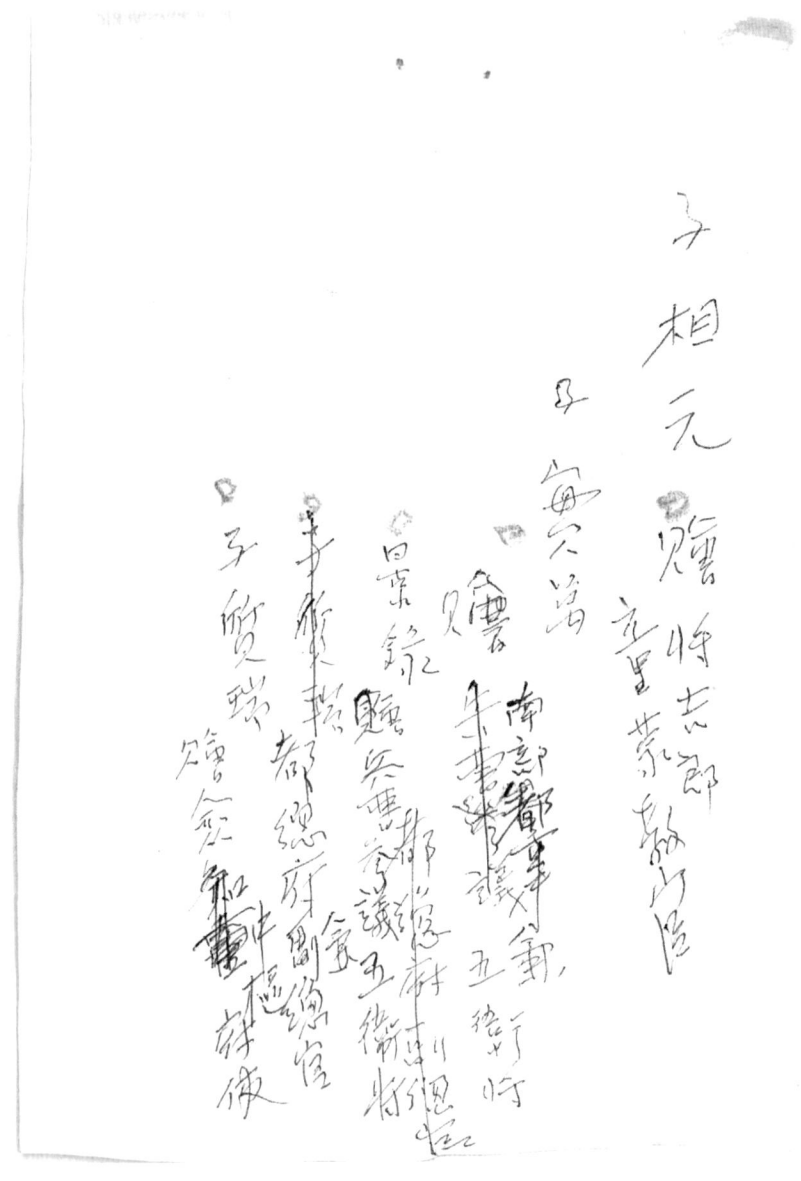

贈僉知 中樞府使

碩祖子相建、子家恒子日煥

子載瑞、煥雲 折衝將軍

子正吉 癸未武科

24 4.13 壬辰

25 防災의 날

17 4.6 乙酉

18 5·18民主化記念日

10 3.28 戊寅

11 3.29 己卯

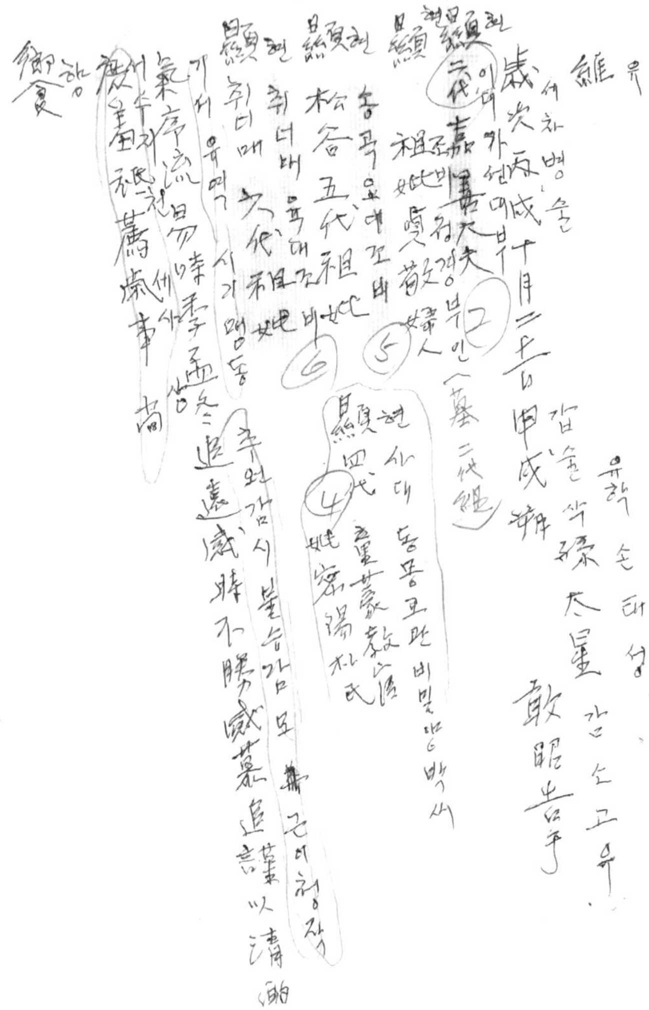
維 유
歲次丙戌十月二十日甲戌朔 세차 병술 갑술 삭
유학 손 태성
孫太星 敢昭告于 감소고유
顯 二代 이대 嘉善大夫 가선대부
顯 祖考 祖妣 貞敬夫人 비 정경부인 (墓 二代 組)
顯 四代 사대 고비 孺人 密陽朴氏 비 밀양박씨
顯 송곡 요대 고비 松谷 五代 祖 妣
顯 취니 배 육대 祖 妣
顯 취니매 六代 祖 妣
기세 유역 시기 맹동
氣序流易 時維孟冬 氣序流易 李孟冬
追遠感時 추원감시 不勝感慕 불승감모
謹以淸酌 근이청작
庶羞 서수 祗薦 지천 歲事 세사
尙饗 상향

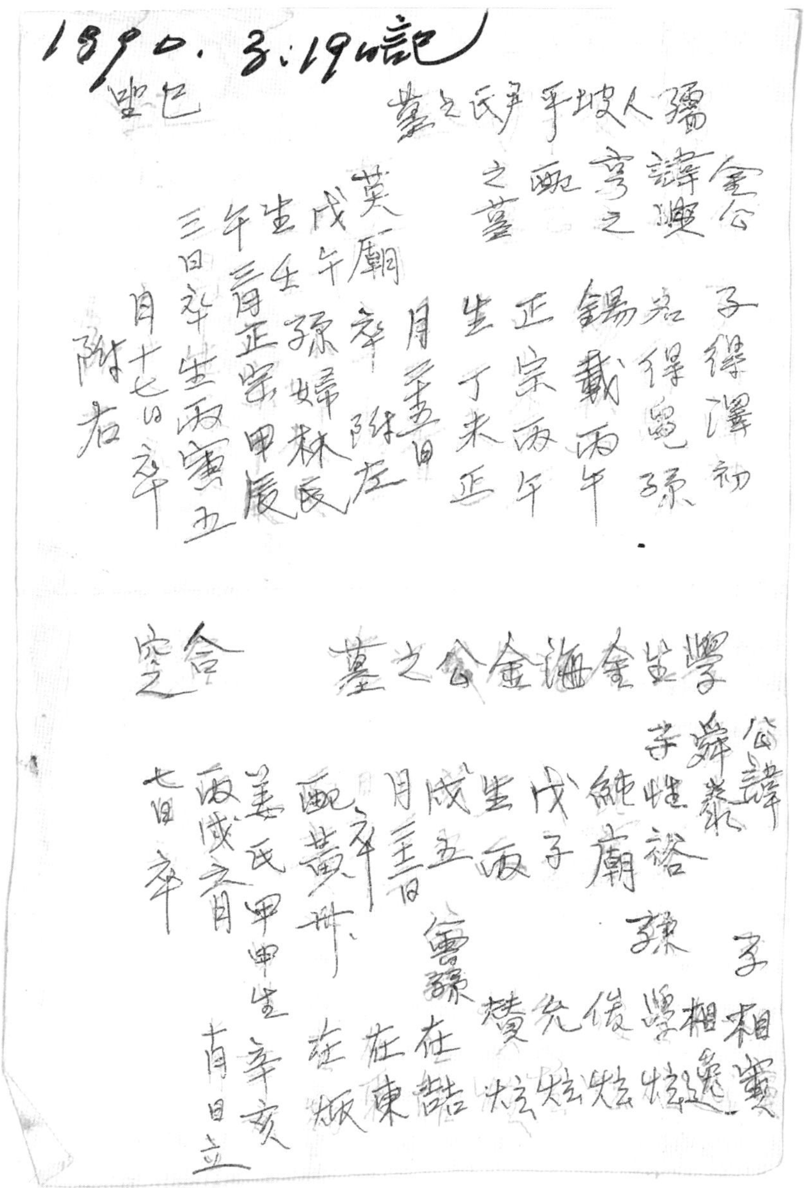

1980. 3. 19 記

孺人坡平尹氏之墓

金公諱瑛之配之墓
子得澤初
名得晩孫
錫載丙午
正宗丙午
生丁未正
月壬五日
辛附左
孫婦林氏
正宗甲辰
肓壬午廟
午生戊寅五
年生戊英
三日辛生丙寅
月十七日辛
附右

學生金海金公之墓
合窆

公諱舜泰
字性裕
純子廟
戊丙子
生丙五
成壬日
月辛
配黃氏
姜氏甲申生
丙戌之月
七日辛
子相寔
相逸
孫學炫
俊炫
允炫
贊炫
曾孫
在喆
在東
在炳
辛亥
十月日立

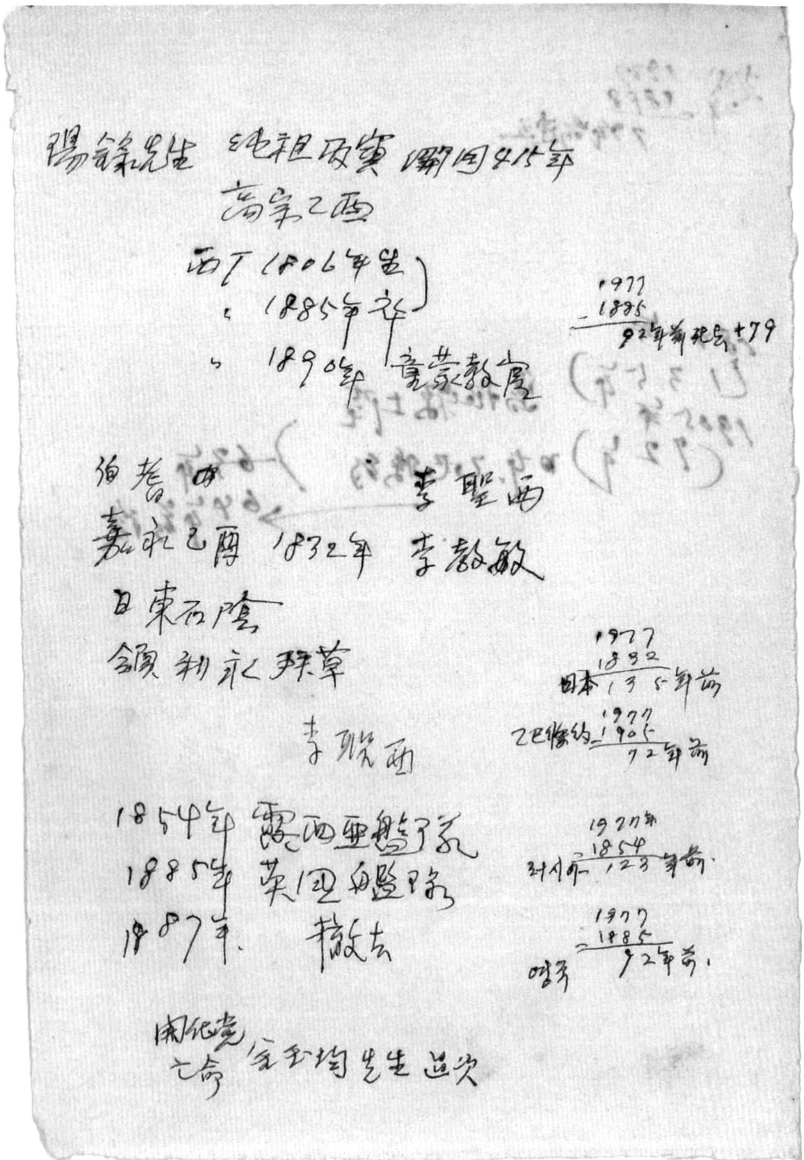
張錫先生 純祖丙寅 開國415年
高宗乙酉
西丁 1806年生
〃 1885年 卒
〃 1890年 童蒙敎官
伯春 李聖西
嘉永己酉 1832年 李敬敏
日東石陰
1854年 露西亞艦隊
1885年 英國艦隊
1887年 撤去
開化黨 亡命 金玉均先生
1977 − 1885 = 92年前
1977 − 1832 日本 135年前
1977 − 1905 72年前
1977年 − 1854 러시아 123年前
1977 − 1885 영국 92年前

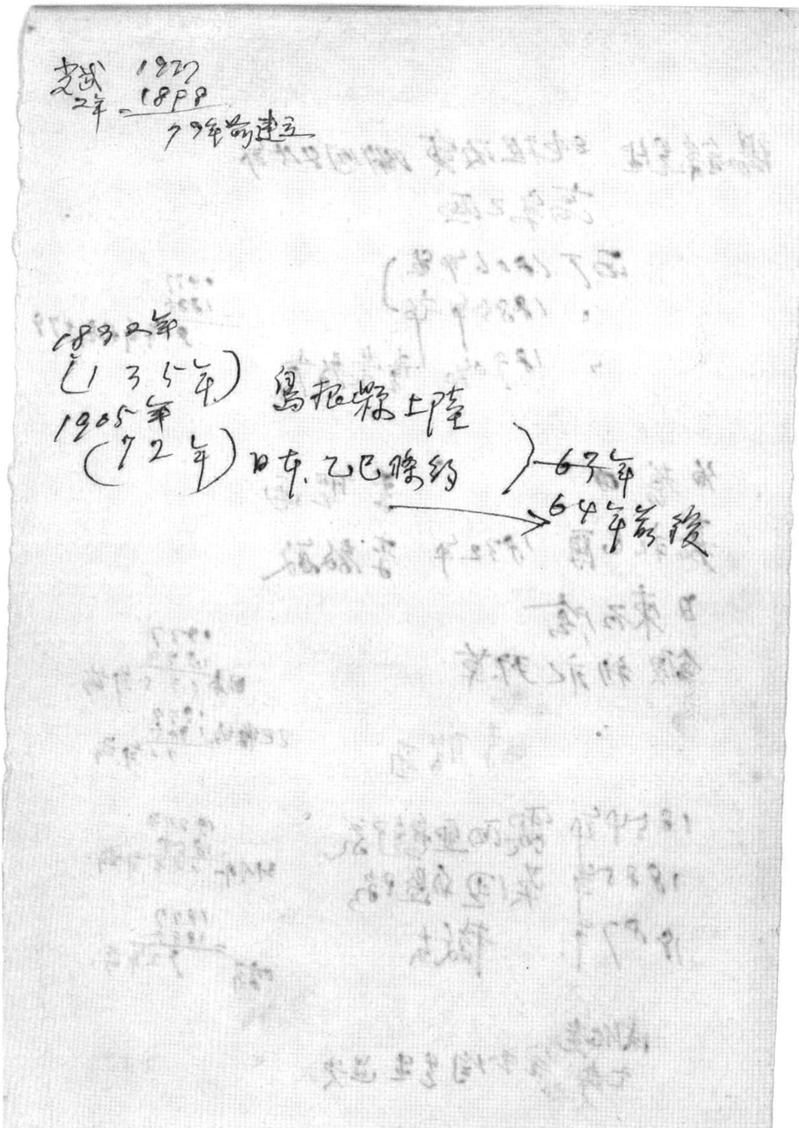
光武 2年 1977
1898
79年前建立

1832年
(135年) 島根縣上陸
1905年
(72年) 日本.乙巳條約 67年
64年前後

海軍基地 紀念으로

헬기장 代身 산책도로 開設 要望

展望台

웃섬께 해변에서 반짝이는 빛 觀察

望遠鏡 必備

해뜨고 달뜨는 광경 쪼각달 運行 1日 形成 달 동해서 오르고 서쪽으로 넘는다

濟州. 蔚山. 飛行航路 觀察

海軍基地 道路

웃섬께 도로

8

우리 巨文島는 일찍부터 文化의 發展이 있는 곳입니다 아름다운 觀光地로 잔잔한 湖水의 港口 休養地로서의 港口를 만드는데 全力을 다합시다

이웃 濟州島 - 莞島는 自由港으로 觀光地로 無窮한 發展을 約束되고 있읍니다 이곳 住民들의 努力의 結晶이라 하겠읍니다

우리 麗川郡에서는 10年간 140억을 들여서 집중개발한다는 喜消息입니다

우리의 島民들은 安易한 마음에 陶醉되지 말고 團結하고 蹶起합시다.

1982年 鬱陵島民들은 開拓100年을 紀念行事가 있읍니다

1983年 米國·英國·獨逸의 100周年修交紀念行가 있읍니다

1983年 釜山에서는 3月19日 開港107年만에 現代港으로 탈바꿈을 했읍니다. 巨文島出身은 日政때부터 商船의 乘務員으로 從事하였고 우리나라는 海運業이 飛躍的으로 發展을 가져왔읍니다 이 海運業發展에는 底辺에 우리 島民들의 숨은 功勞와 많은 犧牲者가 있었읍니다 일찍부터 釜山으로 轉籍하였고 移住人口는 增加一路에 있읍니다 특히 影島에 集中居住하며 어느 商船에도 乘務員이 없는 곳이 없읍니다

1983年 巨文島는 1888年에 設鎭하였고, 1895年에 廢止한 후 海軍基地가 設置되었읍니다 금년 86年째입니다 우리나라 國防의 要衝地에 다시 海軍基地가 復歸된것이라 하겠읍니다
基地設置의 紀念行事할 때 祝賀를 해야 하겠읍니다

日本人들은 1920年대에 朝鮮總督앞으로 陳情하여 一次防波堤를 完成하였고 總督은 巨文島 日人을 激勵次 歷代總督이 視察하여 米內 小沼 宇垣 南 등입니다

1965年 二次防波堤는 革命政府下에서 朴正熙大統領 당시 完成되었읍니다 西島里 防波堤는 基礎程度에 끝이고 漁船保護에는 未洽하여 住民生活에는 [illegible]이 없고 客船接岸施設마저 自力築造되었으니 不完全합니다

巨文島 擴張 運動 1994.6.10

人物을 養成시키자. 係 巨文公立普通學校 舊
建物을 政府의 許可를 얻어 移築했다 正三品 이었던
金相淳 先生 明治大學을 卒業하셨다 德村에서
全南知事가 [illegible] 있어 [illegible] 이 [illegible]

李[illegible]彬氏가 學校의 土地와 建物 午邑의 建物을 洞里에 寄贈 하였다
[illegible] 자갈밭 利用해서 利得을 取했다 여러분(에게)
그 代價를 淸算해야 한다
이제 海水浴場을 德村 海水浴場이 優先된 背
景이 있었다. 至今 燈台까지 道路가 開設되고 莫大
한 政府投資가 있었다

麗山 燈台 까지 觀光公園化하는데 基地主의 贊
助를 득하여 道路를 延長하고 이에 연계해
擴張 하고 도서 쪽으로 300m 정도 [illegible]風을 막고
湖水는 漁港, 待避港으로 視角을 넓혀보자
埋立工事가 完了할 무렵 慰靈塔을 建立하고
中央에 反影 하자.
巨文島史를 살려보자 英、露 各列强 등이 來往
했다.

巨文島文化事業推進委員會

鬱陵島 独島 近海出没 國籍不明飛行機 [redacted] 機銃射擊

巨文島人들은 驚愕을 不禁 政府에 建議書 1962年

1962年10月 鬱陵島視察 1963年 紀念碑建立

1984年 巨文島 濟州까지 카ー페리로 豊難東西大學院등

防波堤完工 接岸施設 繼續中 12名 開始 巨文島에 安全施設

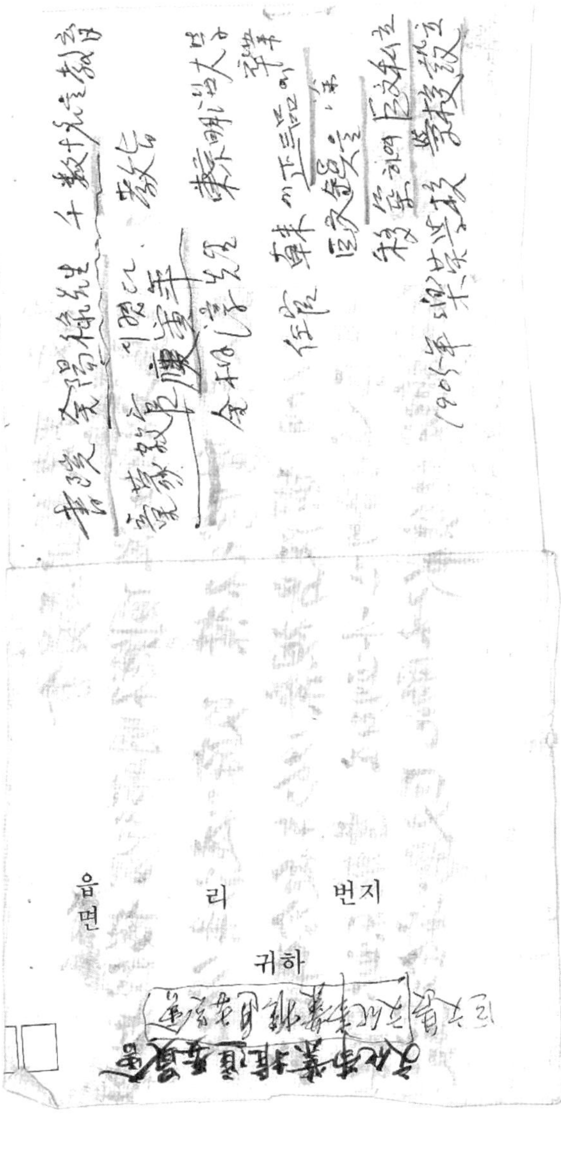
읍
면
리
번지
귀하

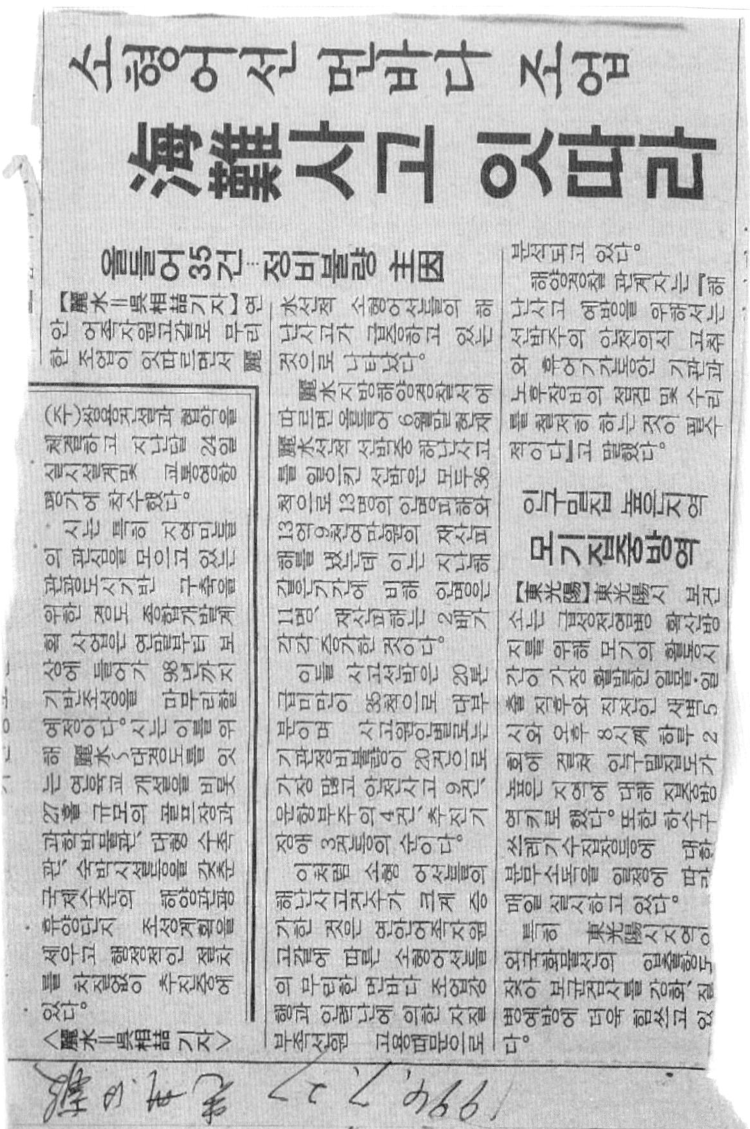

소형어선 먼바다 조업 海難사고 잇따라

올들어 35건…정비불량 主因

【麗水=吳相喆기자】연안 어종자원고갈로 무리한 조업이 잇따르면서 麗水선적 소형어선들이 해난사고가 급증하고 있는 것으로 나타났다.

麗水지방해양경찰서에 따르면 올들어 6월말 현재 麗水선적 선박중 해난사고를 일으킨 선박은 모두 36척으로 13명이 인명피해와 13억9천여만원의 재산피해를 냈는데 이는 지난해 같은기간에 비해 인명은 11명, 재산피해는 2배가 각각 증가한 것이다.

이들 사고선박은 20톤급미만이 35척으로 대부분이며 사고원인별로는 기관정비불량이 20건으로 가장 많고 안전사고 9건, 운항부주의 4건, 추진기장애 3건등의 순이다.

이처럼 소형 어선들의 해난사고건수가 크게 증가한 것은 연안어종자원 고갈에 따른 소형어선들의 무리한 먼바다 조업강행과 인력난에 의한 자질부족선원 고용때문으로 분석되고 있다.

해양경찰 관계자는 『해난사고 예방을 위해서는 선박소유주의 안전의식 교육과 출항전 기관등의 기관과 노후장비의 점검 및 수리를 철저히 하는 것이 필수적이다』고 말했다.

(주)쌍용건설과 협약을 체결하고 지난달 24일 실시설계및 교통영향 평가에 착수했다.

시는 특히 지역민들의 관심을 모으고 있는 관광도시개발 구축을 위한 종합개발계획 사업은 연말부터 본 사업에 들어가 98년까지 기반조성을 마무리할 예정이다. 시는 이를 위해 麗水〜돌산대교를 잇는 연육교 개설을 비롯 27홀 규모의 골프장과 관광호텔, 대형 수족관, 숙박시설들을 갖춘 국제수준의 해양관광 휴양단지 조성계획을 세우고 행정적인 절차를 차질없이 추진중에 있다.

〈麗水=吳相喆 기자〉

인구밀집 불법지역 모기집중방역

【東光陽】東光陽시 보건소는 급증하고 있는 뇌염모기 확산방지를 위해 모기의 활동시간이 가장 활발한 일몰·일출 전후와 저녁인 새벽 5시와 오후 8시께 하루 2회에 걸쳐 인구밀집도가 높은 지역에 대해 집중방역키로 했다. 또한 하수구·쓰레기수집장등에 대한 분무소독을 일정에 따라 매일 실시하고 있다.

특히 東光陽시지역의 외국화물선의 입출항도 잦아 보건검사를 강화, 전염병예방에 더욱 힘쓰고 있다.

1994. 7. 27 光州日報

露西亜 艦隊는 나와서 長崎 이에 이기며 散策했다는 것이다 두 艦隊가 보였다고 한다 두 艦隊가 먼저 두 눈에 띄었다. 長崎行도 있다, 交易하는 交渉였다.

英国艦隊 1885년

日本은 九州에 本部를 두었다 우리 巨文島에서는 몇칠을 두고 艦隊가 占領을 하고 있다는 것을 알고 中国 政府에 알리고 巨文島에 不法占領을 알리고 古港을 [illegible]한 것인데 日本과 英国은 親密한 사이였음에도 中国에 떠날 것을 [illegible]했다 이것이 日本의 術数이였다

蘇聯 飛行機 独島를 飛行했다 独島가 원래 내 領土인냥 抗議를 했다는 것이다

1982년 2月中에는 자위 독도를 순회한 빗장 풀은 행동이다

閔[illegible] [illegible]

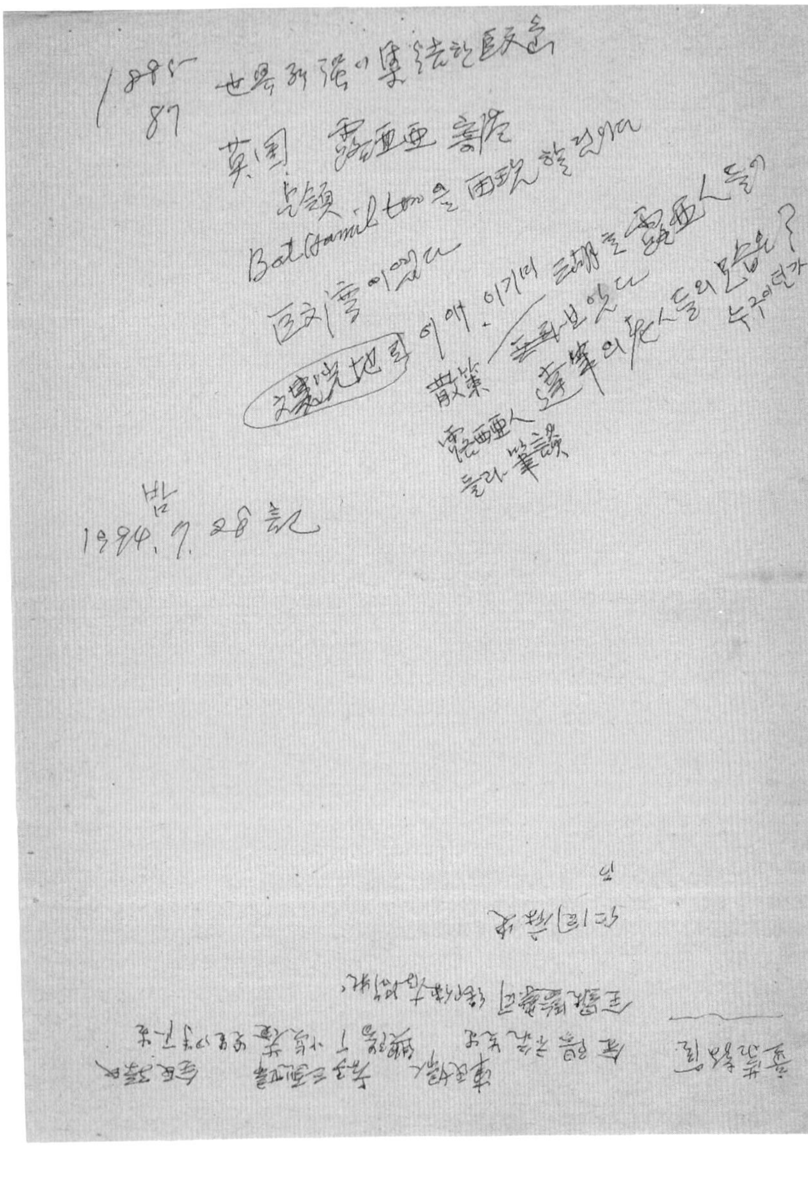
1885
87 世界列强이 集結한 巨文島
英国 露西亜 清国
占領
Port Hamilton을 固執할것이다
巨文島이였다
이에. 이기며 三湖를 露西人들이
散策 조회보았다
露西亜人 達筆의 老人들의 문장은?
누구이던가
들과 筆談
1994. 7. 28 밤 記

日本 최초 대승정 行基스님
王仁 직계후손 확인

洪潤基박사 불교·학계 비상한 관심

일본 최초의 대승정으로 세계 최대 금동불상을 나라(奈良)에 있는 東大寺에 조성한 行基스님(668~749)은 백제왕족으로 일본에 「논어」와 「천자문」을 전해준 王仁박사의 직계후손이라는 사실이 새롭게 밝혀졌다.

이같은 사실은 일본 역사상 최고의 고승으로 추앙받고 있는 행기스님의 행적과 사료를 지난 10여년간 끈질기게 추적해온 洪潤基박사(60·문학박사·일본專修大 前연구원)에 의해 확인돼 불교계와 학계에 비상한 관심을 모으고 있다.

일본고대사 전문연구자인 洪박사는 18일 「천황에 의해 일본 역사상 최초로 최고위 승직인 대승정에 모셔져 지금까지 일본에서 부처님의 화신인 「보살」로 추앙받고 있는 행기스님은 왕인박사 후손인 백제계 왕족 高志才智와 백제여인인 蜂田부인 사이에 태어났음이 기록에 의해 확인됐다」고 밝혔다.

洪박사는 행기스님이 왕인박사 후손임을 뒷받침하는 역사적 사료로 나라에 있는 竹林寺에 전하는 스님의 墓誌 「大僧正 舍利甁記」와 14세기 초에 간행된 僧傳 「元亨釋書」를 들었다.

서기 749년 음력 3월23일자 묘지인 大僧正 舍利甁記는 「法諱가 法行인 行基의 죽은 아비의 諱는 才智로서 본래 백제왕자 王仁의 후손」이라는 내용의 기록을 20행으로 남겨 이를 분명히 뒷받침하고 있다.

한편 왕인박사와 행기스님과의 관계 등 새롭게 밝혀진 사실을 담은 洪박사의 저서 「행기 큰스님」(자유문학사)이 조만간 단행본으로 출간된다. 【聯合】

◇일본 家原寺에 우뚝 선 行基스님 동상(사진 왼쪽)과 행기스님 탄생총앞에 선 洪潤基박사. 【聯合】

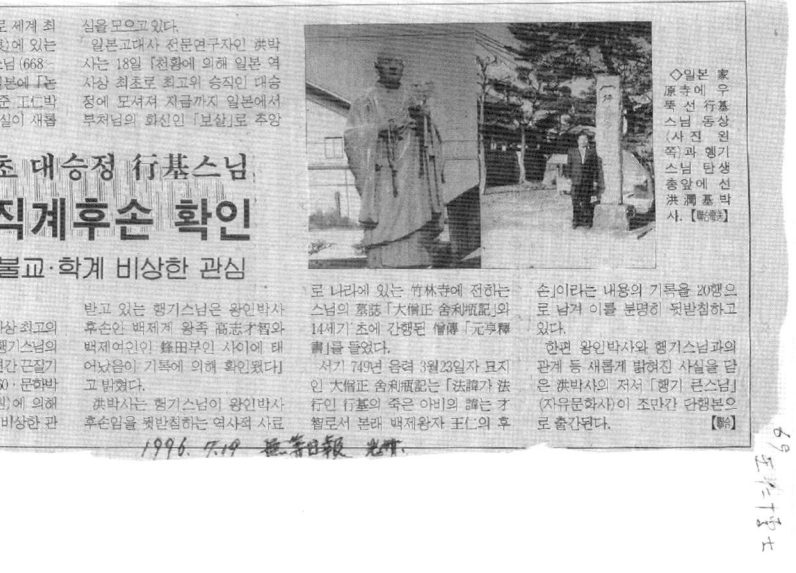

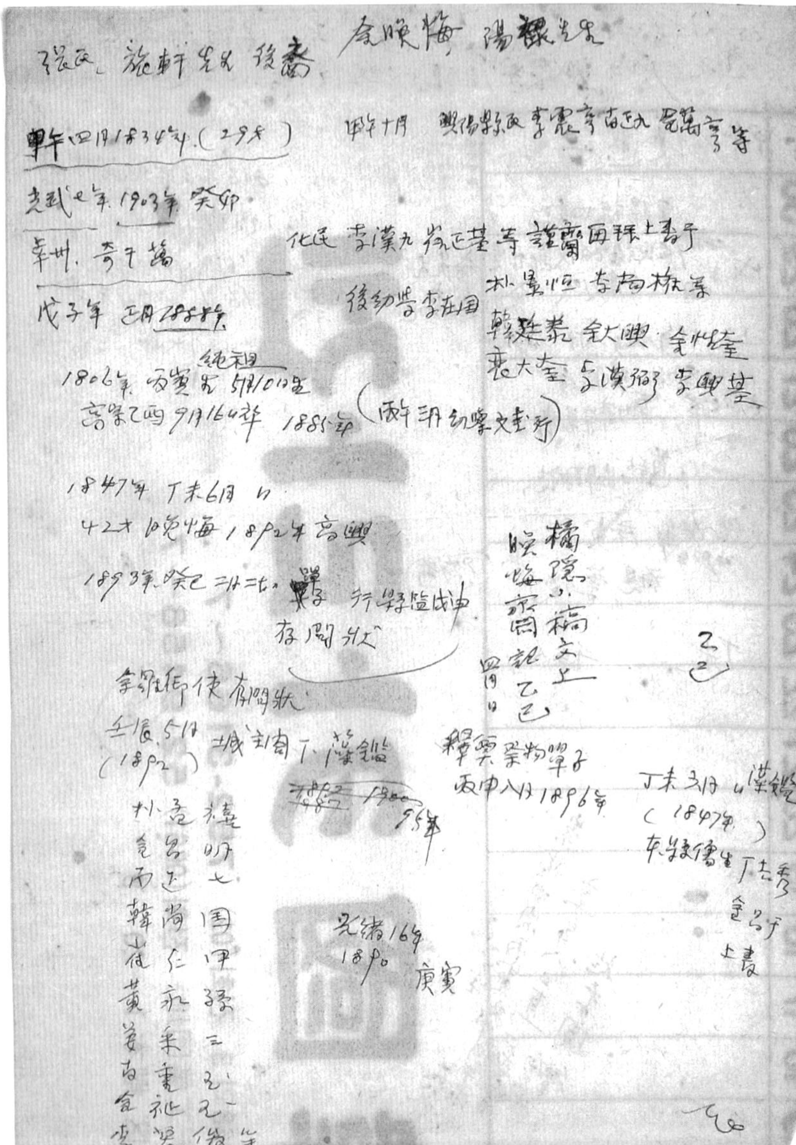
甲午 四月 1834年 (29才)
光武七年 1903年 癸卯
戊子年 正月 1888年
1806年 丙寅生 5月10日生
高宗乙酉 9月16日卒 1885年
1847年 丁未6月 日
42才 晩梅 1892年 高興
壬辰 5月
(1892)
丙申八月 1896年
丁未 3月 日
(1847年)
光緒16年
1890 庚寅

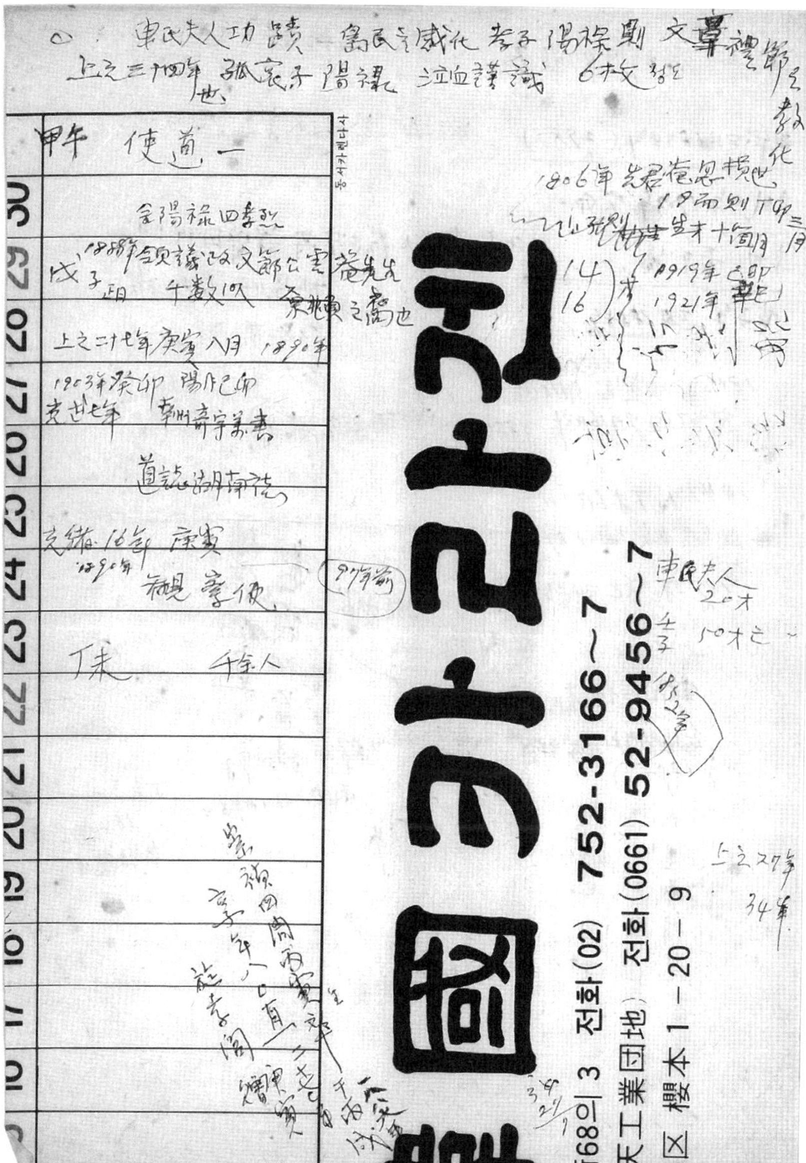
전화 (02) 752-3166~7
天工業団地) 전화 (0661) 52-9456~7
区 櫻本 1-20-9

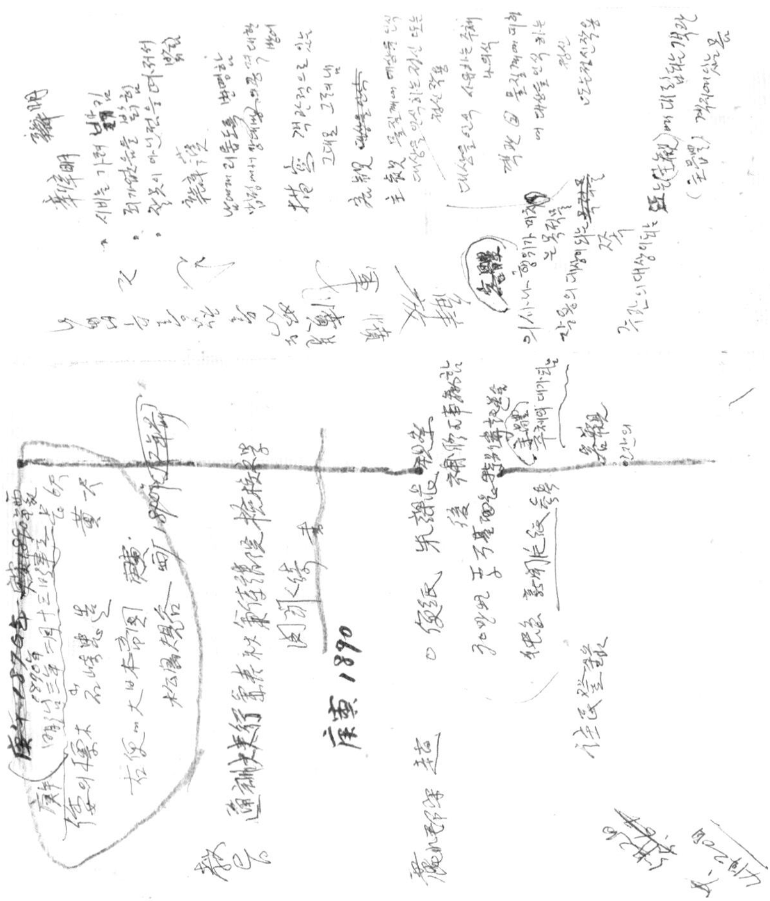

선창은 도민들의 생활에 불리할수없는 필수의 동반자이다

1. 작은 이기미. 이어포 100리 사람들이 동원되어 완성이 되었으나 코바끝 북서풍 파도에 불리되고 말았다

2. 각시방 선창 장촌 리민이 총동원하여 녹산 쪽에서 운반한 선창의 침목들이 이제내지못하고 공사가 중지되었다 이돌을 주어서 선창 쌓는데 사용했다

3. (商業의 目的 独占) 처음의 일인들은 고동어 선망주 들의 찬조금으로 英国 1次 가 분부되었다 (齋藤 総督 次部 古賀 德村 반대에) 도에서 중앙에서 총독이 내방해도 무난하게 선창이 되었다

빈곤 자본이 없는 어민들의 힘은 미치지 못했다 英人들의 불만한 赤字 많이 외로이했었다

서도리는 위치가 불리해서 방파제는 꿈을 꿀수 없었다 인재가 나야만 될것으로 모든것을 단념했다 김철준 도토목과장이였다

일본인들은 처음의 일본인 상업을 일인들을 살리려는 수단으로 국지적으로 선창을 만들고 번영을 꾀한것이다

아리도를 방파되어서 서도리와 마내가 안전하게 된것이다

미일 전쟁으로 (解放 1945) 広島原子 폭탄을 투하해서 항복을 보았다 (1950年) 우리들은 6.25란 비극을 보았다 釜山 濟州 가 카-페리호의 조난을 (1984) 정부에서 9175만 공사는 아리도 파도를 막았다 서도리는 어선이 80척이 되고 생활은 안전을 가져왔다

김상영 국회의원이 아리도를 막아서 높은 풍파를 막아야한다고 간청은 현실이였다

15代 국회의원으로 아들 김성곤 씨 국회의원이 되였다 여천군을 대변하게 될것으로 믿어진다

작은 (이애말) 이개미 선창

락도민에 선박의 필수물이며 주민들의 생명선이다

코배위 쪽은 이끼미 돌만 있다 외양에서 들어오는 파도를 막아주고 북서풍을

코배위 한쪽이 가로막아줌으로 의지가 된다

옛 선인들의 주거지 였고 서당이 있어서 서당이께 재로나 불러온다

~~어민들이 모여서 뒤바다 어장으로 나간다 나가기도 했다~~

여기에다 선창터 잡음으로 하고 각지로 출항하는 큰 선박들이 입출항했다

상고를 해서 선창을 직하고 입출항을 했었다

큰 이애포 이애로

~ 북서 코배우가 가려져서 바람이 불면 어선들의 은신처가 된다

앞바다 어장으로 나갈라면 여기에 모여 행동을 같이했다

(1920년)

돌포 각시방 저쪽에 우리동네에서 협력하고 된거를 돌운반을 해보았다. 흐르는 수로 돌 운반도중에 치웠하고 한개전에서 도달해서 공사를 해버렸다

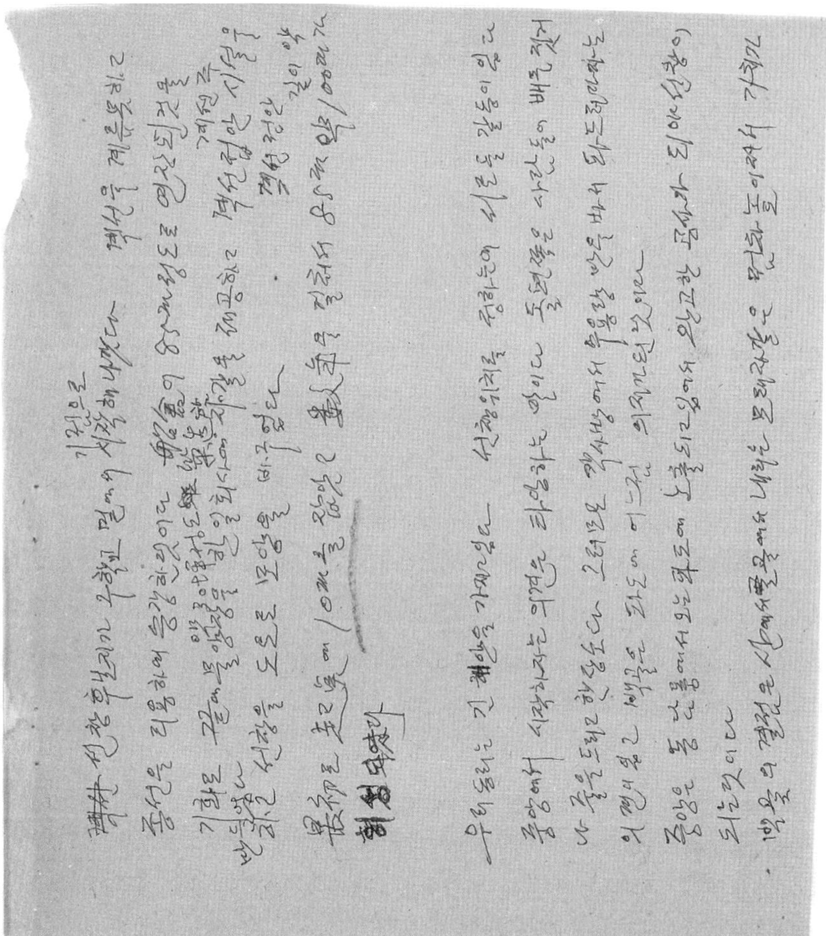

~~객선~~ 선창 후보지가 우학교 밑에서 시작해 나갔다 객선을 계류못하고
종선을 이용하여 승강한것이다 [illegible]의 85m 정도로 연장된것을
기회로 끝에 물양장을 [illegible] 한일회사에 자갈을 제공하고 객선접안 시설을
반듯하고 선창을 도로로 모양을 바꾸었다 . 객선접안 길이 약
[illegible]로 초기에 10m를 잡았고 [illegible]을 길러서 85m 약 100m가
확정 되었다

우리 동리는 긴 해안을 가지고 있다 선창위치를 정하는데 서로들 갈등이 있다
중앙에서 시작하자는 의견은 타당하는 말이다 동편쪽은 사람들이 배를 젓거
나 줄을 드리고 한답소다 그러므로 객사방에서 우용할 만은 바뀌 파도에 따라하는
의견이 있고 백골은 파도에 어느정 의지가 된것이다
중앙은 동 남쪽에서 오는 파도에 노출되고 있어서 완고한 공사가 되어 선창이
되는것이다
1번 물의 결점은 산에서 골목에서 내려온 모래자갈은 면하 놓이져서 가치가

전화 없어졌다. 돌리엔 은 각서방 알을 배워서 둥글게 만드러 보재는 의견이였다 돌 운반하는 동안 배가 도록 돌다가 침몰을 한 예가 있다 공사를 해치운다면 쉬운 일이 아니다. 수산청에 수산과장 남상규가 힘이되였다 대다수 의견이 구학교 정문쪽으로

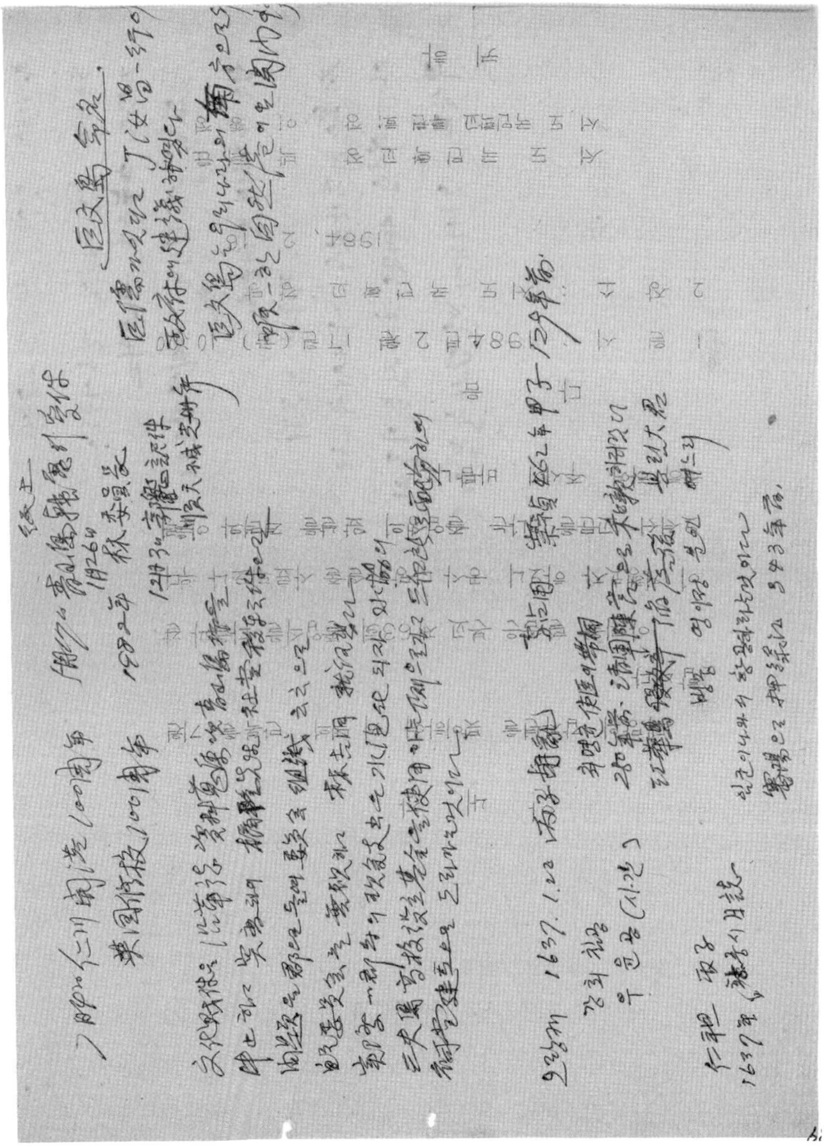

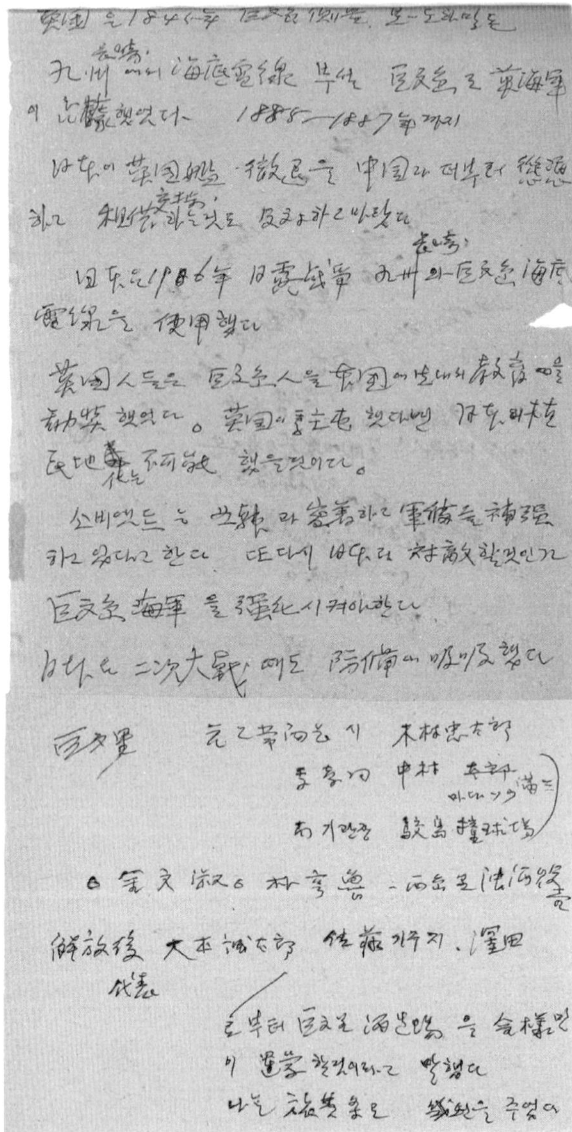
英国은 1845年 巨文島 測量, 포-트 해밀톤

(長崎) 九州에서 海底電線 부설 巨文島로 英海軍이 占據했었다 1885―1887年까지

日本이 英国艦隊 撤退를 中国과 더불어 慫慂하고 租借(交渉)라는것도 反対하고 나섰다

日本은 1886年 日露戰爭 九州(長崎)와 巨文島 海底電線을 使用했다

英国人들은 巨文島人을 英国에 보내서 教育을 勧奬했었다. 英国이 駐屯 했다면 日本의 植民地化는 不可能 했을것이다.

소비엣트는 北韓과 密着하고 軍備를 補強하고 있다고 한다. 또다시 日本과 対敵할것인가 巨文島 海軍을 強化시켜야한다

日本은 二次大戰 때도 防備에 [illegible]했다

巨文里 元 [illegible]面長 시 木村忠太郎
[illegible] 中村 [illegible] (마다가? 満三)
[illegible] 鹿兒島 [illegible]

○ 金文植 ○ 林[illegible] - 兩氏로 [illegible]

解放後 大本誠太郎 佐藤 기우지, 深田 代表로부터 巨文島 漁業場을 [illegible] 運営할것이라고 말했다
나는 [illegible] 으로 [illegible]을 주었다

日政時의 巨文島와 現況

1925~1930年
日本 林兼商店과 山田船은 巨文島 生産物을 獨占買收하였다 東讀組

1931 巨文島漁業組合 新山理事長이 [illegible] 事務室을 新築하고 生産物을 委託販賣하였다

1935 釜山 [illegible] 日本 下關商店 에는 [illegible]에 集結하여 300余隻의 船舶이 集結 [illegible] 巨文島 日人들이었다.

豊饒한 魚族資源이 때에는 우리民族資本이 없어 企業人이 될수 없었고 魚商에 끌렸다

巨文里에는 日人 140戶 100戶 元住民이다 日人들은 下關出口、林兼、[illegible] 石油商事가 있고 [illegible] 製氷工場 商店이 獨占되었고 醫師 藥師 鐵工業 造船業 旅館 料理業、漁業組合 組合人에도 韓國人은 보잘것없을 業態였다

尋常小學校에는 日人들의 敎育을 했고 住民은 入學을 拒否하였다

其中에는 7統의 멸치잡이는 盛業을 이루었다. 1틀에 [illegible] 生멸치 갈치 도미는 住民들로 好景氣를 謳歌하였다 巨文島港은 陸地의 [illegible] 支援할수없는 生産額을 가지고 있었다

日人들은 漁場을 獨占할 手段을 썼다 郡 [illegible] 技手 宮本는 [illegible] 測量하러 왔는데 [illegible] 住民들의 反擊에 봉착하자 日人警察이 制止하자 激怒한 群衆들은 日人 警察 小野를 바다물에 [illegible] 技手는 [illegible] 歸郡하였다

한때에는 三山面 [illegible] 上位에 있었다 日本에서 巨運丸 [illegible] 物資 [illegible] 交通가 좋았다

日人들이 後退하고 삼치 漁業은 日本으로 輸出하게 되었고 日政 때와 같이 黃金漁場을 되찾게 되었다 [illegible] 漁船은 流刺網 등 1000余隻을 [illegible] 漸次 삼치 갈치 멸치 고등어 生産은 減産 [illegible] 있다

日人들은 1920年 때에 中央에 建議하여 一次防波堤를 完成하였다.

朝鮮總督은 巨文島를 視察하고 日人住民을 激勵하였다 [illegible] 中 [illegible] 小沼 [illegible] 였다

1965年에 二次防波堤는 革命政府 朴正熙 閣下의 政府下에서 完成하였다

西島防波堤는 1965年 基礎程度로 끝내고 漁船保護未洽하여 住民은 塗炭에서 허덕이고 있다 旅客船 接岸施設이 不完全狀態이다

日本人들이 물러가고 解放이 되었다 그러나 巨文島 日本軍들은 [illegible] 武器한 벌으로 [illegible] 보내주고했다 巨文島으로

1946年以後

建國準備委員會가 各里代表들로 構成되었다 治安隊도 組織했다

그러나 漁民의 行動이 繼續되었다

1947:-

當地 漁船들이 密輸으로 [illegible] 하였다 地方船舶은 束手無策이었다

漁船들이 不法者를 잡아 해와서 [illegible] 시켰다

漁民들은 [illegible] 했다 漁業組合도 [illegible] 했다 漁民들이 모아서 [illegible] 를 세우기로 하고 巨文島에 [illegible] 이오는 것이 解散시켰다 [illegible] 民가 [illegible] 에 [illegible] 마었어서는 안된다고 한것이었다

[illegible] 는 에게 事由를 說明했었다 10余日後 갈매기호 機動隊가 와서 漁民들을 [illegible] 했다 [illegible] 連行되었다 7日째가 되어 釋放措置가 되었다

여순反亂事件

1950年
6.25—

全南麗水 巨文島 [illegible] 國民學校 占據 [illegible] 木浦方面에서 [illegible] 했었다

三山面에서도 防衛隊가 結成하였다 [illegible] 訓練하여서 [illegible] 에 參戰하였다 [illegible] 學徒兵으로 巨文西公民學校 生徒 30余名도 [illegible] 되었다

黃海道 [illegible] 津郡民이 [illegible] 漁船 10余隻으로 避難해왔다

三山面민은 [illegible] 津面民과 打合하고 [illegible] 廣場에서 集合 募兵에 協助하였다

三山面은 本郡과 斷絶되자 金에 [illegible] 政府가 [illegible] 되어 農林部長官에 巨文島民의 實情을 呼訴하고 糧穀 200石을 配定받았다

朴沃圭 司令官은 巨文島에 防備할 武器를 [illegible] 해주어서 [illegible] 되었다

거유(巨儒) 김유(金瀏)先生의 학덕

김유선생의 호는 귤은(橘隱)이고 자(字)는 사량(士亮)이라
거문도가 낳은 당대의 거유였다 1814년(純祖14년) 유촌리에서
탄생하여 노사(蘆沙)선생의 문하에 들어가 일찍이 학문을 닦아 군의
읍학(郡邑一學)으로 그제주가 되어나서 주위를 놀라게 하였고 그이
후 그의수제자로 발탁되어 선생의 학문을 그대로 이어받아 당대를 풍미
하였다 이우고 향리에 낙영재(樂英齋)를 세우니 멀리 영암,
장성, 완도 등지에서 선생의 학덕을 흠모하던 제자들이 구름같이
모여들어 그때거문도는 북학의 발상지 일망 대성황을 [illegible]
을뿐 아니라 때마침 영국 군함이 거문도를 점거하는 사건이
벌어져 외국인의 출입이 빈번하게 되었는데 그중에서도 청국수군제독
정여창(丁汝昌)은 선생의 제자들과 필담으로 교환한 문답을 통하
여 이섬이 높은학문에 놀라 당시의우리조정에 청하여 거문도(巨文島)
로 명명(命名)도록건의하였다는 이야기가 전해 내려오고 있다
선생이 가신후 이고장후학들은 귤은당(橘隱堂)을 세우고
춘추로 제사를 받들어 그유덕을 추모하고 있다
그리고 선생의 유물로서는 현감조문장(縣監吊門狀)
순영조문장(巡營弔門狀) 영조기증선(英祖贈扇)
친필주신(親筆珠) 해상기문(海上奇聞) [illegible]제집
(橘隱諸集) 귤은선생 향화록(橘隱先[illegible]火錄)
등이 전해 내려오고 있다

이와 같이 년년 귤은선생 향화제를 받들어 그유덕을
추모 하고 있다

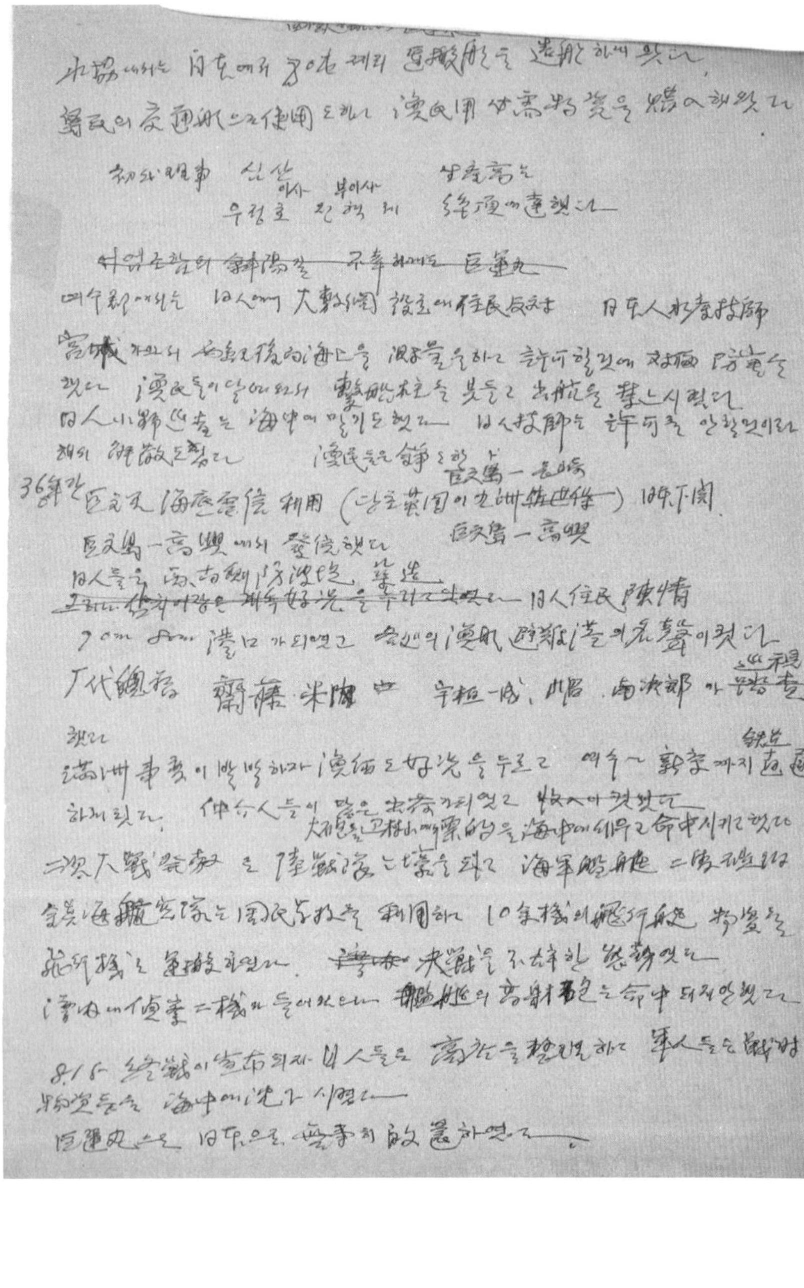

大協에서는 日本에서 300톤 짜리 運搬船을 造船해 왔다.
島民의 交通船으로 使用도 하고 漁民用 生必品을 購入해 왔다.

初代 理事 신상 [illegible] 生產高는
이사 부이사
우정호 천책 씨 絶頂에 達했다

~~어업조합의 [illegible] 不幸하게도 巨濟丸~~

예수원에서는 日人에게 大韓國 設立에 住民反對 日本人 水產技師
宮城가와서 [illegible] 海上을 [illegible] 許可할 것에 [illegible] 했다
漁民들이 달려와서 繫船柱를 붙들고 出航을 禁止시켰다
日人 [illegible] 海中에 밀기도 했다 日人技師는 許可를 안할 것이라
해서 解散도 했다 漁民들은 鬪爭으로
巨文島 — 長崎
36年간 巨文島 海底電線 利用 (당시 英國이 [illegible] ~~[illegible]~~) 日本下關
巨文島 — 高興에서 發信했다 巨文島 — 高興
日人들은 [illegible] 防波堤, 築造
~~그러나 [illegible] 好況을 누리고 있었다~~ 日人住民 陳情
7000 8000 港口가 되었고 全國의 漁船 避難港의 名聲이었다
7代總督 齋藤 · 米內 宇垣一成, 小磯, 南次郞 가 ~~[illegible]~~ 視察 했다
滿洲事變이 발발하자 漁港도 好況을 누리고 예수~新宗까지 [illegible] 直通 하게 됐다. 仲介人들이 많은 出荷가 되었고 ~~收入이 컸었다~~
大砲를 고정 [illegible] 을 海中에 세우고 命中시키고 했다
二次大戰 末期 로 陸戰隊는 [illegible] 海軍艦艇 二隻 [illegible]
全員 海軍 [illegible] 國民學校를 利用하고 10余機의 飛行機 物資를 飛行機로 運搬하였다. ~~[illegible]~~ 決戰을 不辭한 態勢였다
港內에 偵察 二機가 들어왔는데 艦艇의 高射砲는 命中되지 않았다
8.15 終戰이 宣布되자 日人들은 高砲를 [illegible]하고 軍人들은 戰時 物資들을 海中에 [illegible] 시켰다
巨運丸으로 日本으로 無事히 歸還하였다.

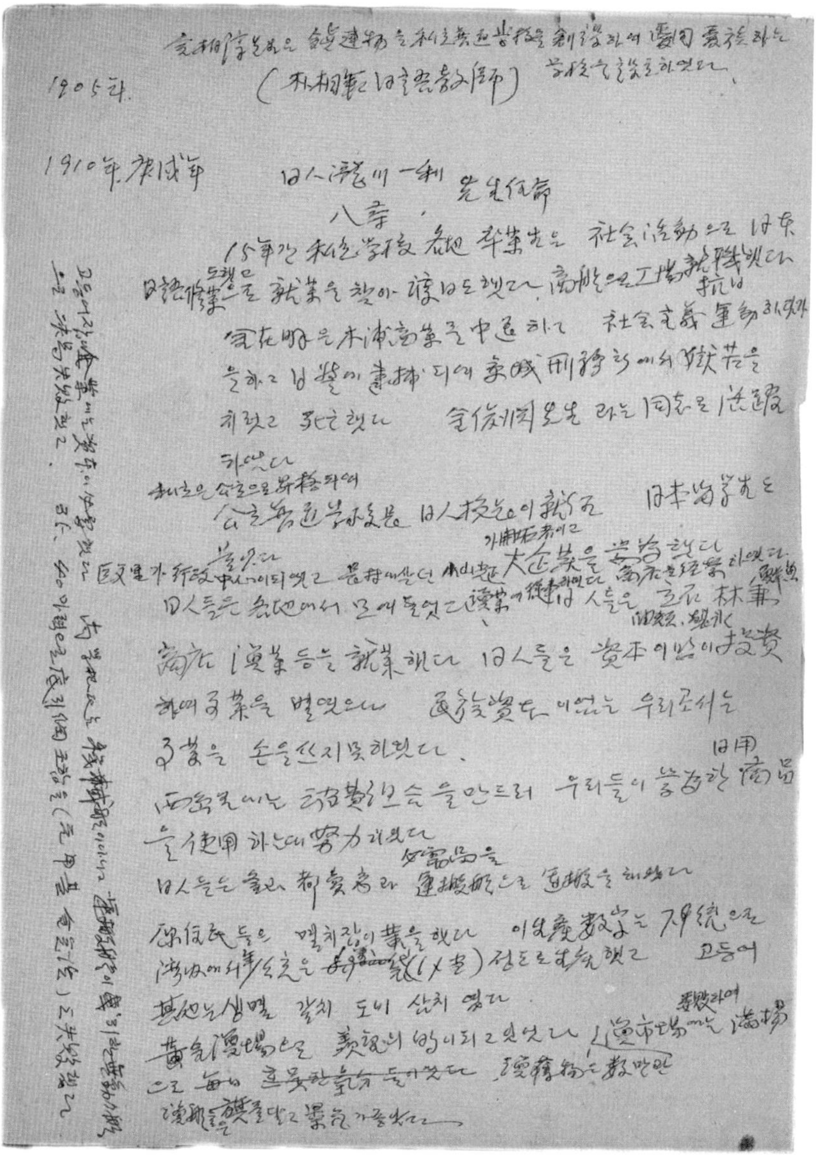
李相淳先生은 自宅建物을 私立普通學校를 創設하여 愛國義務하는 學校를 設立하였다.
1905年. (朴相勳 日語教師)

1910年 庚戌年 日人 [illegible]川一利 先生任命
八年,
15年간 私立學校 各地 卒業生은 社會活動으로 日本
日語[illegible]으로 就業을 찾아 渡日도 했다. 商船으로 工場就職했다
金在明은 木浦商業을 中退하고 社會主義運動하였기
을 하고 日警에 逮捕되어 [illegible]刑務所에서 獄苦를
치렀고 死亡했다 金俊洲先生 라는 同志로 活躍
하였다
私立은 公立으로 昇格하여
公立普通學校長은 日人校長이 就任 日本語學生도
[illegible] 大企業을 [illegible]했다
[illegible] 日人들은 各地에서 모여들었고 漁業이 [illegible] 人들은 主로 林業,
商店 漁業 등을 就業했다 日人들은 資本이 많이 投資
하여 事業을 벌였으니 資本도 없는 우리조선은
事業을 손을 쓰지 못하였다.
日用
[illegible] 우리들이 [illegible] 商品
을 使用하는데 努力하였다
日人들은 [illegible] 運搬船으로 運搬을 하였다
原住民들은 멸치잡이 業을 했다 [illegible]
[illegible] (1×圓) 정도로 [illegible]했고 고등어
其他는 생멸 갈치 도미 삼치 였다
黃金漁場으로 [illegible]의 [illegible]이 되고 있었다 [illegible] 市場에는 滿場
으로 [illegible] 漁種은 數만만
漁船들을 [illegible] 景氣가 좋았다

[illegible] (左 margin, vertical notes illegible)

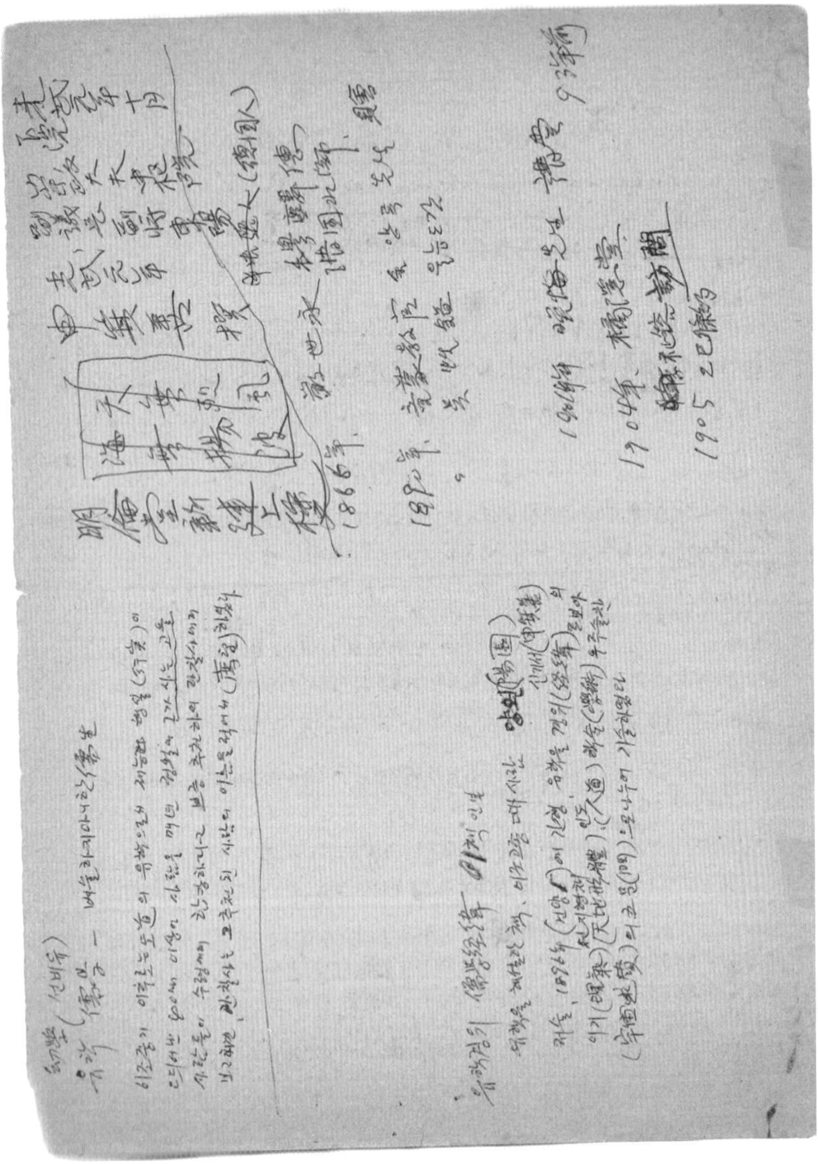

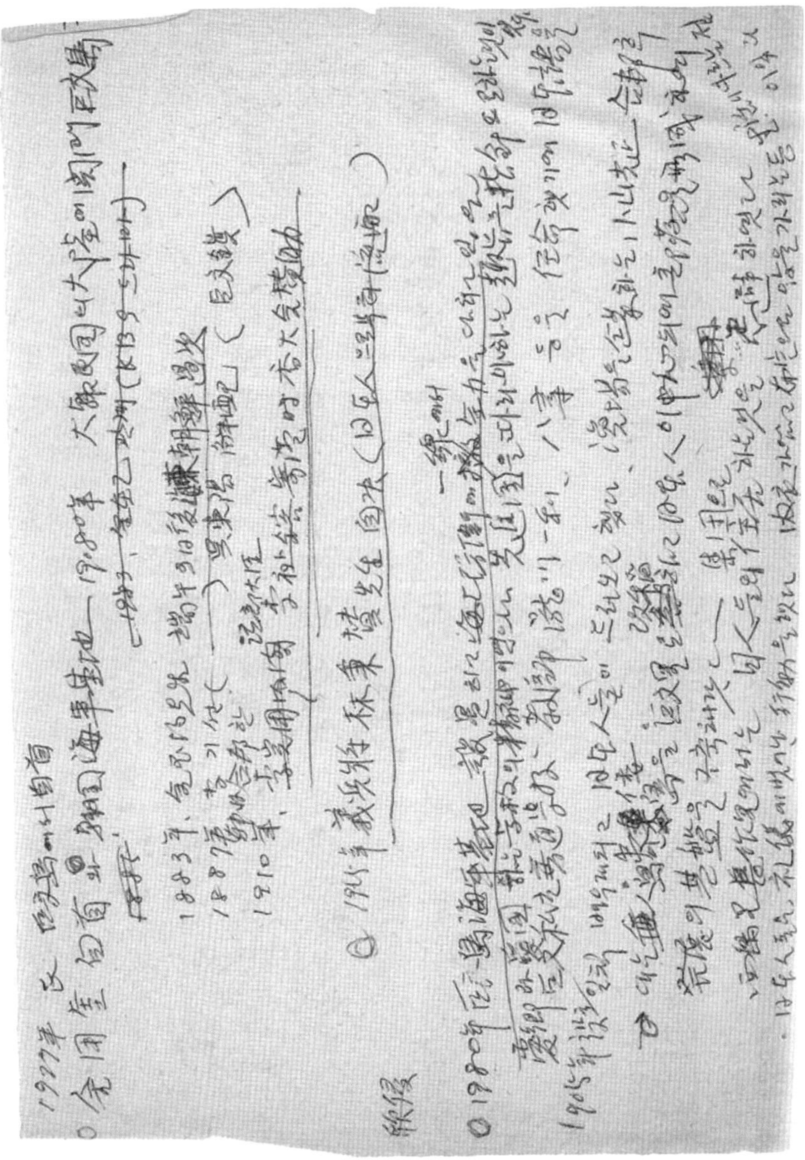
1977年 은 巨文島에서 自首
○ 金周奎 自首 와 [illegible] 海軍基地 — 1980年 大韓民國의 大陸에 關門 巨文島
1883年、[illegible]
1887年 [illegible] 吳東陽 [illegible] (巨文鎭)
1910年、李完用內閣 [illegible]
○ 1915年 義兵將 林秉瓚 先生 自決 (日本人으로부터 [illegible])
○ 1980年 巨文島海軍基地 [illegible]
[illegible]

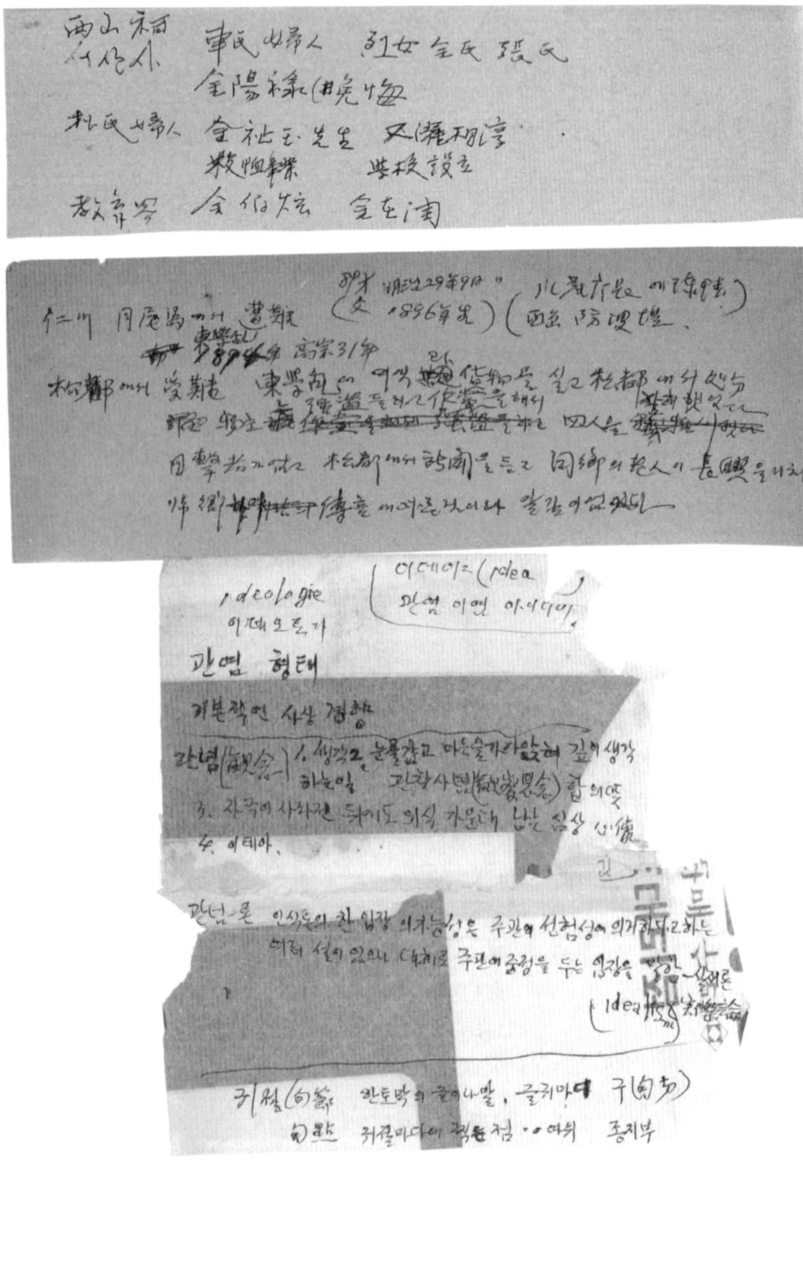

西山祠
車氏婦人
金陽祿
朴氏婦人 金祉玉 先生
教育界
高宗31年
1896年
ideologie
이데오로기
이데아 (idea
관염 형태
기본적인 사상 경향
관념(觀念) 1. 생각 2. 눈을 감고 마음을 가라앉혀 깊이 생각
하는 일
3. 자극이 사라진 뒤에도 의식 가운데 남는 심상 心像
4. 이데아.
관념론 인식론의 한 입장
여러 설이 있으나 대체로 주관에 중점을 두는 입장을 말함 실재론
idealism 實在論
귀절(句節) 한토막의 글이나 말, 글귀마다
句點 귀절마다에 찍는 점 종지부

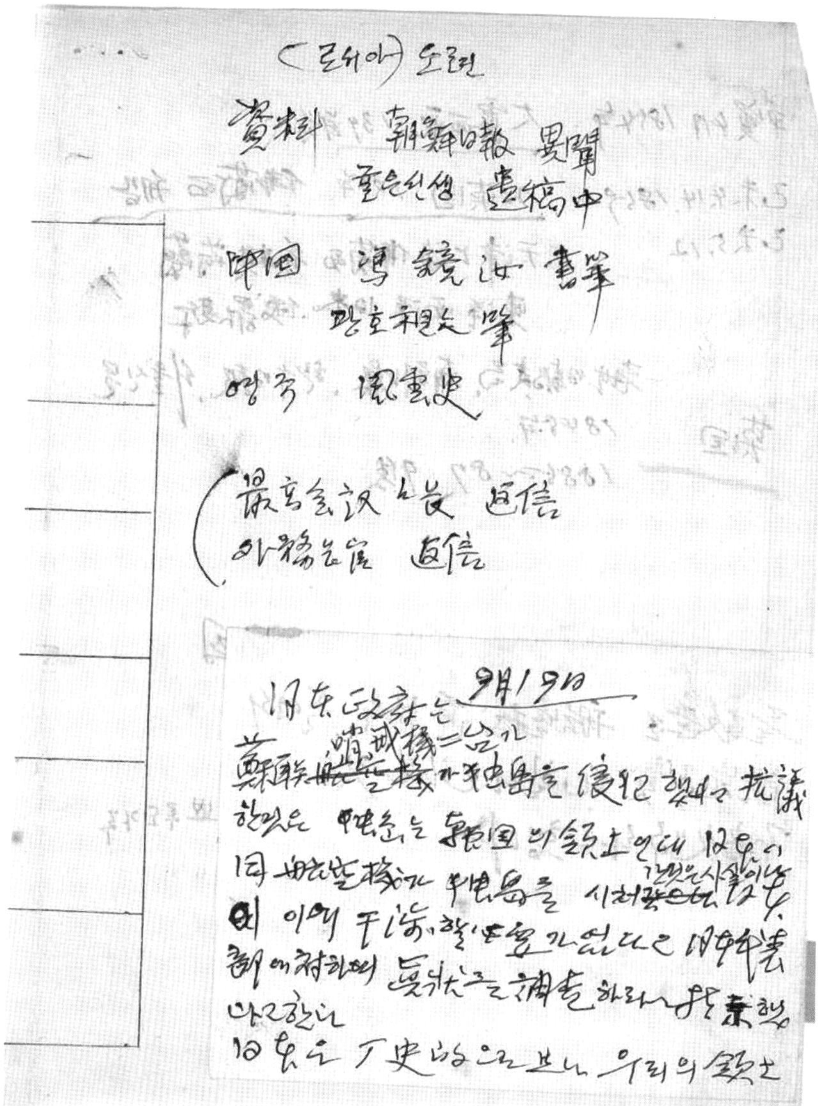

(로시아) 소련

資料 朝鮮日報 異聞
홍은선생 遺稿中

中國 馮鏡汝 書筆
[illegible] 筆

영국 [illegible]

最高會議 議長 返信
外務長官 返信

日本政府는 9月19日
蘇聯 哨戒艇二台가 獨島를 侵犯했다고 抗議
한것은 獨島는 韓國의 領土인데 12日에
同 哨戒艇이가 獨島를 시찰한 것은 사실이나
이에 干涉할 必要가 없다고 日本外務
部에 對하여 抗議를 撤回하라고 回答했
다고 한다
日本은 歷史的으로 보나 우리의 領土

30

敎旨 金리秋爲

嘉善大夫 行龍驤衛副護軍者

1792年

용양위(龍驤衛) 이조때 오위(五衛) 중의 좌위(左衛) 一四五一年(문종一)에 설치했다.
별시위(別侍衛) 一千五百명과 대졸(隊卒) 三千명이 이에 소속해 있었으며, 용양위는
다시 五부(部)로 나누었다 경성(京城)의 동부(東部)와 경상도(慶尙道)의 대구진관
(大丘鎭管)의 군사는 중부(中部) 경주진관(慶州鎭管)의 군사는 좌부(左部)
진주진관(晉州鎭管)의 군사는 우부(右部) 김해진관(金海鎭管)의 군사는
전부(前部) 상주, 안동진관(尙州安東鎭管)이 군사는 후부(後部)에 각각
분속(分屬)되어 있었다. 임진왜란 후 위병제(衛兵制)가 무너지면서 명목만
남아 있다가 一八八二년(고종一九年)에 폐지되었다 ↓오위
副護軍 이조의 관직, 五衛에 소속해 있던 종四品의 무관(武官)으로 六十九명이 정원이
었다. 무보직(無補職)의 관원 중에서 임명되었으며 위(衛)의 다섯에 가는 벼슬이다.

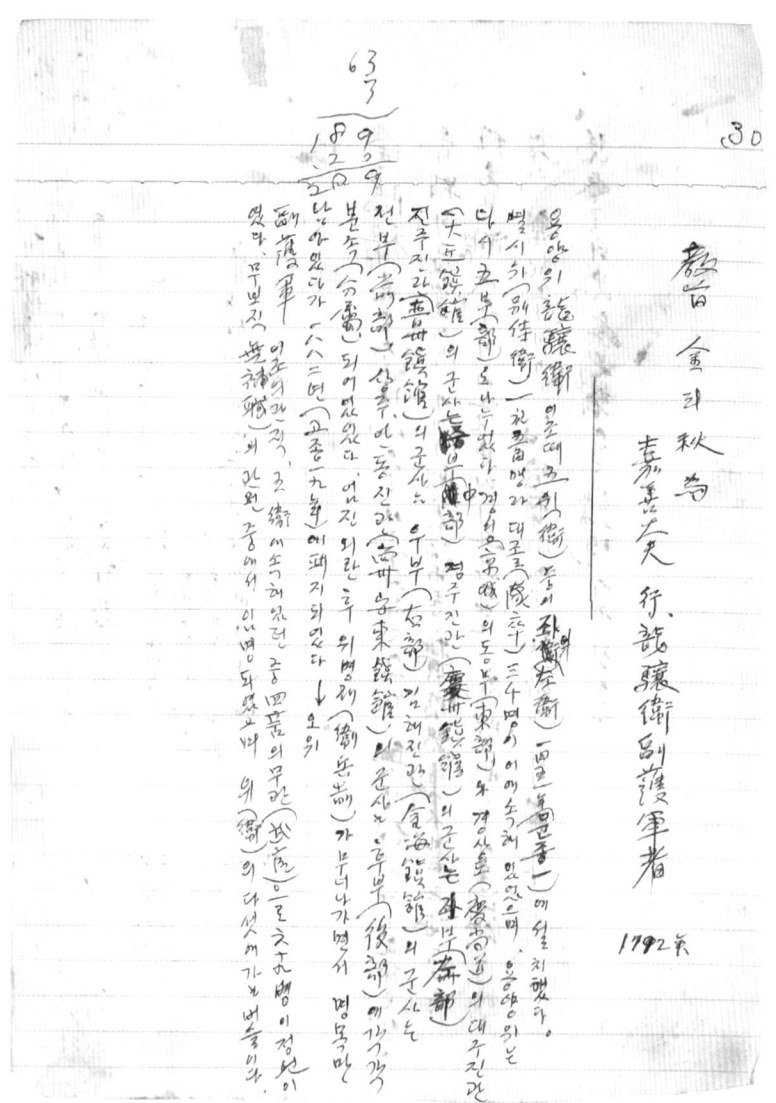

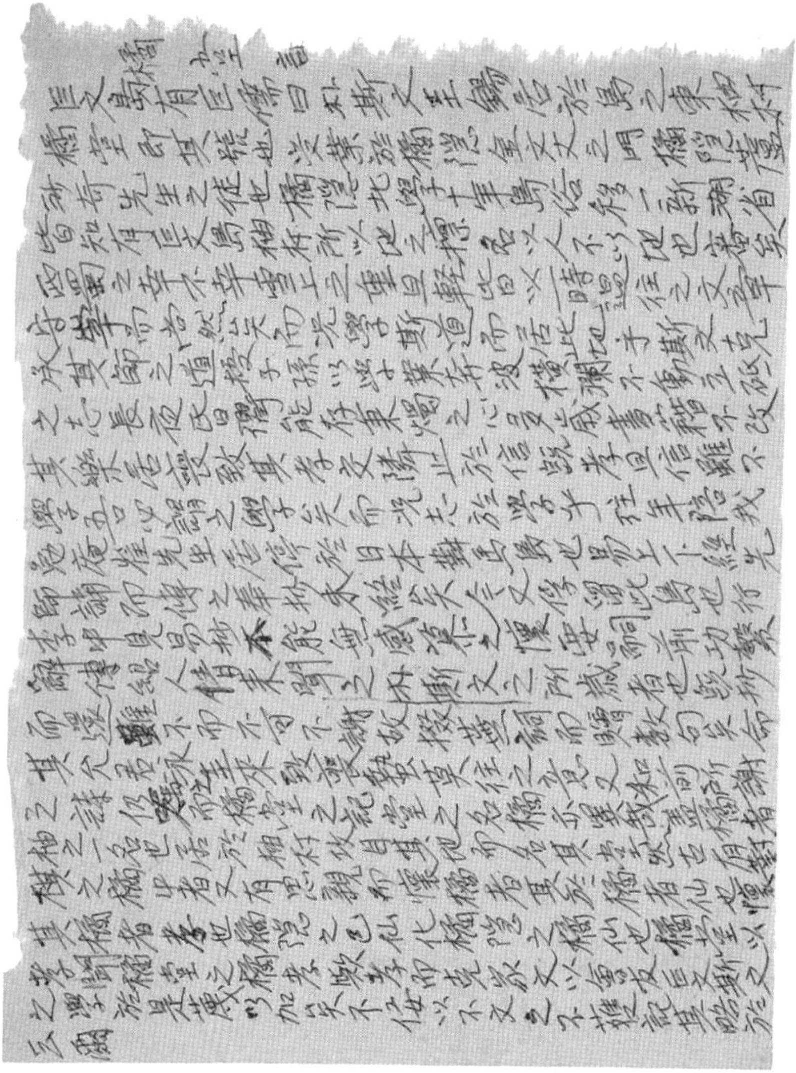

No. 68

日政治下

日政時의 交通 昌平丸

○朝鮮汽船会社 鏡明丸(蒸汽船)이 寄港하고 済州를 往復하였다

設立

○憲兵…은 巨文島 [illegible] 西日本汽船会社로 巨文島經由 済州 3度의 就航은

每日 寄港하였다 [illegible]海峽에 存在하고 있는 済州와 巨文島는 [illegible] 不可分 [illegible]이다

○ 이 巨文島防波堤 [illegible]은 海上防衛 [illegible] 安全港이 될 것을 [illegible] 되었다

○ 海底電信은 [illegible] · 巨文島 [illegible] 設置하여 [illegible] 通信이 [illegible]

唯一한 大韓海峽 長崎 船舶安全航海를 할 수 있다

○1905年 巨文島燈台는 建設되어 [illegible] 燈台로 全國의 一位

○ [illegible] 建設 되어 船舶의 交信 霧中에는 警報信号

二次大戰 때에 一日 230여隻이 往來했다

11呎 [illegible]

[illegible] 巨文島에서 帆船을 利用하였다 海上事故로

[illegible] 三日后에 [illegible]丸에 救助되어 下関에서 帰還했었다

巨文里 나을 經由하여 [illegible] 電文이 왔다

日帝1910 合邦이후

水産(1945年 二次大戰까지)

※ 巨文島1905年 [illegible] 全國燈台의 [illegible]

[illegible] 二次大戰 時 1日 20, 30隻의 [illegible] 大型의 [illegible] 通信을 [illegible] 하였다

※ 朝鮮汽船会社, 鏡明丸 昌平丸이 [illegible] 済州 1週日에 1回로 往復하였고

昌陽汽船

[illegible] 西日本汽船会社 設立

西日本汽船会社 [illegible]

昌陽汽船会社

[illegible] 160噸가 10噸

※ 2隻이 往復하였다. 昌陽丸 昌益丸 [illegible]丸 [illegible] · 巨文島 [illegible]

를 往復 하였다

240戸

日人들은 1910年 巨文里 部落으로 [illegible] 하게 되었다 [illegible] 船舶安全을 [illegible]

※ 日人들은 防波堤 工事를 서둘렀다 [illegible] 巨文國民學校

郵便局 漁業組合

日人들 中에서 巨文里 部落은 商業, 漁業 [illegible] 料理店 [illegible] 等 [illegible]

[illegible] 하고 朝鮮 [illegible] 小說 [illegible]

이 [illegible] 했다 防波堤工事 竣工되자 [illegible] 70余隻이 [illegible] 하였다

巨文島漁業組合의 [illegible] 済州로 [illegible] 되었다

[illegible] 이 生産을 올렸다 [illegible]

巨文島 [illegible] 멸치는 [illegible] 멸치会社에서 [illegible] 하였다

갈치 [illegible] 生産 되었다

[illegible] 삼치

No. 66

1887年 英國軍砲艦으로 巨文島 [illegible] 에 [illegible]

1922年경 小型飛行機 兩翼 海岸 [illegible] 서쪽 [illegible] 뒤로 왔다

1908년 佐世保 飛行隊 [illegible] 寫眞撮影

1952년 [illegible] 海軍 [illegible] ([illegible]學校)

[illegible] 英國 [illegible]

1922年경 英國 [illegible] 艦 [illegible]

1945년 [illegible] 는 [illegible]으로 [illegible] 있으나 [illegible] 했으나 [illegible] 海軍 [illegible] 있었고 [illegible]

1957年 [illegible] 學校 [illegible] 人命被害가 있었다

1925年 日本人들이 [illegible] 計劃下에 [illegible] 가 [illegible] 왔을때 [illegible] 하니 [illegible] 金 [illegible] [illegible] 數名이 [illegible] 로 - 부 [illegible] 미리 [illegible] 버리고 있을때 [illegible] 小野 [illegible] 가 [illegible] 미리 [illegible] 할수 없다고 [illegible] 하고 歸 [illegible] 海上으로 미리버리기도 했다

1951年 [illegible] 이 [illegible] 을 하므로 [illegible] 民들의 [illegible] 을 [illegible] 시키어 [illegible] 民을 [illegible] 해줄것을 [illegible] 했든바 [illegible] 을 [illegible] 내보내버려 [illegible] 했다
[illegible] 들은 [illegible] 集中한 [illegible] 했었다 [illegible] 金 [illegible] 45名이 [illegible] 을 [illegible] 했다
[illegible] 는 나타나지 안했다
[illegible] 에 여수 [illegible] 이왔다 [illegible] 漁民들을 連行 시켰다 [illegible] 한지 [illegible] 事實이 [illegible] 되자 석방된것이다 [illegible] 되었다

No 65

6、 西島里 鹿山灯台 1958. 1. 10
施工者 中央土建社 代理巨文島灯台

防踏鎮 英国艦隊 1885年
日露戦争 1906年

東亞日報

英国大使館 女職員과 英国관계 이야기를 들려줬다

特히 日本九州에 英国艦艇이 碇泊하고 無線施設이 設置되었다
九州에는 [illegible]사람들이 번거드하오고 [illegible]가 들어왔습니다.
東学乱에 [illegible]軍과 合勢하여 農民이 犠牲이 많았다고 한다 日本
英国이 撤収가 [illegible]되지 못했다 日本의 奸欺한 行為가 그래
巨文島 民들은 [illegible]에서 미역을 採取했다 可知것을 기르었다
[illegible]에 採採하는 일에 干渉하고 日人들이 [illegible] 습격했다

(0?0-1??) [illegible]
? ?? ?? (8055-?-5?50)
[illegible]
?-11가 [illegible] [illegible]

那戦争은 中国援兵관계에 言及했다
했다

巨中 [illegible]

고래고기 분배문제로 말을가지고 싶다 그래쫒는것이라고 내풀었다

巨文島百周年紀念軍官民合同行事를提議합니다

本島는 西紀1845年 英國艦은 海辺을測量하고 艦長 이름을따서 哈米敦
Port Hamilton 이라고 하였읍니다 巨文島는 世界列强의 角逐場이기도 했읍니다

西紀1885—1887 英國艦隊는 不法으로 本島를 占據하여 政府에서는 協辦參判
嚴世永을奉使로 淸國水軍提督 丁汝昌 外務協辦衙 穆麟德은 本島를
踏査당시 名頭士가 많음을보고 政府에 建議하여 巨文島로 命名하게되였읍니다
政府에서는 李元會를經略使로하고 申錫奎을 僉使兼守防長으로 管掌하였으
며 1895年에 廢止 되였읍니다

本島는 壬辰倭亂 李統制營 龍蛇之亂에 巨文里(古島)에 築城하고 兵船 倭人
들을 鏖之盡殪하였고 別將을두고 能櫓軍 460名 防水要害하였읍니다

우리들祖上은 海洋의開拓者
我三島卽大海南凡然一塊也大寧商賈以為船艦以為家近則三南以及東遠
則兩湖且朝北而其間生業都繫一海家而然鄒魯之為形也

巨文島人들의 教育의發達은 일찍이 海洋의知識을얻고 海洋을爲主로 生活化하
였으며 海運界에 從事하였읍니다 1983年現況은 慶南釜山方面을 根據로 移
住者가 繼續增加되고있으며 巨文島人口는 減少一路에있읍니다
巨文島出身은 日帝를거쳐 많은 經驗을쌓았고 우리나라 海運業이 飛躍的인 發
展을가져왔읍니다 그底辺에는 巨文島人들의 숨은 功勞를 過少評價할수는없을것
으로봅니다 移住戶數約1,000戶 7000余名을推算할수있읍니다

本島는 明年부터 10個年計劃으로 140억원을 投入하여 開發한다는바 島民들은이
發表을 安易하게 바라볼수만은 안될것입니다 本事業의 重要性에 鑑하여 政府
의施策에 積極協助하고 參與해야하겠읍니다

東南防波堤築造

巨文島東島 東南端의 投石地의 防波堤工事 巨文里를있는 施工을優先
할것을要望합니다

巨文島는國防上으로 東洋第一의要地라고하며 三湖八景은 잔잔한 호수의바다,
푸른숲 동백꽃 明媚의灣로 가될것입니다
海洋上의 貴重한 奇巖妙石은 더욱더 빛나게 될것입니다.
지나간 黃金의漁場은 養殖 養畜의漁場으로 變貌할것입니다

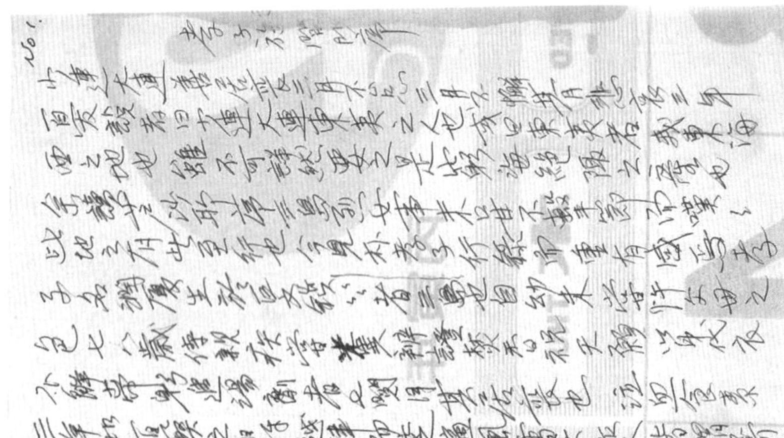

No.2

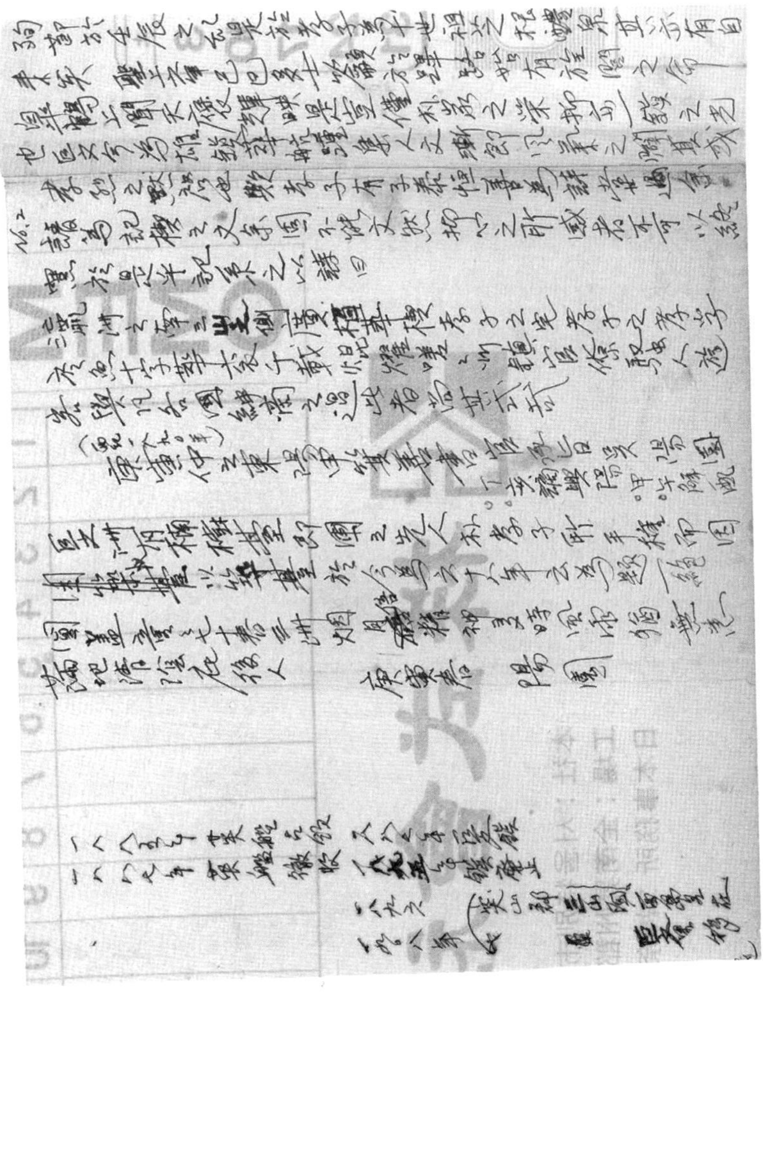

1851-1894年
金玉均 (巨文島)

巨文島란 이름은 英国艦隊가 [illegible]年간 占據당시 本国政府에서 不法으로 英国艦이 占據하고 九州 大連 上海 등 要所에 海底電線을 敷設하고 防波堤를 構築했다. 要所에 要塞를 強化했다. 巨文里 古島에는 [illegible]을 設置했다.

이로서 巨文島는 本国政府에서 미치지못하고 中国에서 丁汝昌 [illegible] 領地에 들리니 金陽[illegible]先生의 書院을 만드러 漢學을 가르치는 때였다 中央서 英国艦船들 撤收하기를 交涉했으나 여러가지 [illegible]으로 應하지 않았다 漢文에 能한 [illegible]氏의 [illegible]을 나누었다 中央에서 使令을 띠고온 분들의 생각외에 [illegible]가 잘 되었다 이분들이 中央에 上京하여 [illegible] 巨文島라고 命名하게 되었다는 것이다

英国 [illegible] 佛蘭西 伊太利 [illegible] ([illegible]) 7개国이 寄港했다 [illegible]이라는 東洋最要한 곳가 분명하다 유럽 7개国이 寄港한 中에도 [illegible] 準備中이다

[illegible] 亞 [illegible] 1884年 寄港 Port Hamilton을 [illegible] 4일만을 [illegible] 巨文島를 通하지못하고 中國으 [illegible]했다 [illegible] 선생의 弟子들은 達筆이었다 事理에 어긋나지 않았다

~~李承晩~~ 李承晩

1960년 3월 대통령에 4선되었으나 장기
집권을 꾀하다가 4.19 혁명으로 하야
이해 5월에 하와이에 망명 1965년 하와이
에서 병사

1960.4 1960.6

空席 1960.6 內閣責任制 改憲으로 廢止

6 許政
1960.8-1961.5 5.16軍事革命
으로 辭退

7. 張勉 (1960.8 1961.5
5.16軍事革命으로 辭退

1961.5 (憲法效力停止 己廢止
張都暎 (兼任) 1961.5-7)
宋堯讚 1961.7-1962.7
金顯哲 1962.7.1963.12
(以上 3인 革命政府 內閣首班)

1963.12 改憲으로 復活

8 崔斗善 1963.12-1964.5
9 丁一權 1964.5-1966 ~~1970-12~~
1967.7-1970.12)
10 白斗鎭 1970.1971.6

11 金鍾泌 1971.6-1973.3)
1973.3

~~[illegible]建立~~ 1884년
~~[illegible]文私學校~~ 1885 英国艦隊駐屯
1886
1887 巨文鎭設立
1888
1889
庚寅年[illegible] 1890
1891
1892
1893
1894
1895
丙申年 [illegible]解任 1896
1897
1898
1899
1900
1901
1902
1903
日露戰爭 1904
乙巳條約 1905 金相淳先生學校 設立
1906
1907
1908
1909
韓日合邦 1910

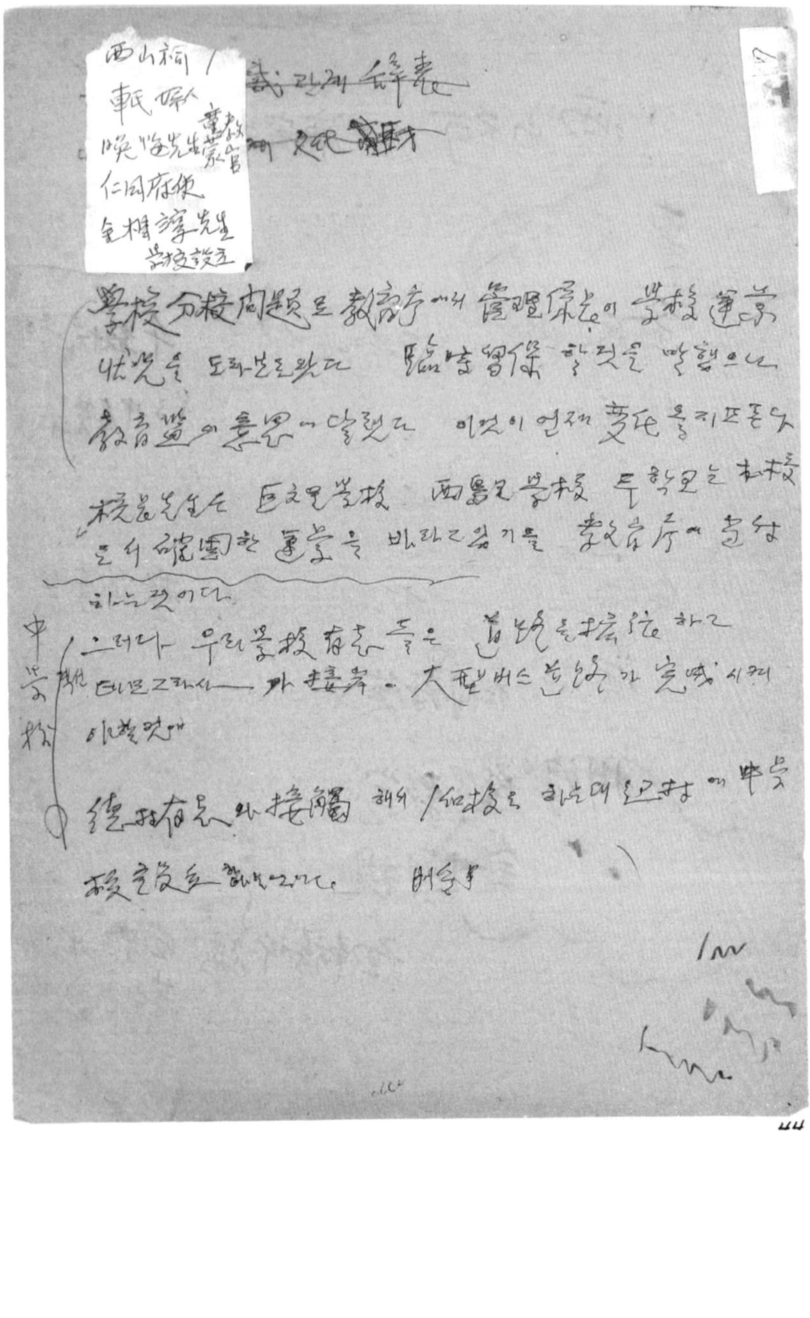

西山祠 /
車氏婦人
喚惺先生
仁同府使
金相淳先生
學校設立

學校 分校問題로 敎育廳에서 管理係長이 學校 運營
狀況을 도라보로 왔다 臨時留保 할것을 말했으나
敎育監의 意思에 달렸다 이것이 언제 變化될지 [illegible]
校長先生은 巨文里學校 西島里學校 두 학교는 分校
로서 確固한 運營을 바라고 있기를 敎育廳에 [illegible]
하는것이다
中學校
그러나 우리學校 有志들은 道路를 擴張하고
[illegible] 까 接岸 大型버스 道路가 完成 시켜
야할것[illegible]
[illegible] 有志와 接觸해서 1個校로 하는데 巨文里에 中學
校 設立 했었으면 [illegible]

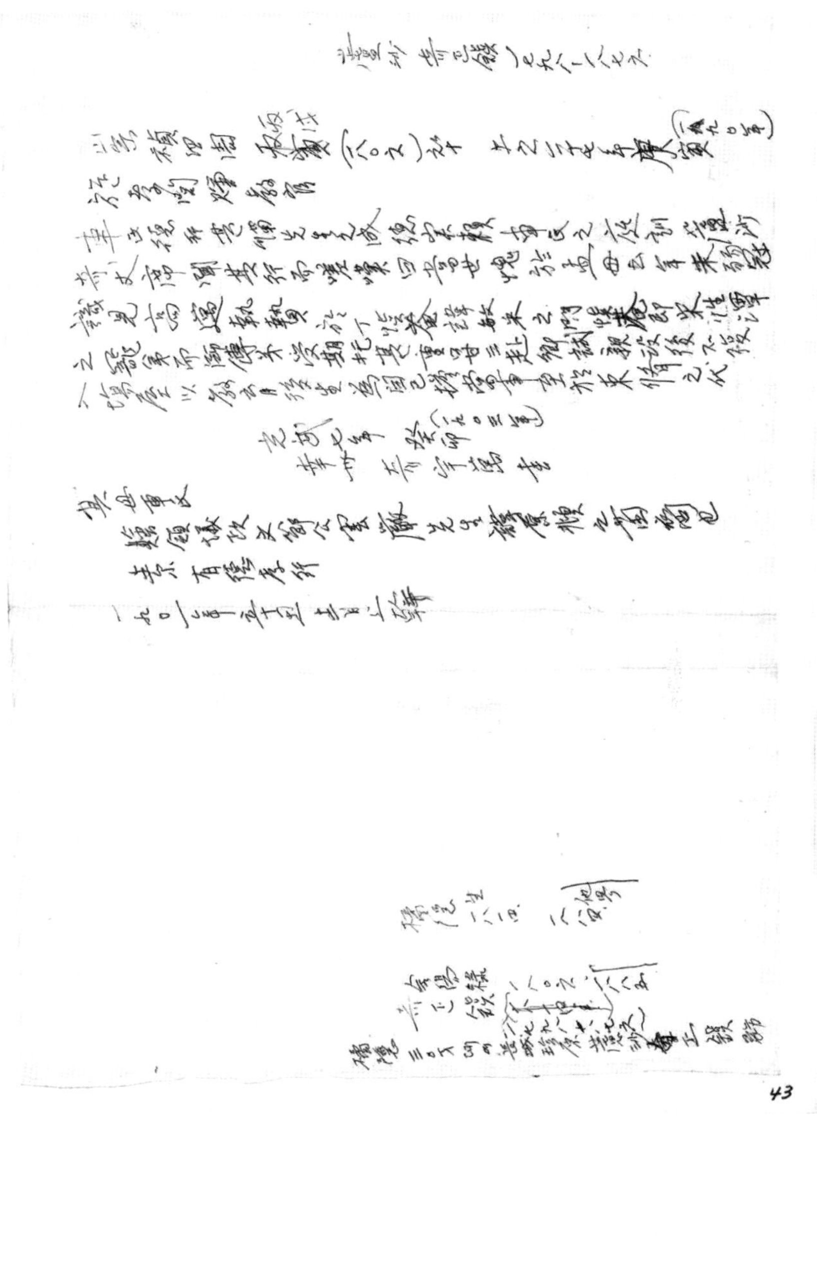

94年 이기미 海水浴場 一部築造 夏季海水浴場
8. 盛況을 보았으나 既定 設計대로 今年九月
豫算策定이 今年다 없음 微少한 工事로 進行
이 될것인지 甚히 疑心이 갑니다

各處에서 觀光事業에 熱을 集中시키고 있다
麗川市 郡에서도 오동도 한부에 景島 民資誘致 등
큰 關心을 가지고 座談會를 關係 하고 있다. KBS로
23.24
9月 日 道에서 東便 120m 接岸施設 擴幅 25日
延長 등 技師派遣으로 測量이 끝나고 도라갔다
灣內 政府工事 亦是 그러합니다
巨文島工事 施行에 既定한 計劃대로 進行 9.29
學校 分校 문제로 道當局에 陳情하였다
會議를 召集하고 人口의 減縮을 考慮하고 灣內
海水浴場 工事를 우리의 發展의 土台로 努力
을 다하겠다고 盟誓를 한바 있다.

N. 66

조국과 민족을 위하여 손죽도 앞바다 에서 왜구와 싸우다 전사한 이대원(李大源)장군의 동상을 세운다.

여수 영당(影堂)은 고려말 구국충신 최영(崔瑩 · 1316~1388)장군이 북쪽에서 억울하게 죽음을 당하자 구천(九泉)에 사무친 원혼(冤魂)이 삼천리 강산의 최남단 여기 영당에 와서 통분하고 있다.

임진왜란 5년(1587)전에 고흥 녹도만호로서 왜구와 싸워 이겨 전라좌도 수군절도사 교지(教旨)가 내려오는데 또 왜구가 손죽도(巽竹島)에 침입하여 손죽도앞 바다에서 주야장천 3일간 싸우다 포위 될 때 어머님에게 효(孝)를 못다한 것과 임금님에게 충성(忠誠)을 못다한 충효(忠孝) 편지를 써 박면(朴勉)장군에게 주고나서 왜구의 배에 뛰어올라가 왜구를 치다 포로가 되어 돛대에 매달린채 창으로 찔리고, 칼로 베이고, 톱으로 쓸리면서 항복하라고 하자 이대원(李大源)장군은 『너 이놈 왜구가 우리나라 땅에 침범했지 나 이대원(李大源)이가 왜구의 땅에 침범한 것이 아니다. 썩 물러가라』고 호통치자 도끼로 찍어 참혹하게 순국했다.

임진왜란(1592)때는 정운(鄭運)장군이 부산 다대포(多大浦) 앞바다에서 싸우다 왜구의 포탄에 맞어 전사했다.

임진왜란 6년(1598)후 이순신(李舜臣)장군도 왜구와 싸우다 전사했다. 전사와는 관계없이 방방곡곡에서 벌때와 같이 일어난 의병(義兵)들이 왜구를 무찌르자 왜구는 백여나지 못하고 쫓겨 도망갔다. 그때 예교(曳橋)에서 왜구와 싸워 이긴 사명대사(四溟大師)가 왜구땅에 들어가 왜구의 왕초와 담판지어 남녀노소의 포로와 문화재를 도로 찾으며 다시는 침략 안한다는 조약문(條約文)을 맺고 받아 돌아왔다.

다시 돌이켜 최영(崔瑩)장군 죽어서 오늘에 고양(高陽)땅에 612년전에 묻처 묘(墓)가 있다.

이대원(李大源)장군은 이순신(李舜臣)장군보다 먼저 전라좌도수군절도사 교지(教旨)가 내려오는데 여기 여수 좌수영(左水營)에 부임도 하기전에

No.55

麗水 서울 釜山

No.

釜山 에게서는 鄕友会員의 健勝하심을 祈願합니다

今般 三山面文化財委員会에서는 三夫島의 收入票에서 九百

만원을 東島里 林隱峰先生 西島里 晩悔先生 德村里 石碑

1基 등을 建立하기로 合 三百萬원을 割当하였읍니다

今年에 郡予算이 確保되었다면 两先生을 順次로 祠堂을

建立할予定이였으나 事情의 不可避로 西島里委員会에서는

晩悔先生의 祠堂을 建立할 計劃입니다 이 祠堂을 七百

萬원 以上을 들여 建立할 計劃을 세우고 既得金 三百萬원外

四百萬원을 直系孫이 一部金 負担을 하고 不足金을 本洞住民

이 賛助한 外는 釜山 麗水 서울 西島里鄕友会에서 負担하여

주셨으면 感謝不已 하겠읍니다

晩悔先生은 西紀1806年 生이고 1885年 10月에 別世하시고

享年 99歲이였읍니다 先生은 弱冠으로 丁懈菴先生의 門下

生으로 朱子學과 礼節을 갈으치시고 全心으로 地域社会 啓導

에 힘을 쓰신분입니다 金陽祿孝子, 金氏 金氏 烈女 1 三世에 直하여 烈世의 旌閭와 內務參辨

嚴世永은 童蒙教官의 教旨를 贈賞하였읍니다

西紀1900年에 洞民의 賛助金으로 講堂을 建立하게되었고

祭享을 들여왔으나 後生들의 誠意不足으로 至今은 遺址만이

남아있읍니다 (旧 면천터에 위치)

巨文島는 西紀1885~1887 世界列强의 角逐場이기도 했

으며 各国艦船이 入港하여 筆談으로 相通하였으며 先生에게는

검 筆硯등을 寄贈하였고 英国艦隊가 不法으로 巨文島를

占領 당시 中国水軍提督 丁汝昌 內務參辨 嚴世永

No.

~~嚴世永~~ 아衙門 穆麟德은 이곳에 碩士가 많음을 보고
中央에 建議하여 巨文島로 命名하였읍니다 外國賓客
이 訪問했을때는 晩悔先生이 中心이되여 問答을하였읍니다

巨文島(三島)는 興陽縣에 屬하였고 島民은 鬱陵島를
開拓을하고 三南地方 西海 東海를 航海하여 各地와 交
易하였읍니다 島民의 生活에는 苦痛이 많았으며 住民들
生活에 難關이 있을때는 書院을 中心으로 解決하였읍니다
漢城을 頻繁히 往來하여 文化를 흡수하고 先進的인 發
達이 이루어지고 先生은 有能한 人材를 科擧에 應試케하
는등 그 偉業을 追慕하고 祠堂을 建立하여 島民의 精神
道場이되고 기리 그 遺德을 崇仰하게 하였읍니다

鄕友會員의 많은 協贊을 바라오며 本委員이 一次 訪問
할까하오니 各會員 여러분에게 傳達 있으시기 仰望 하나이다.

1983. 9. 16

三山面西島里 晩悔先生祠堂

建立委員會長 金柄暎

麗水
釜山
서울居住 西島里出身鄕友會長 貴下

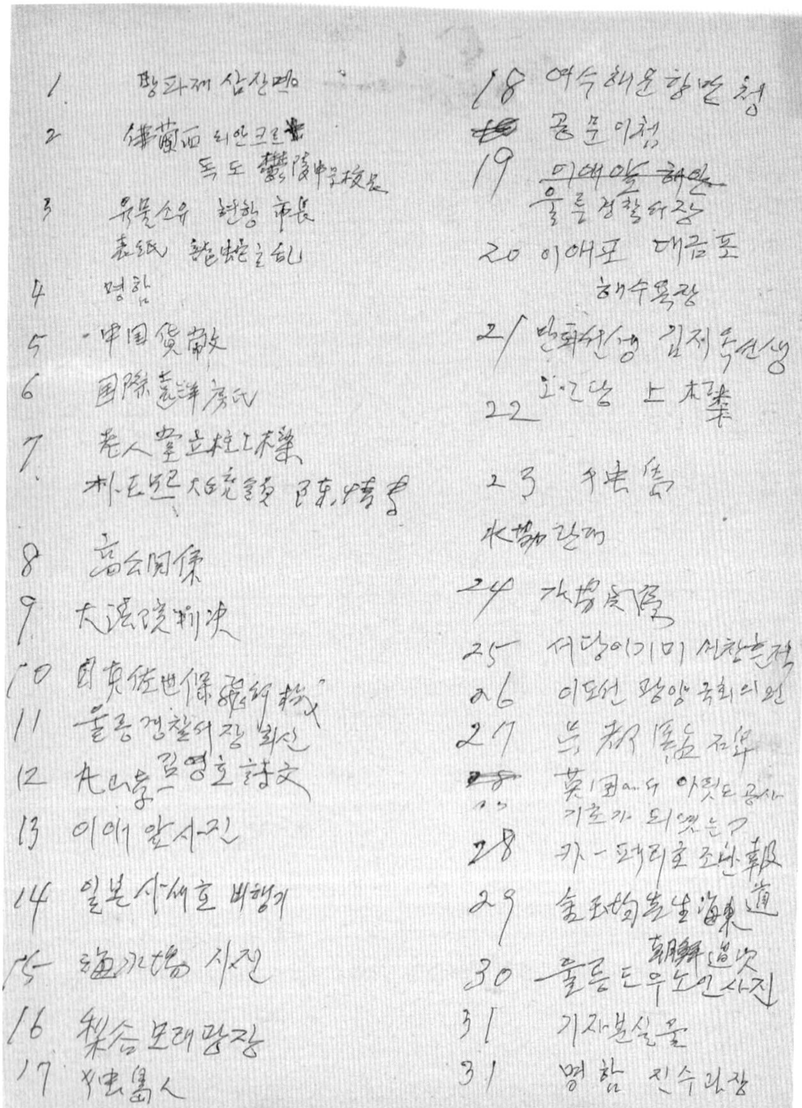
1. [illegible] 삼산면
2. [illegible]面 [illegible]
독도 鬱陵中學校長
3. 유물소유 현황 市長
表紙 [illegible]
4. 명함
5. 中国貨幣
6. 国際[illegible]
7. 老人堂 [illegible]
[illegible]
8. 商会関係
9. 大法院判決
10. 日本佐世保[illegible]
11. 울릉경찰서장 회신
12. [illegible] 김영호 詩文
13. 이에 앞사진
14. 일본 사세호 비행기
15. [illegible] 사진
16. [illegible] 모래광장
17. 獨島人
18. 여수해운항만청
공로이청
19. ~~미에앙 해안~~
울릉경찰서장
20. 이애포 대금포
해수욕장
21. [illegible]선생 김제욱선생
22. [illegible] 上 [illegible]
23. 獨島
水産관계
24. [illegible]
25. 서당이기미 [illegible]
26. 이도선 광양 국회의원
27. [illegible]
28. 英国[illegible] 아직도 공사
기호가 되었는가
28. 카-페리호 조선日報
29. [illegible]道
朝鮮[illegible]
30. 울릉도 우노인 사진
31. 기자분실물
31. 명함 진수관장

英国人들은 紳士였다 64

中国 丁汝昌提督

英国艦隊 威海衛에 駐屯에 本国政府特使로

參判 嚴高交 (中国) 趙汝耕 秘書 (獨逸人) 楊仁德 參判 이來島

할 당시 對話가 이루어졌다.

地方人들의 貴下의 年歲는 몇이냐하고 물은즉

趙汝耕 漢之第四○秋라 했다

술프고 술픈 40才 되고 했다 한다.

英国駐屯軍이 海底電線 電所에 密室設置

三木島 노인들의 砲擊練習

入出시켜서 施行했다

上海로 ○○으로 ○○했다

신간회 新幹會 1927년에 조직된 민족주의자 통합단체 1922년이후
우리나라에도 사회주의자 ~~통합단체~~ 사조가 침투 서울청년회(青年會) 화요회(火曜會)
북풍회(北風會) 조선노동총동맹(朝鮮勞働總同盟) 조선청년총동맹(朝鮮
青年總同盟) 고려공산청년회(高麗共產青年會) 엠엘(ML) 조선공산당
(朝鮮共產黨) 등이 조직되어 민족주의자들과 대립하였다. 민족주의자들은 이에
대비, 민족단일전선(民族單一戰線)을 결성하기로 하고 이상재(李商在)를
회장으로 추대하여 신간회를 조직하였다. 당시의 간부로는 조병옥(趙炳玉)
안재홍(安在鴻) 홍명희(洪命熹) 허헌(許憲) 등이었고 전 민족의
신간회에 동조(同調)하는 2백여의 지회(支會) 분회(分會)가 조직 약 3만
의 회원이 있었으며. 여자는 따로 근우회(槿友會)를 창설 이에 합세하였다.
그러나 좌익분자들의 중상·모략으로 2년후에 없어졌다

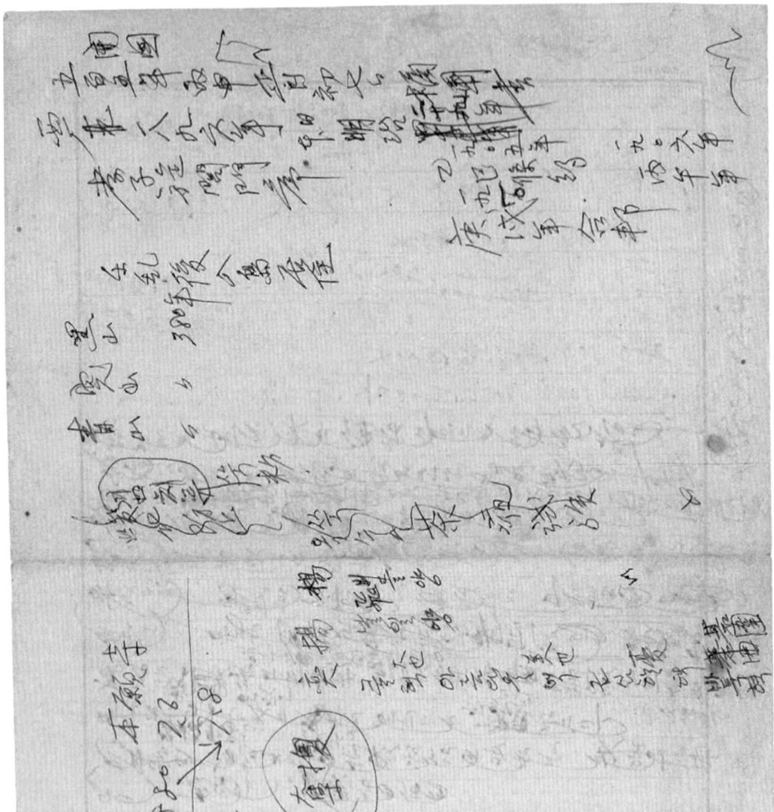

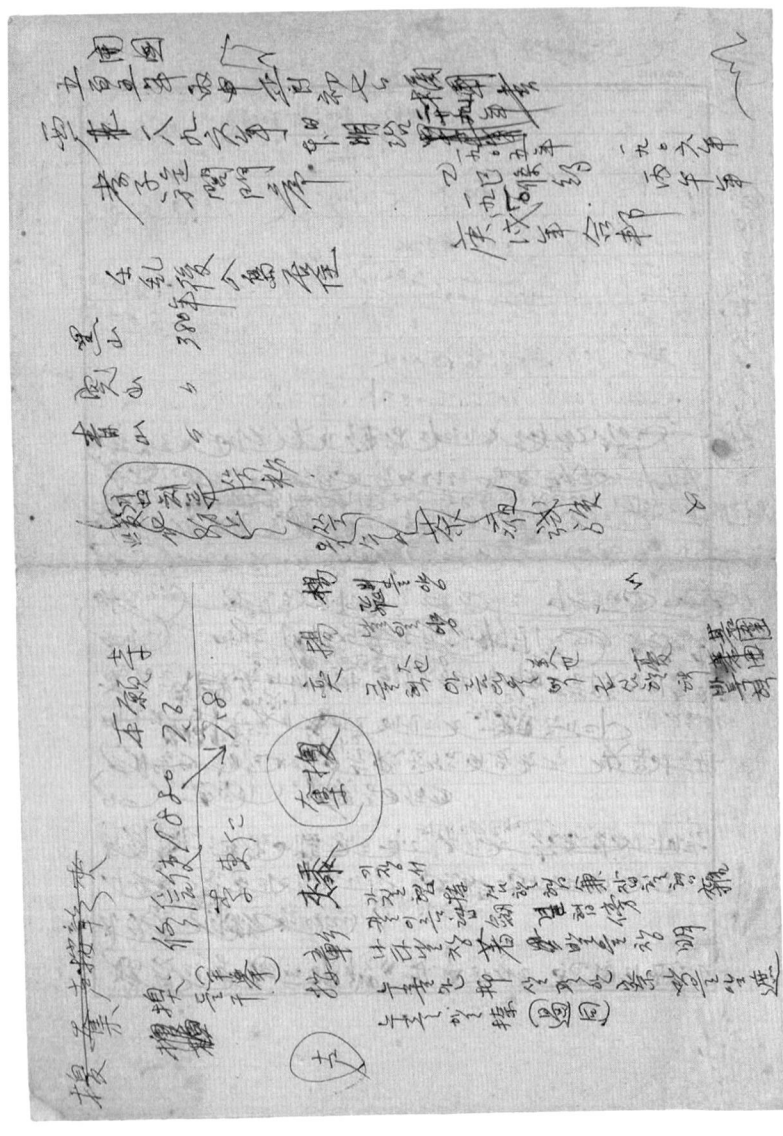

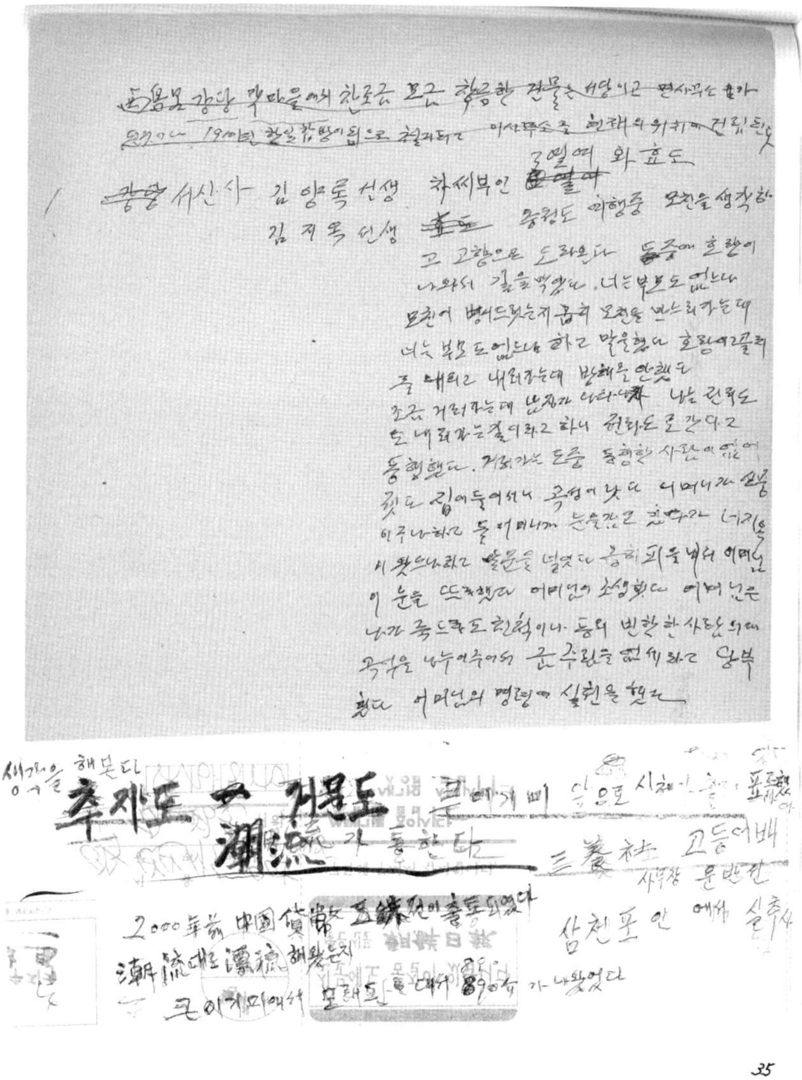

~~도로봉 강당 각마을에서 친교금 보고 향응한 건물은 서당이고 면사무소 같아~~
~~있었으나 1910년 한일합방이 됨으로 철거되고 이사무소를 현재의 위치에 건립된 듯~~

/ ~~강당~~ 서신사 김양록 선생 차씨부인 열녀 와 효도

김지옥 선생 ~~효도~~ 충청도 여행중 모친을 생각하고 고향으로 돌아온다 도중에 호랑이 나와서 길을 막았다. 너는 부모도 없느냐 모친이 병이드셨는지 급히 모친을 만나러 가는데 너는 부모도 없느냐 하고 말을 했다 호랑이 고개를 좀 내리고 내려가는데 방해를 안했다 조금 거러가는데 [illegible] 나타나서 나는 [illegible] 내려가는 줄이라고 하니 [illegible] 로 간다고 동행했다. 거러가는 도중 동행한 사람이 없어졌다 집에 들어서니 곡성이 났다 어머니가 운명했다 [illegible] 이주냐 하고 돌어머니께 눈을 감고 [illegible] 너 지금 왔느냐 하고 말문을 열었다 급히 피를 내서 어머님이 눈을 뜨게 했다 어머님이 소생했다 어머님은 내가 죽드라도 친척이나 동리 빈한한 사람에게 곡식을 나누어주어서 굶주림을 없게 하고 당부했다 어머님의 명령에 실천을 했다

생각을 해본다

추자도 ↔ 거문도 [illegible] 으로 시체 [illegible] 표류했어

潮流가 통한다

三養社 고등어배 사무장 윤반권

삼천포인 에서 실종

2000年前 中國貨幣 五銖전이 출토되었다

潮流에로 漂流 해왔는지

[illegible] 에서 [illegible] 890여개가 나왔었다

35

巨文島名 發祥地 名稱이 어디로 갔는지

1973年 光州每日新聞 1500名 陳情書 提出云云

6 水產廳長에게 建議 150年前에 築造에 對한 光州水產廳

施設課에 (朴生產元 課長께 傳達로 巨文島西島) 指示

(鄭相和 씨의 말을 錄音)

巨文島 開發에 寄與 할 것

19 金明東 郡守 道路鋪裝工事 指示

巨文島 西島 海水浴場 建設을 上申 觀光課 · 安全鍾

設計書作成 稀暖한 곳 休憩에 場所를 決定한 것 護岸工事 築造에서

防波堤를 보·도場으로 하는 設計書 등 現在 살화장의 位置가

8月이 되면 北風에 防禦 될수 없어서 將來性이 없음

客船接岸施設 客船에서 下陸할 海水浴客 道路 隨時해서

不便이 많았었음 버스交通에 考慮되지 않았음

二種防波堤 1994年 道 · 水產廳 協議에서 決定이 旣定된것을

否認하고 있다 1995에 東方防波堤가 西島민에 保護한 施設이나

二種은 必要없다고 했다 設置되면 東風時에는 接岸이 不安하다

12세 28일 회 총회한다고 한다 총회준비 되는지 개딸위원
이 참석해서 준비를 했는지 무러야하고
이번 리장 후보가 서로의 이 선출은 방법은 물어볼가 했다 벌거녀
청년회 총회를 했다면 결과를 아라야 한다고
0 서촌 계장에 리장사이가 갑다 자 집에가서 서촌계장을 만났다 청년회장 선출
회에는 아무것 안했다니 한다 해평회관소 건축에 청년회에서 선물시주자고 했는데 그런다

제주 한나산 남한의 자랑인데
용달산 을 남한의 자랑으로 해군기지 도로확장

7, 김일성 총동~ 아들 김정일 가 간첩행동 거문도 를
60才 60才
재물 — 창호 60才
알고있다

2, 유럽 각국 에서 유명한 하는 들은
巨文島를 東洋의 最要之島라고 稱했다
이유
제주-부산간 비행항로
이 을 보 비행도를
望遠鏡으로 容易하게 보인다

3. 風景, 해, 달, 별 東西로 오르고 드러간다

4 濟州, 金山 金海 麗水市 天冠山
南海 高興이 보인다 長興 冠山
珍島一帶 莞島一帶

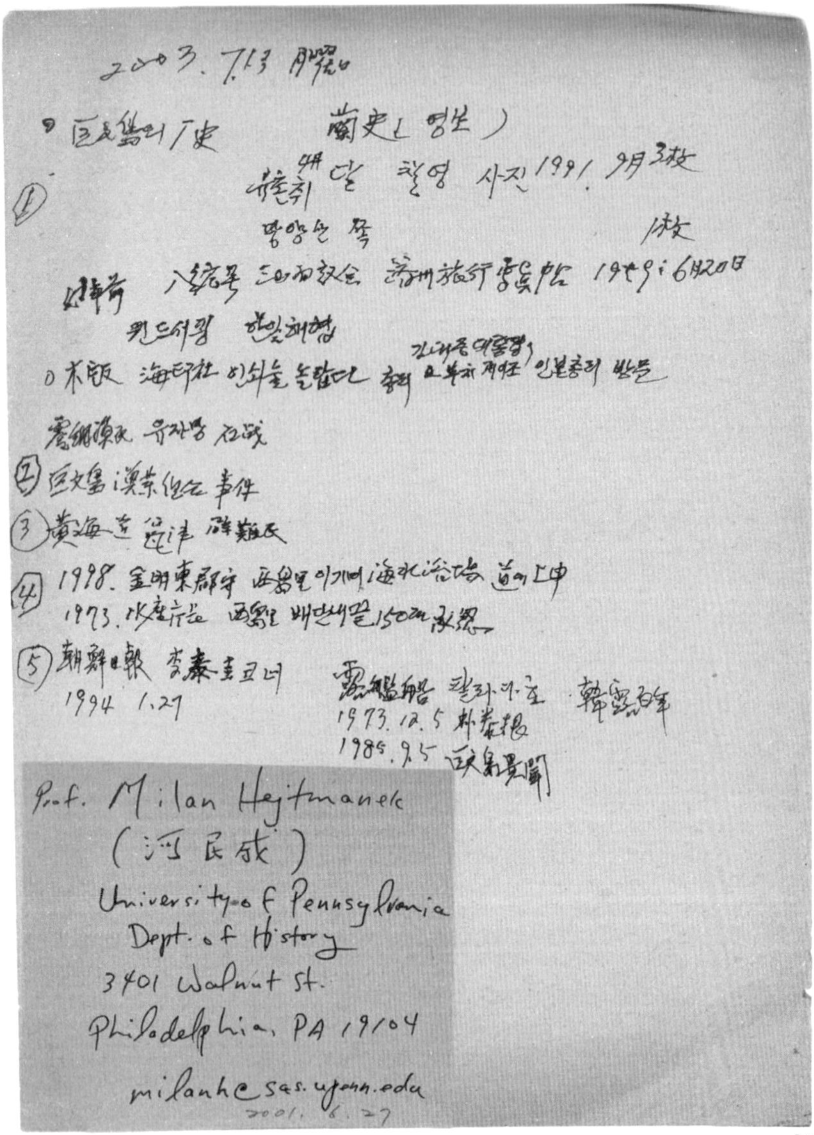
2003. 7.13 月曜日

◦ 巨文島의 歷史　　　　蘭史 (영보)

① 유춘취씨 달 촬영 사진 1991. 9月 3枚

방양순 쪽　　　　　　　　　1枚

1949. 6月20日

◦ 木浦 海印社

유자망

② 巨文島 漁業組合 事件

③ 黃海 道 麗津

④ 1998. 金明東郡守

1973. 水産廳 150m

⑤ 朝鮮日報 李泰東 코너

1994 1.27

韓國百年

1973. 12. 5 朴

1985. 9. 5

Prof. Milan Hejtmanek
(河民成)
University of Pennsylvania
Dept. of History
3401 Walnut St.
Philadelphia, PA 19104

milanh@sas.upenn.edu
2001. 6. 27

32

橘堂記

巨文島有巨儒曰朴斯文圭錫居於
島之東柚林橘堂卽其號也受
業於橘隱金文玉之門橘隱蘆沙奇
先生之徒也橘隱北學十年爲倍格
一新湖省皆稱知有巨文島柚林所以地
之標名以人不以地也嘗笑西蜀之李
不幸雲山之重且輕皆以一時遇往之又
章守宰而尚然矣而況學斯道而
居此地乎斯文克承其師之道授子
孫以學業奔波橫瀾不動立砥之
志長夜昏衢能存秉燭之心多歲
書籍不改其樂居喪致其孝交人
擲止於信疏孝且信雖不學吾必謂
之學矣而況志於學乎往年陪我
勉菴崔先生居停於日本對馬島
也

최익현 崔益鉉 1833(순조33)~1906(광무10) 이조 고종 때의
정치가로서 배일파(排日派)의 거두. 자는 찬겸(贊謙). 호는 면암(勉菴)
본관은 경주(慶州) 경기도 포천(抱川) 출생. 화서(華西-李恒老)의
고제(高弟) 유림(儒林)의 명사로 문도(門徒) 수천 명을 헤아렸다.
1855년(철종6)에 문과에 급제 1868년(고종5)에 장령(掌令)
이 되고. 1873년 호조판서로 상소하여 만동묘(萬東廟)를 복귀하고
서원(書院)을 폐지하는 등 대원군(大院君)의 정책을 반대하여 제주
도에 귀양갔다. 후에 한일통상을 반대하여 정배되었다가 특사(特赦)
를 받아 1899년 용조판서로 임명되고 후에 중추원 의관(中樞院
議官). 의정부 찬정(贊政) 등을 배명받았으나 사퇴하고 1905년
(광무9) 을사조약이 체결되자 이를 반대하여 다음해 6월 제자
임병찬(林秉瓚)과 전라도 순창(淳昌)에서 의병을 일으켜 항전
하다가 체포되어 임병찬·유준근(柳濬根) 등과 함께 쓰시마
(對馬島)로 유배되었다. 그곳에서 익현은 임병찬 등의 권고도 듣지
않고(「내 늙은 몸으로 어이 원수의 밥을 먹고 더 살겠느냐. 너희나 살아 돌아
가 나라를 구하라」하고 단식으로 순명하니 시체가 본국에 반환될 때
수많은 동포가 부산(釜山) 포구에 나와 통곡하며 맞았다. 1962년 3월
1일 대한민국 건국공로 훈장 중장(重章)을 받았다.

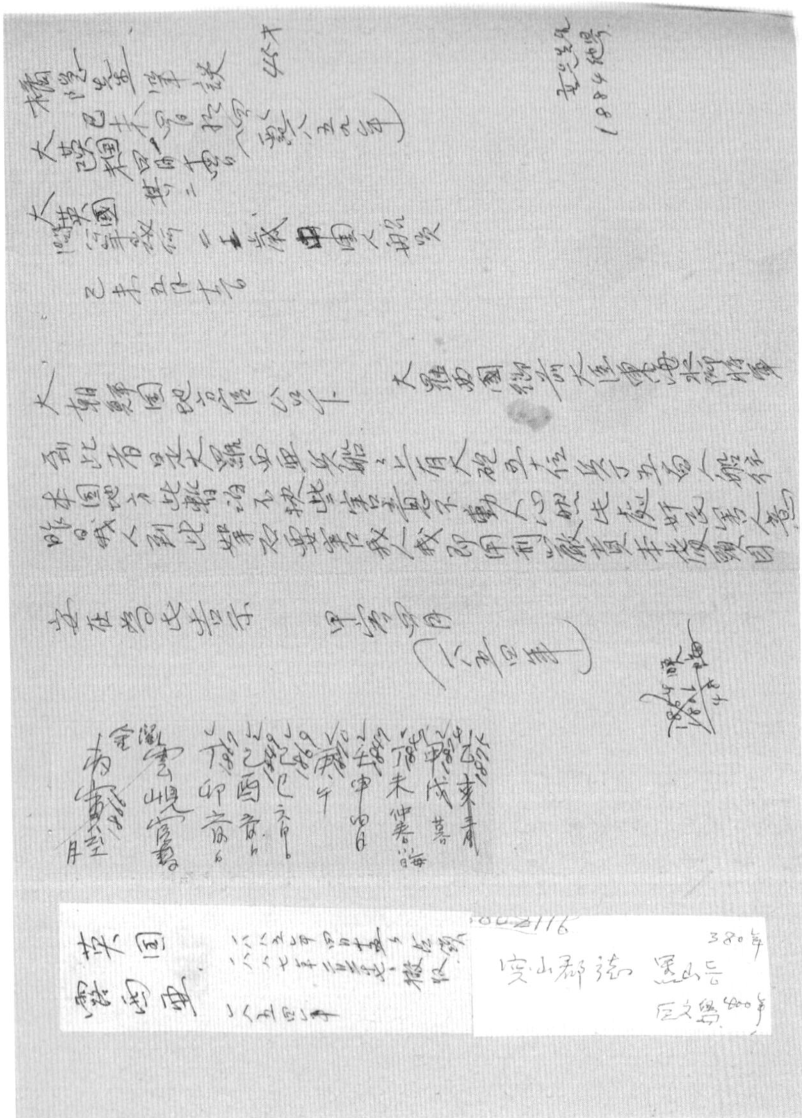

女人

車氏婦人은 어떤 사람인가

金昺龜 妻 文氏人

子婦 金氏

張氏

巨文島民의 生活 食糧

糧米는 長興 寶城에 土地를 두고 小作料를 支払한다. 上級社會

貧乏한 生活은 漁業에서 海藻類

貝類 現在도 數百年前 白骨이 層을 이루고 積置되어있다 食糧에 補充했던것이다

[illegible]

[illegible]

[illegible]

글 金正昊

1981. 11. 26 光州日報 사진 金漢洙

[illegible] 朝鮮을 中立國化 하자는 논의가 일었다. 거마스로 英国軍이 巨文島에서 철수하자 [illegible] 이같은 好機를 놓치고 [illegible] 日本에 먹혔다가 해방을 맞았다. 최초의 巨文島가 英国의 租借地가 [illegible] 巨文島는 오늘날처럼 버려진 섬이 아니라 홍콩에 버금가는 영화를 보았을지라. 日本이 물러가고 [illegible] 巨文島 [illegible]. 英国이 韓半島 [illegible] 韓末의 巨文島사건은 이렇게도 계속되고있는 世界情勢속의 韓国의 運命.

[illegible] 1983.

晩悔齋序

在易蠱之九三曰幹父之蠱小有悔无大咎復之初九曰不遠復无祇悔元吉夫蠱之有悔以陽居三而出於過剛者也復之无祇悔以陽居初而出於能復者也然而悔無大咎則其可曰咎中咎而能復則亦可曰悔中是以子路之勇而聞過則喜改顔氏之賢而無顯形之過者即此也嗚呼人雖有過而後必有悔焉有悔而後必有善焉悔者所以追已然之過而儆將然之差者也雖悔善安從出雖善道安得立今或人之幼不勤學而壯有後字之恥少不潔行而老有自悔之患早違養親而晩有風樹之感者宜悔其悔也而今先生之學可謂宗矣先生之行可謂稱矣先生之孝可謂誠矣而猶以晩悔自處於此可以見立志而進之不已也嗚呼悔字之義至矣知悔者其亦無悔乎

歲癸酉乙巳陽月初七日

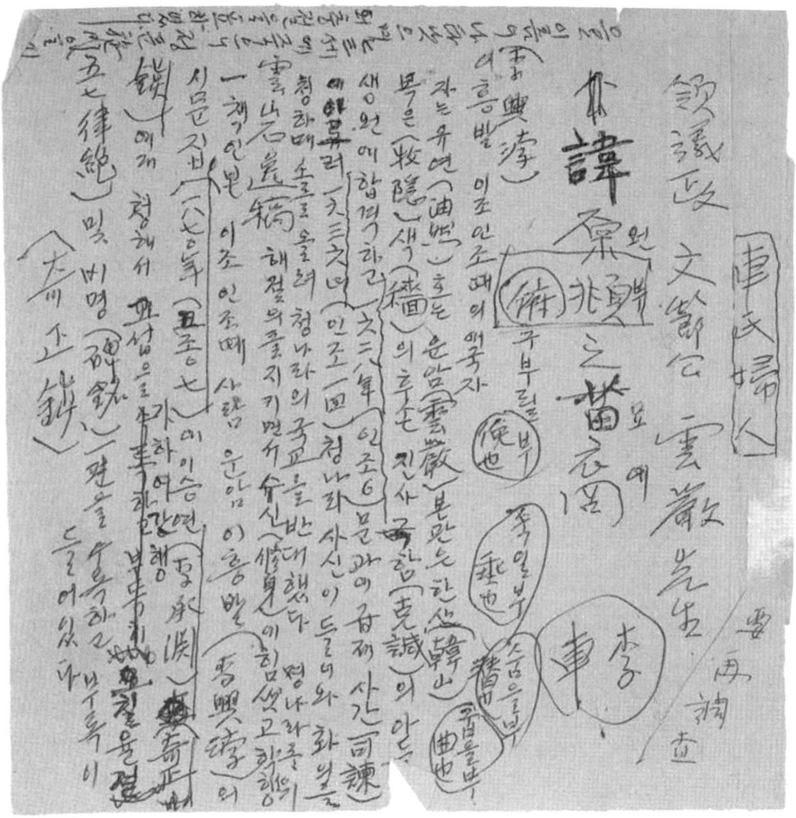
車氏婦人
欽議政 文節公 雲巖先生
諱 之墓
車 李
이흥발(李興浡) 이조 인조때의 애국자
자는 유연(油然) 호는 운암(雲巖) 본관은 한산(韓山)
목은(牧隱) 색(穡)의 후손 진사 극함(克諴)의 아들

덕촌중학교에서 전화를 걸어왔는 덕촌중학교에서 전화를 건다는 것은 없는
일인데 아내가 받은 전화기를 돌려준다 사회과 선생이라 한다 누가 나를 소개
했는지 곧 노인으로 알고 말한것 같다 조개껍질이 많이 있다고 해서 말했다
몇년전에 신승완 집 옆에 집터에 조개껍질이 많이 있었다 순천대학 광주대학에서
전문위원이 왔을때 조개껍질 많이 있다고 보고한일이 있어서 말해주었다
이기미에서 중국화폐 오수전이 980개가 나왔는데 거문도에 중국화폐가 다량 나온것은
주목할일이다 홍공특파원이 북평 근처 서안에서 문화재가 다량 나왔다고 한다
광주 박물관에 오수전이 소장되어 있는것이다
모든 말을 했다 고인돌은 섬에서 나올수가 없다고 했는 내일 모레 서도리로 온다고
했다 朝鮮 日報가 北京발 신문에 나온것이다 모 박사 생일기념으로
거문도를 말한것이다 (오수전)
나는 덕촌중학교 하고 (고등공민학교) 관계가 너무 깊은 것이다 당시 교육청
에서 一面一學校 외에 설립할수 없다고 되어있었다 동도 출신 한규홍 씨가
순천에서 들어와서 원정산 시고 중학교 기성회장에 있었다 교육위원을 한규홍
씨를 선임한것이다 正式會에 드디어 決議를 결정해서 西島里 正式 하고 경쟁
을 했던것이다 사리 인들을 모으고 학교를 단일화하자고 제의해왔다
덕촌리에서 국민학교를 거문리에 병합하고 덕촌국민학교를 고등공민학교
(중학교로 재공하겠다고 지원해 나왔다 각서를 쓰고 일절 부지 교사를 제공한
다고 약속을 했다 약속하고는 달리 기성회에서 교사신축 부지를 제공하고
신축을 한것이었다 교육위원은 물론이고 교육청에서 서도리 意見은 무시하고
신축을 하게됐다 공사중에 아동 2명이 흙더미에 압사를 했다 부지는 산언덕
에 출입구를 만들었다 통학선이 서도리 공고생을 통학하게 했다
기성회장이 임으로 기금을 지출해서 국민학교를 제공하지 않고
학생들을 동원해서 노동력을 혹사하는 등 교육기관을 공정한 입장
에서 한편에 치우친 기묘한 술법으로 서도리 거문고공을 말살시켜도

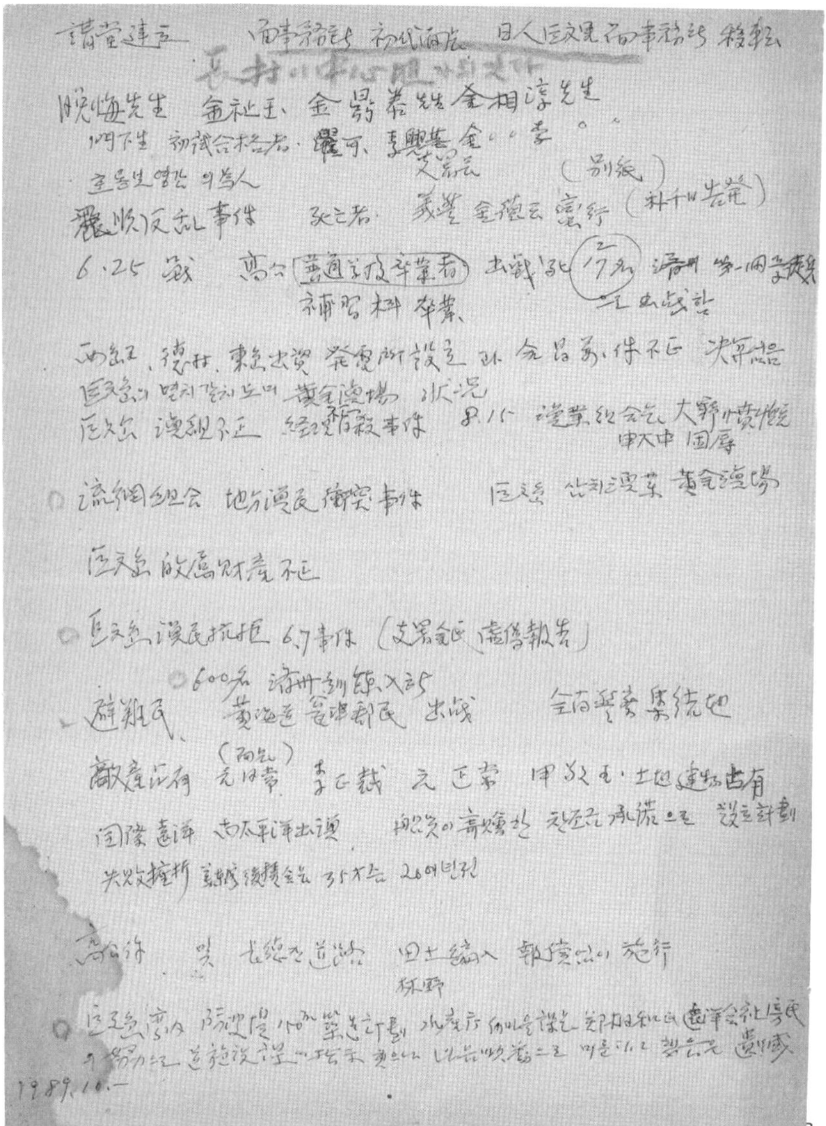

請願建立 面事務所 初代面長 日人 巨文島 面事務所 移轉

晩悔先生 金祉玉 金昌[illegible]先生 金相淳先生

門下生 初試合格者 [illegible] 李興[illegible] 金 李

文昌[illegible] (別紙)

[illegible]의 [illegible]人

[illegible]反亂事件 死亡者 義[illegible] 金德[illegible] [illegible] (朴[illegible]先生)

6.25 戰 高[illegible] (普通學校卒業者) 出戰[illegible] (17名) 濟州 第一個[illegible]

補習科 卒業 [illegible] 出戰함

西島 德村 東島 出資 發電所 設立 [illegible] [illegible] 決算[illegible]

巨文島의 [illegible] 黃金漁場 狀況

巨文島 [illegible]不正 [illegible]殺事件 8.15 [illegible] 大[illegible]

申大中 國會

○ 流網組合 地方漁民 衝突事件 巨文島 [illegible] 黃金漁場

巨文島 [illegible]財產不正

○ 巨文島 漁民抗拒 6.7事件 (支署[illegible] [illegible]報告)

○ 600名 濟州 訓練入[illegible]

避難民 黃海道 [illegible]郡民 出[illegible] 全南[illegible]

(向[illegible])

敵產所有 元[illegible] 李[illegible] 元[illegible] 申[illegible] 土地 建物 占有

國際港 [illegible]太平洋出[illegible] [illegible] 計劃

失敗 [illegible] [illegible] 35[illegible] 20[illegible]

[illegible] 및 [illegible] 回土編入 [illegible] 施行

林野

○ 巨文島 [illegible] 計劃 [illegible]

[illegible] 遺憾

1989. 10. —

2

維

歲次己卯十月甲子朔十五日辛未 六代孫 金鍾辛 敢昭告于

顯一代祖考

顯∥代祖妣慶州李氏之墓 今以草木歸根之時 追惟

報本禮不敢忘 瞻掃封塋不勝感慕 謹以淸酌

庶羞祗薦歲事 尙

饗

一代 慶州李氏 (鍾極)

二代 妣密陽朴氏 金海金氏 (碩弘)

三代 金海金氏 (相健)

四代 密陽朴氏 (宗燁)

五代 〃 (日謨)

六代 (日權) 燦瑞

七代 滋寧 (贊瑞)

八代 金海金氏 (載瑞)

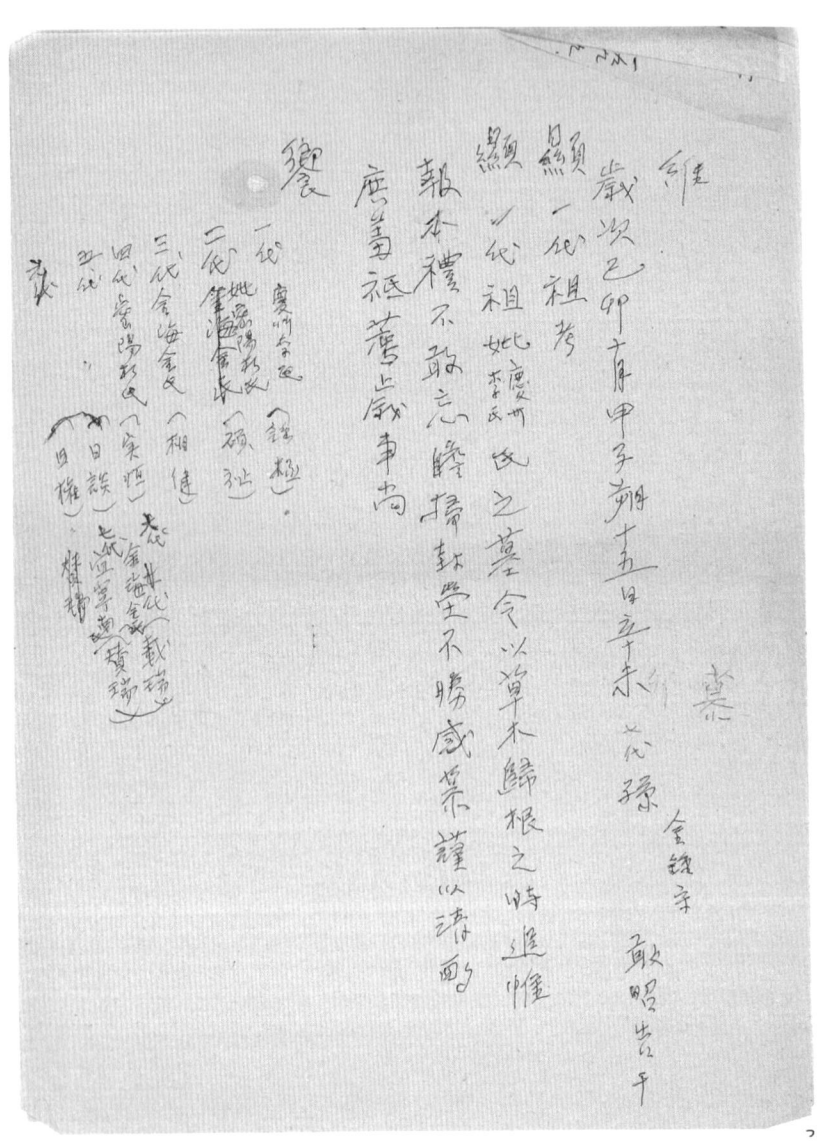

以溫凊之節無不至 … 母或失攝則沐浴煎
藥以祝以禱疾其在居憂三年墓室晨謁廬禮朝夕省墓不避風雨每當忌日
哭泣失聲語及其親未嘗不下淚行六十猶然如此其終身之慕可知也其為門徒
累以千數十人而其敎誨之親一以行義為先文字為後以毋以冠昏喪祭之禮
親生十以續基極力提撕其所疑晦處則必反復參行終始勸實而遂使
鄉里漸成禮俗此非有功於聖朝風化者乎其子正道亦有孝悌之行年未
二十而夭死其婦金氏即贈與書判書龜城府使諱啓毅之後裔當其夫
續纊時手歸綫三朔挾胎亦三朔其時情境有甚於車氏而同穴之心食飲
之廢與車氏無異其舅姑泣喻曰腹中之兒雖未知男與女也而解娩而就
死實非大義理汝夫之血肉從此已矣幸勿固執金氏感悟舅姑之喻不死其夫
初終之時而果為生男儀表非凡名之以錫祚十歲而才名傳播遠近早龍
其祖家庭之學子窮心性理學問日進人皆稱之以孝孫天不假壽得病於試
邑還家翌日遽然氣絕其妻張氏旅軒先生後裔也時在其側方欲飲
之以藥物見其莫救之狀遽碎磁器以近命三日方有精神語其妻母曰倫
母在堂無他子女吾亦無一箇血肉罪莫大焉我死之後事我母吾生時也
諄諄而殞張氏亦欲從死取其夫衣帶自結其項其姑解其結泣曰汝
死吾不能獨生且汝夫臨終有付托老母之語何不回思而固執若是其
姑亦欲結項如此景色非一非再張氏因為老姑無依不能就死然勺水不

22

化長 李漢九 崔在基 等謹齋沐再拜上書于
城主閤下 伏以自古孝行烈行與孝行之特異者 只於書史上觀感而不能無盡信書
之惑矣 今於本島故處士金陽祿家四世烈孝 始知其決然無惑矣 陽祿卽嘉善武
公諱完之八世孫 府使諱命熙五世孫 士人鎭龜之子也 其母車氏 贈領議政之節
公雲菴先生諱泰順之裔 出世素有婦德 孝行兼至 于歸三載 其夫早逝 及其
纊屬失 以同穴發願 却飲食七日 而其子陽祿生纔十箇月矣 老姑泣而曰 從夫而
死 雖爲婦人之義 而吾家累世獨子 所存者只一孤兒 汝死則孤兒亦不能保
此金氏之宗 豈不可憐乎 汝須用心養孤兒 繼先祀 則此義反有重於從死 車氏飄
然閉眼 上以瞻老姑 下以視孤兒 泫然下淚 含忍勉從 雖不爲死 三年之內 日夜號
哭 雙眼血淚 衣裳腐爛 隣里感化 人或弔表 則常戒之曰 哭泣當如車氏 惟本
貞淑 教子有方 小有不如意者 常戒之曰 世常此言 寡婦之子無敎 汝非自信 其
工何以免此譏乎 迨其稍長 娶婦得孫 抱而撫之曰 吾望於汝者 以正道行于
世 仍錫名以正道 及其夫之忌日 呼其子與訣曰 吾之苟存 爲汝成就 一事今又抱
孫 志願畢矣 且有辭於地下 從此以後 愼勿食飲 勸我一死之後 愼勿過哀
不負平日 惟疾之心 世仍委席 絶飲五日而死 家園女貞樹 有車氏亡日手種也
車氏死後 樹亦枯死 以木之無知 亦非感義而然歟 殺身成烈 世或有之 而
惟此車氏之烈 自初至終 少無違於禮義 而從容就烈 眞可謂忠人上一等
矣 其子陽祿篤信母訓 以孝修律 以禮以義 教人常謹衣冠 不離母側 淑以

晩悔處士金公行狀

金公諱陽稼字乃卿自號晩悔系出駕洛中祖諱光以 仁廟功臣封鶴城君諡襄武
至後孫避地入海數世爲三洲人祖諱斗植考諱鎭龜皆有德惠及人妣延安車氏女始
達早喪其天絶粒將下從公生才十箇月爲念存孤忍而不死事 聞旌閭公生 純祖
丙寅五月十日幼而聰頴兼有至性慈夫人早寡守義義方之教篤嚴督課不以孤幼而
容緩常撫頂誨諭曰人言寡婦之子無教汝不自倍致念世謂免此譏公聆此刻骨銘衷
中殊表兼以母訓勤摯一出言一擧足而不敢忘母或有感怒則下堂俯伏俟其怒心霽
有疾進藥必先嘗沐浴祝天及丁憂哀毀踰禮擗踊幾絶而甦食素立四以至上リフ
服闋之後不學之有是
近皆輒掩卷垂淚詳其孝思之得於天者然也自束髮衣帶必飭進止有常度未
嘗見傾跌失容於貨利聲色泊如也陋巷斗室一簞飯一瓢飮囂然自樂無慕乎
其外不屑於功令潛心乎經子以窺其奧講究乎經禮不盡其要而異端不正之書
未嘗寓之於目是以來中身見識已淹博而姓名籍籍之在人耳範然爲海上師表檀衣
負笈者靡然而歸出以而爲教教有常法先禮義而後文辭蓋以得於己者及於人
使質留海曲一變爲禮俗之績其行蓋孟子所謂豪傑之士者也公初學於愼菴
丁公 丁公蓋潭門高足溯其淵源蓋出於北學則古之陳良未可謂多於公也卒於
今上乙酉六十五年九月十二日享年八十葬道化面長村後午坐夫人密陽崔氏永南女三男
正道早卒娶金氏並行旌閭次志道執道二女適同福吳瑞元慶州鄭日俊孫正道
金瑨公之家後裔不替正道知道皆有志行知名士友正道之子錫祚亦才也甚

金海金氏四世孝烈旌閭記

今上戊子(一八八八年)命旌 故烈婦車氏 孝子金陽祿 烈婦金氏 張氏 皆白三洲也 三洲在南海

上絶遠 京華士夫 高聽卑 雖無徵 不獨而非其至行卓然 節拔於萃類 可爲耶

詩云鶴鳴于九皐 聲聞于天 其謂是歟 孝子駕絡遠裔 三洲高士 南海所稱

晩悔先生者 而車氏其母 金與張 其子婦 若孫婦也 謹按入啓實蹟 車氏自在

父家稱孝女 及笄歸金海金氏 爲士人鎭邇室 三歲而夫早逝 失心不從水漿

不入於口七日 遺腹即陽祿生 才十箇月 老姑抱而泣曰 吾家屢世單嗣 所恃

者幼孤 汝母死 誰能存汝金氏之祀 殆將絶乎 車氏惕然起 而寬譬其姑 撫存

其卵 不以嗟色見於姑 而入私室 血淚衣裳盡腐 子稍長 不以無父加恤 小有

過差 皆而諭之曰 人言寡婦子無教 汝不自倍致力 安得免此譏 陽祿雖幼

質有過人者 而文行著名 實由母訓也 及子娶婦生孫 抱而錫名曰 知 世以正道

正道訓汝 由之及其夫亡 日呼其子曰 吾不死由汝 汝在 汝已生子 無母何傷 吾翁

侍病矣 纔疾五日而逝 宅畔有女貞樹 車氏手壽其名而手植 亦隨而枯死 人

謂烈氣所感也 孝子賦胎烈光 幼有至性 讀服孟母之至訓 致力曾子之養志

晨昏冠帶 不離母側 敬扶出入 在親饌膳 或有威怒 下堂俯伏 起孝敬以悅之 或有

疾痛 沐浴祝天 嘗糞 [illegible]以進之 及丁憂 毁踰於禮 自西[illegible]墓 [illegible] 日致如在

平日語及父母 流涕沾襟 至七十行年 [illegible] 然而經明行修 禮[illegible] 經 [illegible] 亦所深

究 數六月生徒 [illegible] 名 [illegible]

表案之為何等輕重人人而墻理所固然一自先生之奮而起導人子
弟於義方提人耳目於儀節使之漸變遐僻而難進子雅孫每不
熏陶至於深衣制服園衫幅巾等件件修數講之已素熟衣之又
甚麽不達禮家之繩尺是果孰使之然耶微先生生居茲土不為
鳥獸者鮮矣嗚呼先生之沒今今為十有六年之久而遺風餘韻
猶有感發於里黨與誦蒙議齊月璐人各出力鳩始棟宇於平
居書塾之右庶幾英靈朝暮陟降焉敢設春秋豆之禮以寓
百世羹墻之義與斯未賤性甚鈍不能承發咳之萬一然既忝
門弟子之末故畧叙事實如右非敢為文以俟他日知言者之
筆削焉

辛丑十二月上澣
1901年

晩悔先生行錄序

八十三 鼎泰 拔

先生諱陽[illegible]字乃卿晩悔其號也金氏系出金官新羅大角干諱庾信
為鼻祖我朝 仁廟功臣諱完為九世祖也生于崇禎四周戊寅卒于丙戌享年
八十有一上之二十年庚寅旌孝閭 贈敎官母夫人車氏子婦金氏孫婦張氏並以
烈行同蒙天褒其蹟首尾煩不盡錄先生幼而失怙鞠於車氏之德行甚
備先生之成德實賴車氏之庭訓蘆沙奇丈席聞其行而嗟嘆曰當世
愧於孟母云年未弱冠識見高邁執贄於丁愼菴諱敏采之門愼菴
即宋性潭之寵弟而師傳多受期托甚重矣三赴鄉試親沒後不復
入場屋以敎育後生為自己擔當事至於末俗之代痛禁而勿施自
束髮晨興盥櫛必整冠帶八十如一日老而彌篤居家常嚴然自
得不為形役之所遷姿性温厚初無喜怒然到得義理關頭
梗着脊樑立世以固撓鄉而有喪則稱其家力而賻賵周旋
致人子之誠力貧或廢棄則勸其未耕故讀書力勤課又使之專
人才之成就況茲土僻在海隅人所見聞習於固陋初不知冠婚

化民
丁燮秀在國金濚奎等謹齋沐再拜上書于
士人鎮龜之子也其母重氏　贈領議政文節公雲巖先生諱原順之苗裔
也素有婦德孝於舅至于歸三載其夫忽然罹疾及其續纊矣以同穴處卻飲食
者七日而其子陽赫生纔十四月矣老姑在傍抱而泣諭曰從夫而死雖爲婦人之
義

宋源　宋鉉垕　金衡　徐真淳
甲纘模　宋璣鎬　丹璧瑄　李灌九
丁相泉　柳永然　張益瑢　金國祿
宋鎮奎　金載漢　丁學魁　李在彬
宋煉　彭八鉉　柳濬錫　李在皓
孫外學申模　柳根湖　丁來述　李在寅

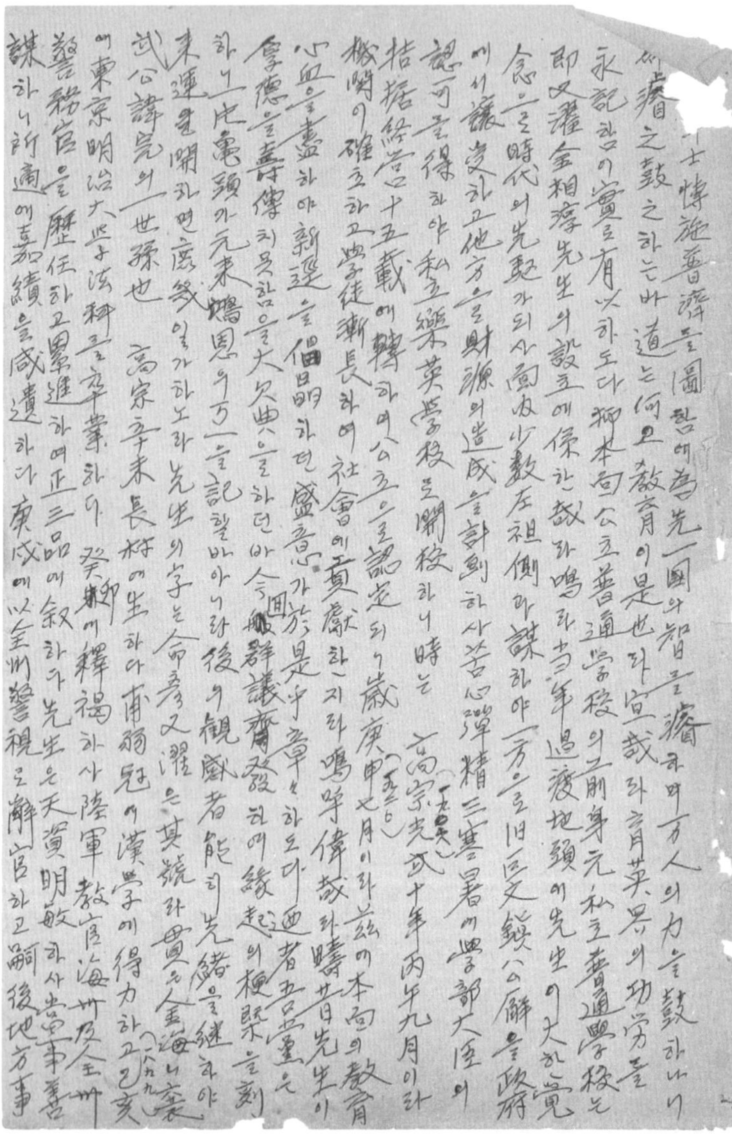
士悖施普濟를圖함에爲先一國의智를濬하며萬人의力을鼓하나니
濬之鼓之하는바道는何오敎育이是也라宜哉라育英君의功勞를
永記함이實로有以하도다 卿本面公立普通學校의前身元私立普通學校는
卽文淮金相淳先生의設立에係한뜻이라嗚呼라當年過渡地頭에先生이大히覺
念으로時代의先起가되사面內少數左祖側과謀하야一方으로旧官廳公廨를政府
에서讓受하고他方으로財源의造成을計劃하사苦心殫精三寒暑에學部大臣의
認可를得하야私立樂英學校로開校하니時는 高宗光武十年丙午(一九〇六)九月이라
拮据經營이十五載에轉하여公立으로認定되니歲庚申(一九二〇)七月이라茲에本面의敎育
機關이確立하고學徒漸長하여社會에貢獻하지라嗚呼偉哉라疇昔先生이
心血을盡하야新運을個明하던盛意가於是乎章々하도다 迺者吾黨은
學德을壽傳치못함을大欠典으로하던바今般群議齊發함에緣起의梗槪를刻
하니 忠龜頭가元來嶋恩의万一을記할바아니라後의觀感者能히先緖를繼하야
未運을闡하면庶幾일가하노라 先生의字는命彦又는淮은其號라貫은金海니襄
武公諱完의十世孫世 高宗辛未長村에生하다甫弱冠에漢學에得力하고己亥(一八九九)
에東京明治大學法科를卒業하다 癸卯에釋褐하사陸軍敎官海州及全州
警務官을歷任하고累進하여正三品에敍하다先生은天資明敏하사當事善
謀하니所適에嘉績을咸遺하다庚戌에以全州警視로辭官하고歸後地方事

1945年 - 建国準備委員会 組織 委員長 韓錫洪 西島 人 東島 김정식 씨 解散
治安隊

他地方漁民들 火藥漁業 禁止로 6.7事件
流刺網漁業 進出에 漁民들 打擊甚大
流刺網創業에 妥協案 800万 보상 1,200만원 決裂
漁業組合不正事件 總代總會召集 経理者 自殺

買収農場 失敗
西面法制 実施 面議員職 議員長
作物을 指導함, 이때 까지 道路補修 및 側溝
整備
農은 天下之大本, 뫼아가- 로 生産擴大 와 漁民
農事에 生産增收으로 島經濟에 큰 도움을 주는 機会

巨文高等公民学校 設立되고 学校傳統을 살렸음은 巨文島에 寄附金을 設立 元正常 李正載 韓奎洪 委員들. 中学校 設立은 元正常民가 先頭에 섰는 結局 德村里에 巨文書公이 指名을 하고 德村에 敎地買入에 이르렀음은

巨文島電氣事業 李福山 發起하고 名誉負担이 되고 自家發電을 德村에 두고 金〇 氏, 殷주 등이 이룸은 運営에 어려워 金〇〇氏와 巨文島에 가서 同氏 水協 은 其他 有志와 李〇〇 国会議員에 建議해서 250만 원을 補助하고 運営中
水協 林吉同 巨文島 水協에서 電機事業 製氷工場 事務室, 西島里에 造船所, 指導船 등이 있다

16

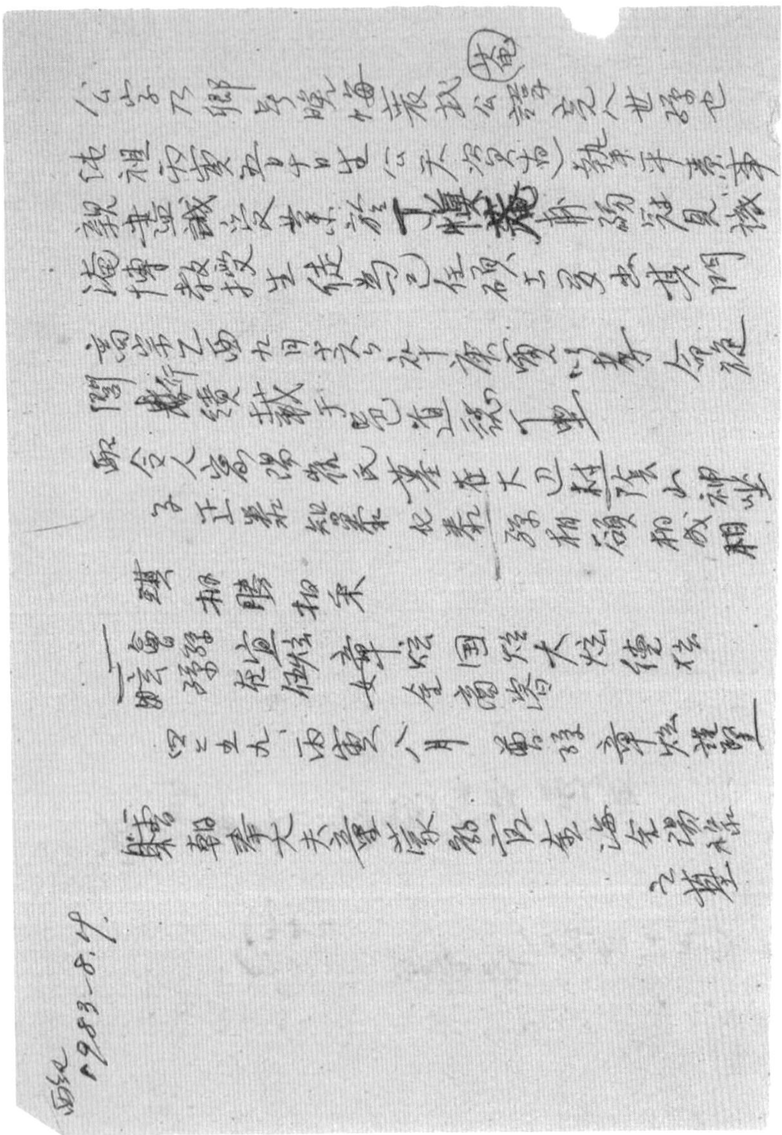

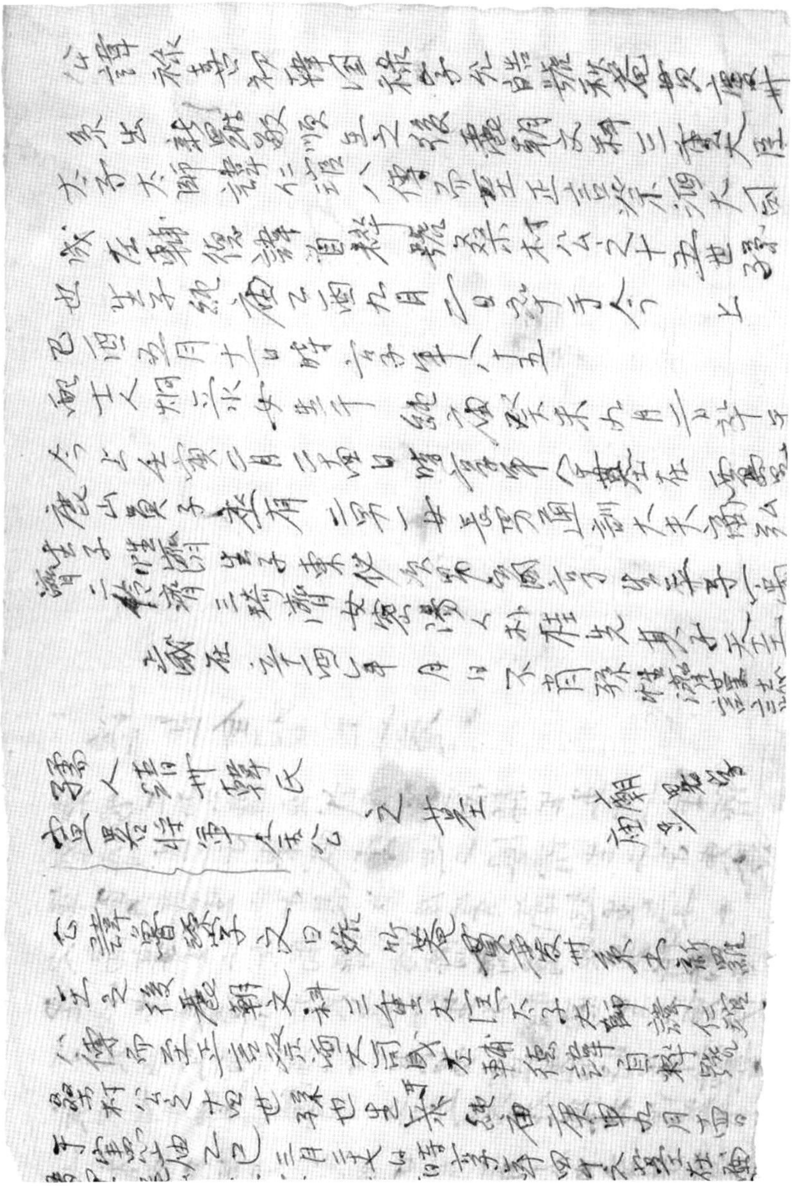

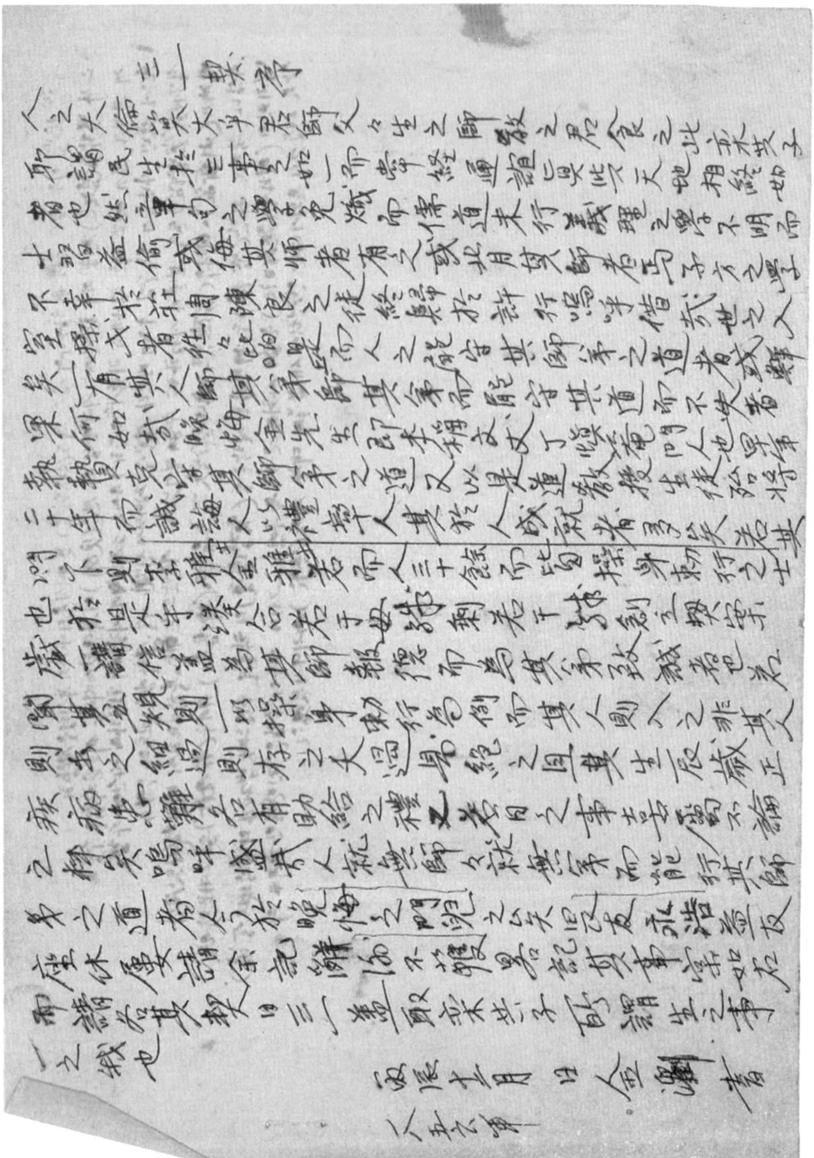

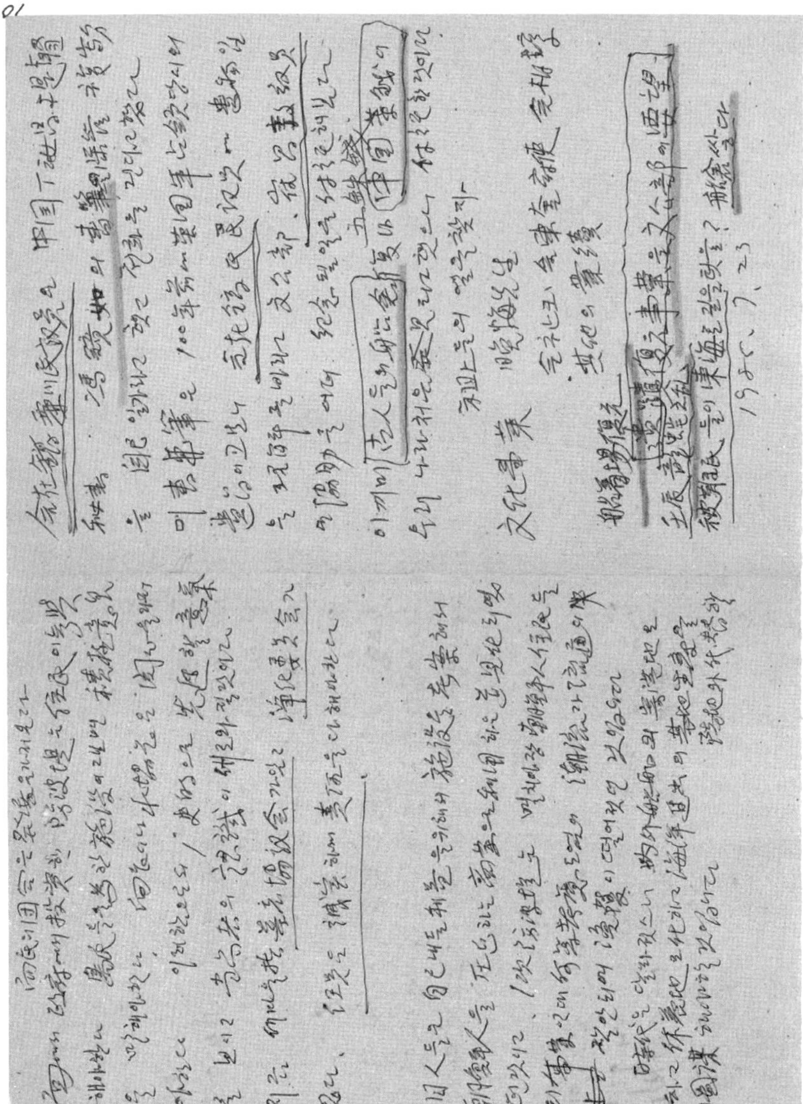

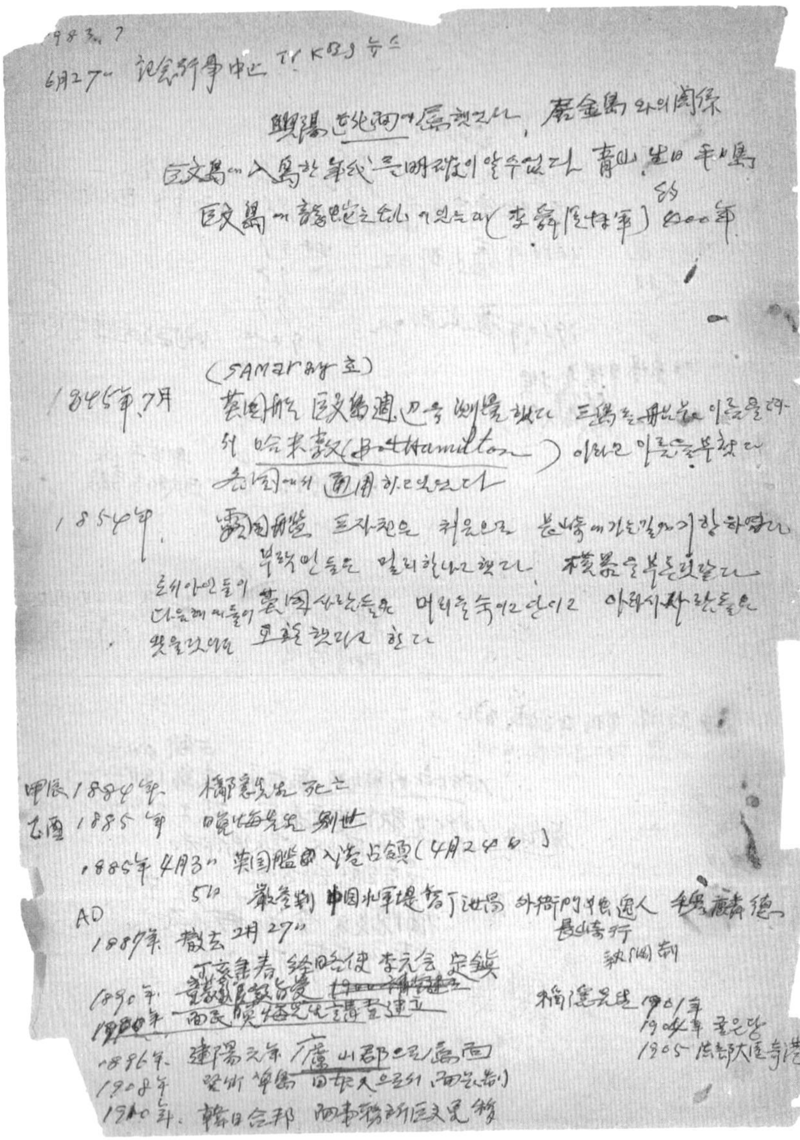
1983. 7
6月27日 記念行事中心 TV KBS 뉴스

興陽 古北面에 属했으나, 居金島 와의 関係
巨文島에 入島한 年代를 明確히 알수없다 青山 生日 平日島
巨文島에 [illegible] 있는데 (李舜臣將軍) [illegible]年

(SAMARANG 호)
1845年 7月 英国船 巨文島 周辺을 測量했다 三島를 [illegible] 이름을 따서 哈米敦(Port Hamilton) 이라는 이름을 붙혔다 英国에서 [illegible] 하고 있었다
1854年 露国船艦 [illegible] 처음으로 長崎에 가는 길에 기항하였다 부락인들은 멀리 피난갔다 했다. [illegible] 로시아인들이 다음에 [illegible] 英国 사람들은 머리를 숙이고 [illegible] 아라사 사람들은 [illegible] 했다고 한다

甲辰 1884年 橘隱先生 死亡
乙酉 1885年 晩悔先生 別世
1885年 4月 3日 英国艦 巨文島 占領 (4月 24日)
5日 [illegible] 中国 北洋 提督 丁汝昌 [illegible]
AD 1887年 撤去 2月 27日
丁亥 [illegible] 經略使 李元會 定鎮
1890年 [illegible]
1896年 建陽元年 [illegible] 郡 [illegible]
1908年 [illegible]
1910年 韓日合邦 [illegible]
橘隱先生 1901年
1904年 [illegible]
1905 [illegible]
9

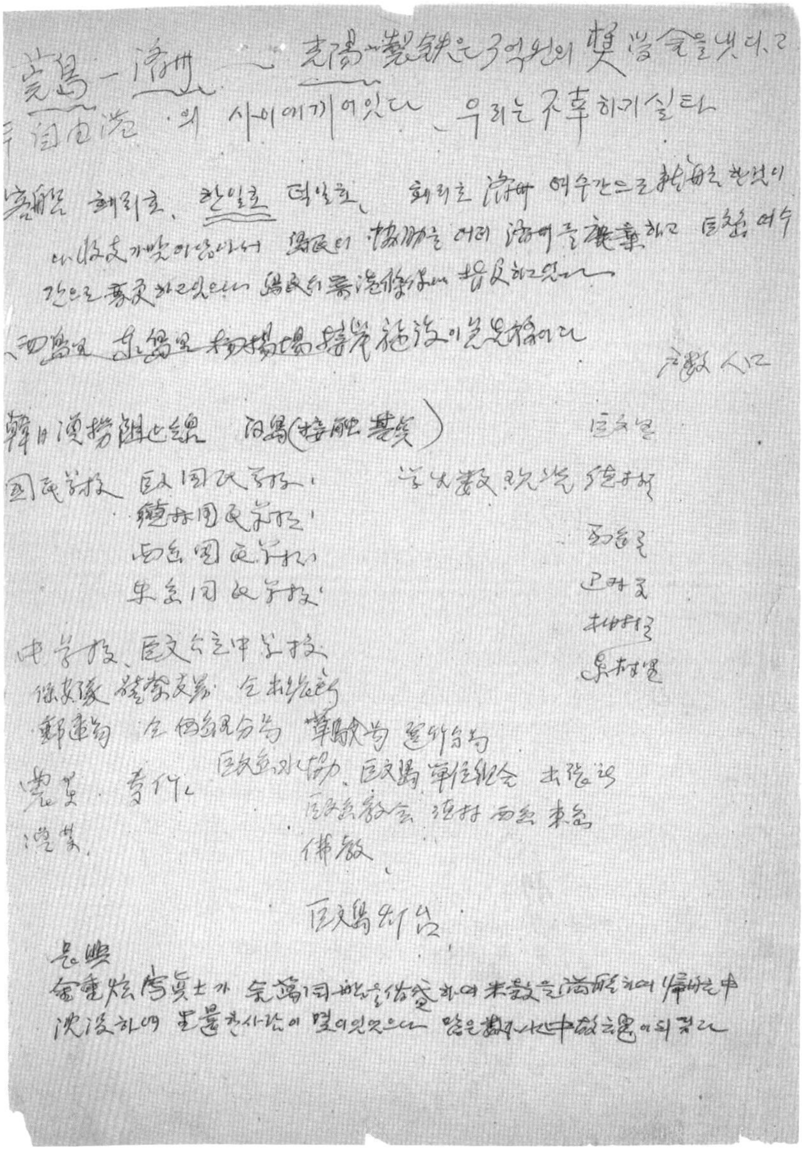

莞島 — 済州 ~ 光陽製鉄은 3억원의 奬学金을 낸다고
[illegible] 自由港 의 사이에 끼어있다. 우리는 不幸하기 [illegible]

客船 화리호, 한일호, 덕일호, 화리호 済州 여수간으로 [illegible]
[illegible] 済州를 [illegible] 하고 巨文島 여수
간으로 [illegible]

西島와 東島의 [illegible]

戸數 人口

韓日 [illegible] 線 [illegible] 巨文里

国民学校 巨文国民学校, 学生数 [illegible]
德村国民学校,
西島国民学校,
東島国民学校,

中学校 巨文公立中学校
[illegible]

佛教

巨文島 灯台

[illegible]
金重炫 [illegible] 가 [illegible] 米穀을 [illegible] 하여 [illegible] 中
沈没하여 [illegible] 사람이 몇이 있었으나 [illegible] 이 되었다

오위도총부(五衛都摠府) 이조 때(李朝)의 군무(軍務)를 총괄하던 관청. 본래 이조의 군제(軍制)는 고려 공민왕 때 설치한 삼군도총제부(三軍都摠制府)를 계승하였으나 1393년(태조2)에 의흥삼군부(義興三軍府)로 개칭 다시 1403년(태종3)에 삼군도총제부(三軍都摠制府) 1405년(태종5)에 삼군진무소(三軍鎭撫所)로 개칭하였고 1446(세종28)에 의흥부(義興府)로 개칭하였다. 그러나 1457년(세조3)에 이르러 3군(三軍)을 五위(五衛)로 개편함과 동시에 3군진무소를 五위진무소로 고치고 1466년(세조12) 5위도총부라 병조에서 독립되었다. 관원으로는 도총관(都摠管-정2품) 5명 부총관(副摠管)종2품 5명, 경력(經歷-종4품) 6명 도사(都事-종5품) 6명, 이속(吏屬)으로는 서리(書吏) 13명, 사령(使令) 20명이 있었으며 총관과 부총관은 타관이 겸임하였다. 중종 때 비변사(備邊司)가 설치되고 임진왜란 후에는 군국(軍國)의 사무를 비변사가 담당하게 되어 五위도총부는 점차 기능이 마비되어 법전(法典) 상의 관제(官制)로만 남아 있다가 1882년(고종19)에 군제개혁과 함께 완전히 폐지되었다 → 오위

오위장(五衛將) 이조 때의 군직(軍職) 5위의 으뜸가는 단직인데 초기에는 종2품관으로 정원은 12명이었으며 다른 관원이 이를 겸하였다. 임진왜란 이후 5위가 병제로서의 기능을 상실하고 궁궐의 도성(都城)을 경비하는 직책만을 담당하자 5위장이 이직무를 맡아보게 되었다. 초기부터 종2품이던 것을 이때 와서 정三품으로 고쳤으며, 위장소(衛將所)를 설치, 3명을 더 늘리고, 2명은 문관으로 보직하여 위장소의 사무를 맡아보게 하였는데, 이 2명을 조사오위장(曹司五衛將)이라 하였다. 5위장은 동·서·남·북의 4소(所)에 각각 1명씩 입직(入直)하여 밤마다 기병(騎兵) 6명을 거느리고 각 소(所)가 서로 연락을 취하여 계속해서 순찰하였다. 그 구역은 북소(北所)는 돈화문(敦化門)에서 진례문(進礼門)까지, 동소(東所)는 집례문(集礼門)에서 건양문(建陽門)까지, 남소(南所)는 건양문(建陽門)에서 경추문(景秋門)까지 서소(西所)는 경추문(景秋門)에서 집성문(集成門)까지였다.

가선대부(嘉善大夫) 이조의 관계(官階) 종2품으로 초기에는 문·무반(文武班)에 한해서 주었으나 후기에 와서는 종친(宗親)이나 의빈(儀賓)도 이 관계의 칭호를 받게 되었다

수군첨절제사(水軍僉節制使) 이조 때의 무관직, 약칭 첨사(僉使) 또는 절사. 국초의 도만호(都萬戶)를 1430년(세종12)에 개칭한 것으로 종3품의 외관직(外官職)이며, 진(鎭)의 수군을 지휘하였다. 정원은 이조 말기의 예를 들면 경기3, 충청4, 경상4, 전라7, 황해2, 강원1, 평안6 합계 27명이었다.

수문장청(守門將廳) 이조 때에 궁궐문의 수위를 맡아보던 관청, 영조 때까지는 일정한 관직이 없고 무관4품 이하로 윤번으로 임명하여 대궐문을 지키게 했으나 그후에 정직(正職)을 삼아서 정원을 두고 관청을 설치하여 국왕으로부터 수점(受點)한 자를 임명하였다. 여기에 속한 관리를 수문장(守門將)이라 하였으며 처음 23명이었으나 정조 때 6명을 더 두어 29명으로 하고 참상관(參上官-종6품) 15명, 참하관(參下官-종9품) 14명을 두었는데 중인과 서인(庶人) 중에서 선발하였다 —

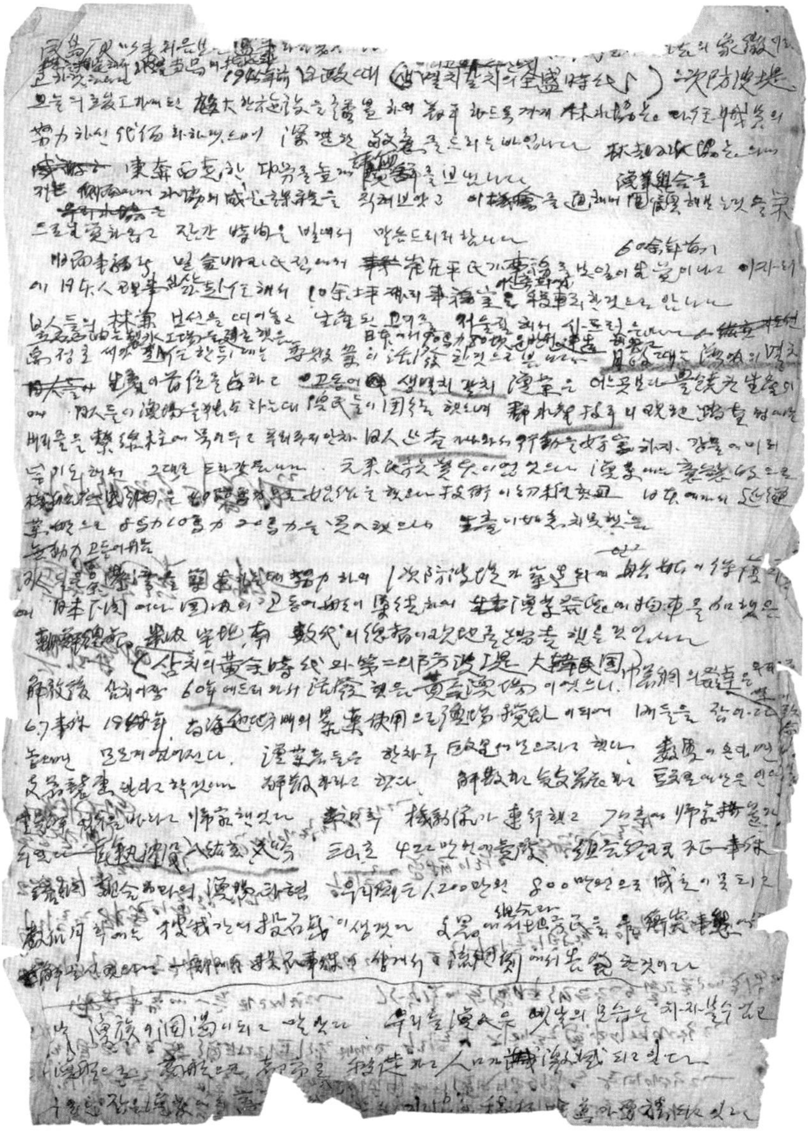

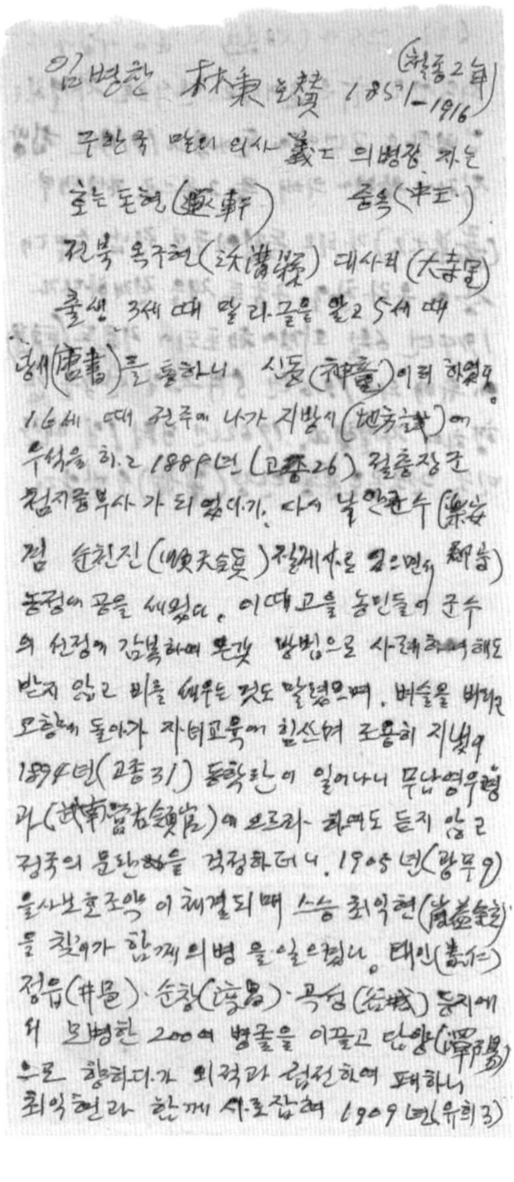
임병찬 林秉瓚 1851-1916 (철종2年)
구한국 말의 의사 義士 의병장. 자는
호는 돈헌(遯軒) 중옥(中玉)
전북 옥구현(沃溝縣) 대사리(大寺里)
출생. 3세 때 말(글)을 알고 5세 때
당서(唐書)를 통하니 신동(神童)이라 하였다.
16세 때 전주에 나가 지방시(地方試)에
우석을 하고 1888년(고종25) 절충장군
첨지중추부사가 되었다가. 다시 낙안군수(樂安
겸 순천진(順天鎭)절제사를 맡으면서 (郡守)
농정에 공을 세웠다. 이때 고을 농민들이 군수
의 선정에 감복하여 온갖 방법으로 사례하여 해도
받지 않고 비를 세우는 것도 말렸으며. 벼슬을 버리고
고향에 돌아가 자녀교육에 힘쓰며 조용히 지냈으나
1894년(고종31) 동학란이 일어나니 무남영우령
관(武南營右領官)에 오르라 하여도 듣지 않고
정국의 문란을 걱정하더니. 1905년(광무9)
을사보호조약이 체결되매 스승 최익현(崔益鉉)
을 찾아가 함께 의병을 일으켰다. 태인(泰仁)
정읍(井邑)·순창(淳昌)·곡성(谷城) 등지에
서 모병한 200여 병졸을 이끌고 담양(潭陽)
으로 향하다가 적과 접전하여 패하니
최익현과 함께 사로잡혀 1909년(융희3)

둔전 屯田 고려 이조 때의 전답 군졸 서리(胥吏) 평민 · 관노비(官奴婢) 들에게 민간지를
개척하여 경작케 하고 · 관노비들에게(官奴婢) 미간지를 개척하여 경작케 하고 여기에서 나오는
수확물을 지방관청의 경비 및 군량과 기타 국가경비에 쓰도록 하였다. 한(漢)나라에서는
변경의 미간지를 군졸들에게 개간 경작케 하여 군량의 수요에 충당하였다 우리나라에서는
백제가 나당연합군(羅唐聯合軍)에게 멸망되었을 때 당의 장군 유인궤(劉仁軌)가
사비(泗沘)에 둔전을 설치하고 그들 당군의 군량 조달지로 삼은데서 시작하여 1024년(고려현종
15)가주(嘉州)와 난지역에 둔전을 설치함으로써 독자적인 제도로 되었다. 숙종(肅宗) 이후는
주(州) 부(府) 군(郡) 등 지방관청의 경비에 쓰도록하는 관둔전(官屯田)과 주진(州鎭)
등에 주둔한 군대의 군량과 경비에 쓰게하는 군둔전(軍屯田)이 설치되었다. 고려 말기에는
사전겸병(私田兼倂)과 대토지 소유의 폐단을 일으키는 큰 원인이 되었으므로 이조 때 태조는
둔전을 폐지하였다. 1409年(태종9)에 다시 둔전을 설치하였다 (경국대전 經國大典)에는 군
둔전을 국둔전(國屯田)이라 하여 국둔전과 관둔전으로 구별해서 기록되어 있다. 임진외란후에
둔전은 매우 확장되었으며 특히 재정의 결핍을 메우기 위해 각 관청에 둔전이 설치되어 그 종류는
40여 가지에 달한다. 이조중기 이후 토지제도의 문란과 함께 둔전의 확장도 [illegible] 폐단
을 가져왔던것인데 그 예로 [illegible]둔(屯)을 보면 1667年(현종8) 설치 당시 44.96결
(結) 30부(負) 7속(束) 이었던 것이 1866년(고종3)에 492.5결 11부 5속으로 증가되고 있다.
高麗史 高麗史節要

둔전병(屯田兵) 고려 이조때 평시에는 토지(土地)를 경작하여 식량을 자급(自給)하고 전시
(戰時)에는 전투원(戰鬪員)으로 동원되는 병사(兵士). 함경도와 평안도에 주둔하던 군사들에게
남도(南道)에서 군량을 공급하는 불편을 없애기 위하여 현지에서 경작케 하여 자급 자족시켰다. 이조
때는 둔전(屯田)의 종류를 2로 나누어 국둔전(國屯田)과 관둔전(官屯田)으로 구별. 국둔전
은 국둔전(國屯田)이라고 하여 둔전병이 경작하는 토지였다

이끼에 (~~[illegible]~~) 서당(書堂跡) 선창(船倉) 샘(井) 대지(垈地)
(350년 [illegible])

도총관 都摠管 이조의 관직. 오위도총부(五衛都摠府)에서 군무(軍務)를 총괄하던 최고 군직으로 정2품의
품계(品階)를 가진 관원 중에서 임명 초기에는 10명이 있었으나 후에 5명을 감원하였다 → 오위도총부

도정 都正 이조의 관직. 종친부(宗親府) 돈령부(敦寧府)에서 종실(宗室) 왕친(王親) 외척(外戚)
에 관한 사무를 담당한 정 3品의 벼슬을 말한다. 도정은 종친부와 돈령부에 각각 1명씩 두었으며
세자(世子)의 중손(衆孫) 대군(大君)의 중손(衆孫) 왕자군(王子君)의 [illegible] 승습
(承襲)의 적장증손(嫡長曾孫) 등 종친에 한하여 주었다

사과 司果 이조의 관직. 오위(五衛)에 속한다. 정육품의 군직(軍職)으로 정원은 21명이었다.
현직에 있지않은 문무관(文武官) 음관(蔭官) 중에서 선발했다.

별장 別將 [illegible] 이조 때 각 영에 예속 속되어 있던 당상군관(堂上軍官)으로 정三品 및
평도감(訓鍊都監) 중군(中軍) 밑에 정三품 별장 2명, 용호영(龍虎營)에 1명
호위청(扈衛廳)에 1명, 금위영(禁衛營)에 1명 어영청(御營廳)에 1(

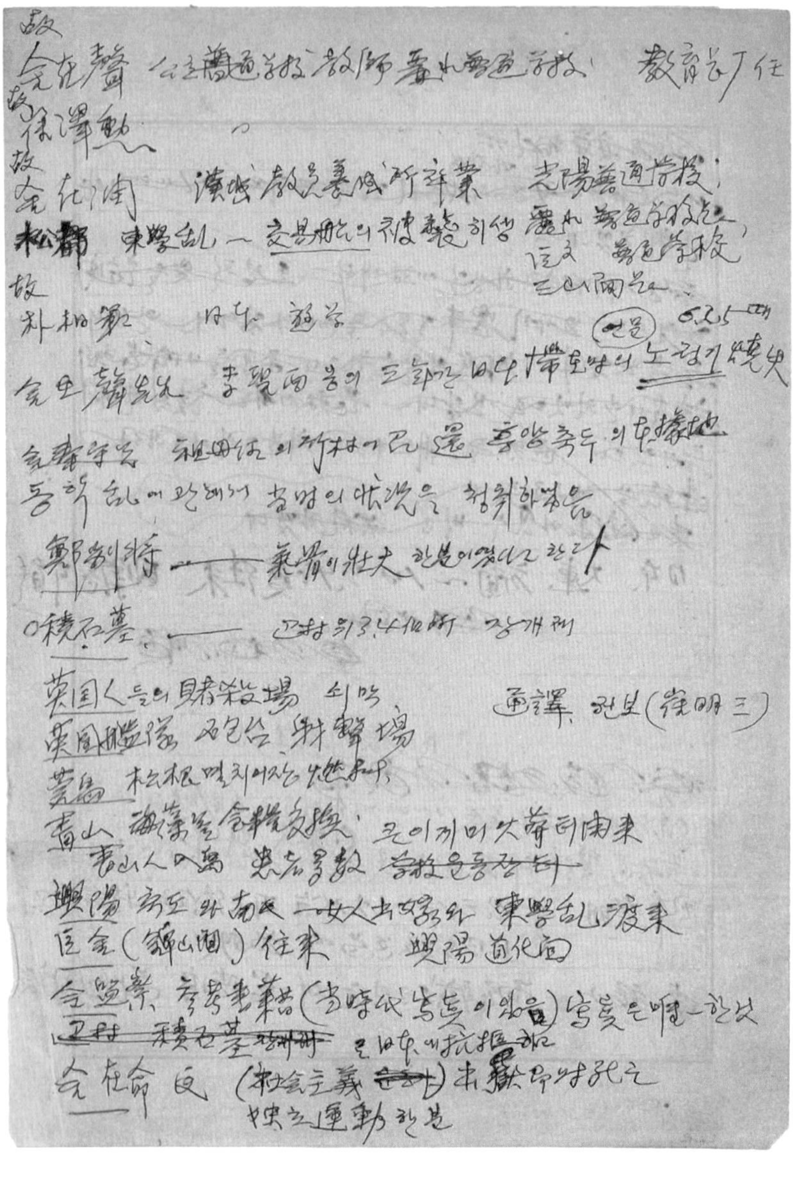

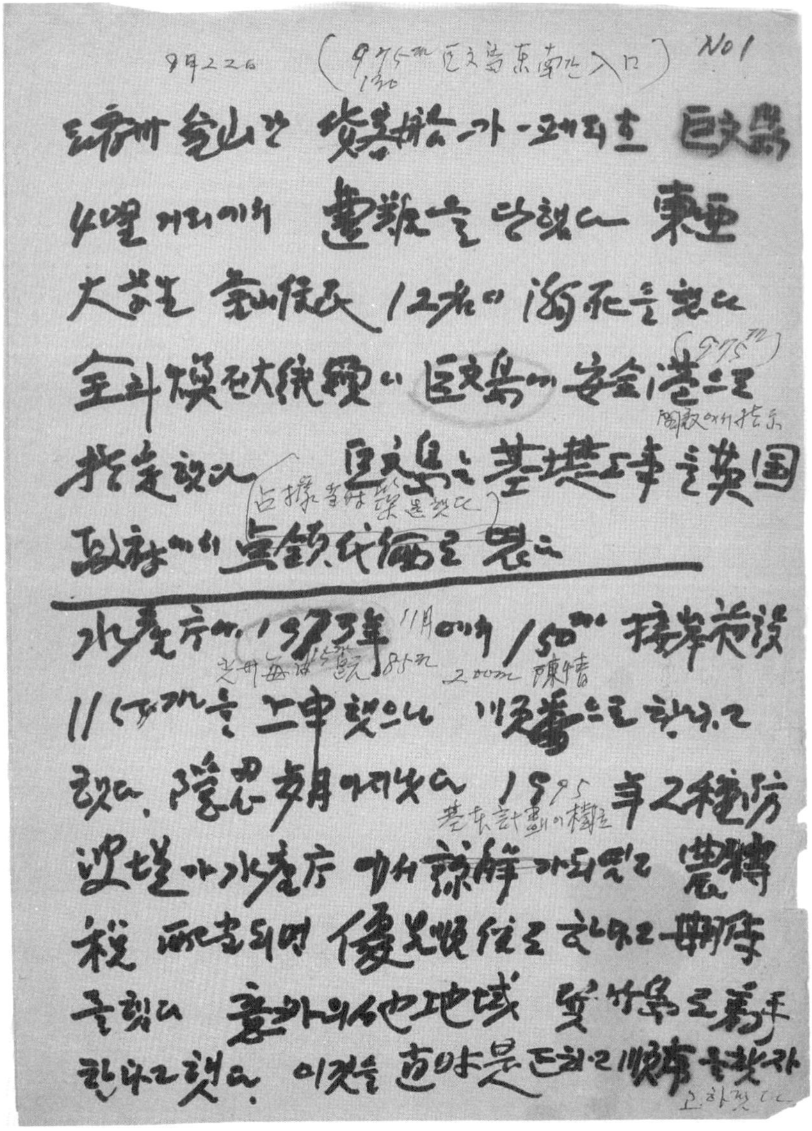

9月22日 (975m 巨文島東南가 入口 130) No1

[illegible] 金山 앞 貨客船이 [illegible] 巨文島

4哩 거리에서 遭難을 당했다 東亞

大學生 金山住民 12名이 溺死를 했다

全斗煥 前大統領이 巨文島에 安全港으로 (975m) [illegible]에서 指示

指定했다 巨文島는 基礎工事를 英國 ([illegible] 했다)

[illegible]에서 [illegible]로 했다

水產廳에 1973年 11月에 150m 接岸施設 ([illegible] 85m 200m 陳情)

[illegible]개를 工事했으나 順番으로 한다고

했다. 陰曆 正月이 지났다 1995年 2種港 (基本計劃이 樹立)

港灣이 水產廳에서 諒解가 되었고 [illegible]

[illegible]되면 優先順位로 한다고 [illegible]

를 했다 [illegible] 他地域 [illegible]로 [illegible]

한다고 했다. 이것을 [illegible] [illegible] 하였다

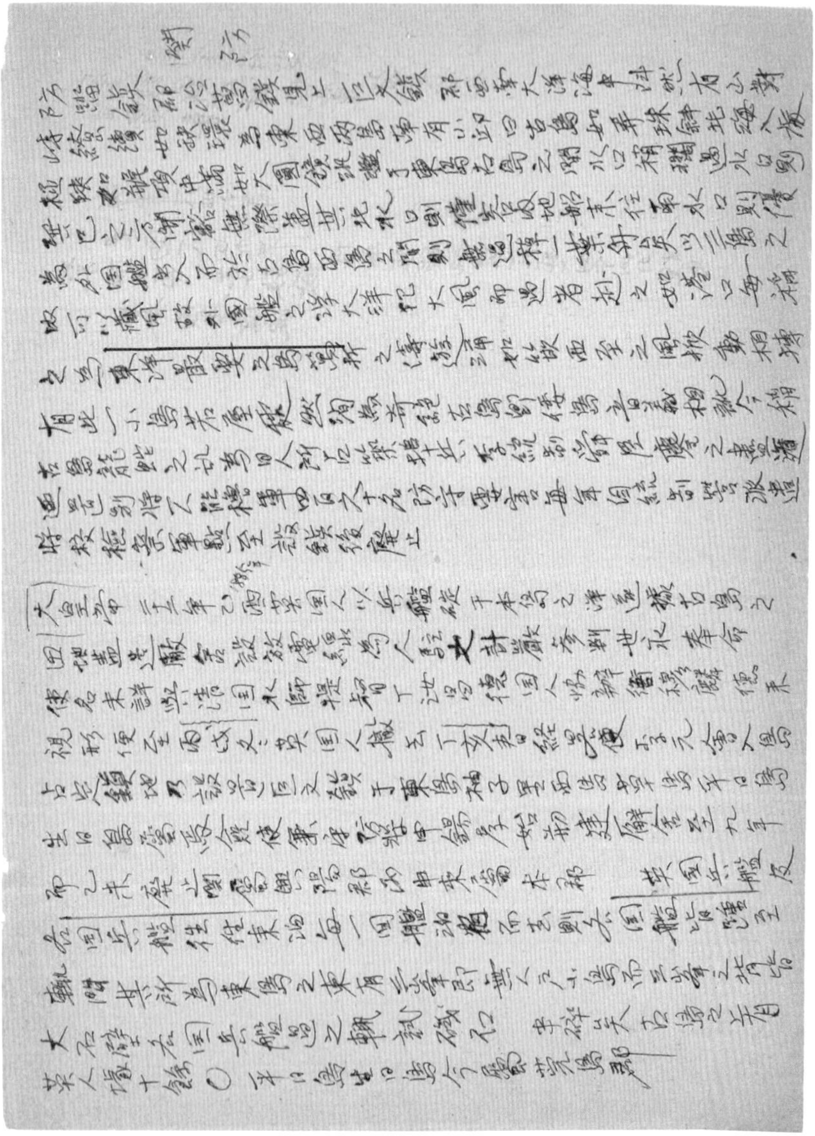

建築件

Date　　　　　　　　　　No.

貴宅의 健勝하심을 仰祝하나이다

다름이 아니옵고 우리地方에 崇慕祠를 建立하는

計劃을 推進中에 있는데 李貴濬氏로부터

貴下는 祠堂에는 많은 造詣가 있다고 하기에 華下에

나와서 全般을 가서 諮問하려 相議코저 하였으나

여러가지 事情도 있고 相逢이 안될경우 困難하므로

書信으로 問議하는바이오니 受信한즉시 回信을

直時 回信하여주시기 바랍니다

祠堂은 五間 瓦屋이고 부속건물 二棟을 蓋瓦 또

는 併用使用으로 스라브식으로 建築하든지 貴下의

設計 指示에 따르고저 하나이다

回信은 (전화는) 巨文島 西島郵遞局 68번 66번에 걸어주어 (아침 또는 저녁) (김동주)

도 和할것이옵고 至急 連絡 바랍니다

1989. 10. 5

西島里 晩梅先生 崇慕祠建立推進委員會

會長 金梅煥

규격 177mm × 257mm

통지서

추진위원 회의를 갖이고자 하오니 정각시간에

참석 하여주시기 바랍니다

1983. 9月 11日 下午 2時 이사무소

위원장

김병운

委員

오병운

김동주

김중환

이종정

이광현

이귀순

이대춘

김재홍

김형태

남상언

김동선

김홍현

김봉난

李暎福

우리 巨文島는 일찍부터 文化의 發展이 있는 곳입니다. 아름다운 觀光地로 잔잔한 湖水의 港口 休養地의 港口를 만드는데 心力을 다합시다

이웃 濟州島 - 莞島는 自由港으로 觀光地로 無窮한 發展을 約束되고 있읍니다 이는 住民들의 努力의 結晶입니다

우리 麗川郡에서는 10年간 140억을 들여서 집중개발한다는 喜消息입니다 우리 島民들은 安易한 마음에 陶醉되지 말고 團結하고 奮起합시다

1982年 鬱陵島民들은 開拓100周年 紀念行事가 있었다

1983年 米國 英國 独逸의 100周年 修交紀念行事가 있다

1983年 釜山에서는 3月19日 開港107年만에 現代港으로 탈바꿈을 했다

巨文島出身은 日政 때부터 商船의 乘務員으로 從事해왔다 우리나라는 海運業이 飛躍的으로 發展을 가져왔고 이 海運業 發展에 底辺에는 우리 島民들의 숨은 功勞와 많은 犧牲者가 있다 일찍이 釜山으로 轉籍하였고 移住의 人口數는 增가되고 특히 影島에 集中居住하며 어느 商船에 從事않은 곳 없다.

1983年 巨文島는 1888年에 設鎮하고 1895年에 廢止한 후 海軍基地가 設置되었다 距今 86年째이다 國防의 要衝地에 다시 海軍基地가 復旧된 것이라 하겠다

基地設置의 紀念行事를 擧行하여 祝賀하는 것이 妥當할 줄로 안다.

日人들은 1920年代에 朝鮮總督府에 陳情하여 一次防波堤를 完成하였다 總督은 巨文島 日人을 激勵次 7代 總督이 視察하였다 米内、小沼、宇垣、南 등이다

1965年 二次防波堤는 革命政府 下에서 朴大統領 下에서 完成되었다 西島室 防波堤는 基礎程度에 끝이고 漁船保護에는 未洽하여 住民生活에는 向上에 도움이 없고 漁船接岸施設 이제 自力築造 되었으나 不完全하다.

日政時의 巨文島의 概況

日本林兼巨文島出張所와 母船이 巨文島의 生產魚物을 獨占買收하였다
巨文島漁業組合은 理事赴任으로 事務室을 新築하고 生產品을 委託販賣가 開始되었다

盛漁期中 巾着網 集結 網船 運搬船 등 300余隻이 集結 釜山 浦項 長承浦 日本下關 釜山에서 底引網業 또는 巨文島企業者의 漁業者들이다
豊饒한 漁資源인데도 우리 元住民은 民族資本이 없어 畫面의 餠이였다
巨文島에는 日人 150戶 元住民 150戶 정도

日人들의 出口, 林兼, 主石 石油商事를 위시하여 主石製氷會社 日人商店들이 獨占하였고 公醫 藥師 鐵工業 造船所 旅館 料理業 旨業 漁業 仲介人들이고 元住民은 零細한 商人들이고 酒店이였다
尋常小學校는 元住民 子弟는 入學을 拒絶하였다

特記할것은 元住民들이 經營하는 멸치(鰮子) 잡이는 盛況을 이루었다
一統에 年 8000結 생멸치 갈치 도미 잡이등 好景氣를 記錄하였다
巨文島灣은 陸地의 畓하고 比較할수없는 生產金額을 올렸다
日人들은 漁場을 獨占할 手段으로 郡水產技手 宮本는 現地를 測量하러 왔으나 零細漁民 들의 反撥에 봉착하였다 日人警察이 制止하려하자 憤激한 群衆들은 小野 巡査를 바다물에 미려넣다 水產技手는 安協을 請하고 歸郡하였다

日本에 巨運丸을 新造하여 왔을때 島民의 歡聲이 大端했다 우리들의 漁民의 運搬船이기에 物資의 運搬 島民의 便宜에 供하였다

日人들의 後退하고 삼치어업은 輸出品으로 日政때와같이 黃金漁場을 되찾았다 各地로부터 모여든 流刺網 漁船은 1000余隻에 달했다
그러나 삼치 漁場도 갈치 멸치 고등어가 漸次 資源이 枯渴되어갔다.

莞島 ~ 濟州島는 自由港으로 脚光을받고있다

이地域들은 앞으로 無窮한 發展을 約束되고있다 住民들의 努力의 結晶이라고 하겠다

아름다운 잔잔한 湖水의 港口 休息의 港口

우리 巨文島는 일찍이 文化의 發展이 있었다 觀光地로 [illegible] 흘러보듯이 '5'가을 다듬시다

島을 벗어나지못하고있다

麗川郡에서는 10年간 1400억을 들여서 집중개발한다는 喜消息이다 그러나 安易하게 바다드물수는없다 우리 島民이 團結하고 總蹶起해야할때가왔다

1982年 鬱陵島民들은 開拓100周年紀念行事가있었다

1983年 米国 英国 [illegible]의 100周年修交紀念行事가있었다

1989年 釜山에서는 3月19日 開港107年만에 現代港으로 탈바꿈을했다. 巨文島人들은 日政時부터 商船의 乘務員으로 從事해왔고 우리나라는 海運業이 飛躍的으로 發展을가져왔다 이 海運業發展에 底面에는 巨文島人들의 [illegible] 犧牲者와 숨어있는 功勞가 깔려있는것이다 巨文島人들은 釜山으로 轉籍하였고 移住의人口數가 增加一路에있다 [illegible]島에는 巨文島人들의 住居地이고 어느商船이고 從事員이 끼워있지않는 곳이었다

1985年 巨文島 設鎭이 1895年 廢止후 1980年에 海軍基地가 設置되었다 86年째이다 國防에 要衝인 巨文島 海軍基地가 復活된것이다 基地設置의 紀念行事를 盛大히 하도록 힘써주시기바랍니다.

英国艦隊의 退去후에도 汽船 및 補助艦이 三島마다 本島를 訪問하였다

日露戰爭時에는 德村및 불탄봉에 望楼가설치되었다

[illegible] 敗戰후 露艦 一隻이 몰리어 寄港하였고 二次戰中에 日商船 2000톤이 [illegible]의 海岸에서 擊沈하고 [illegible]하였다

巨文島燈台는 1905年佛蘭西製 렌즈를使用으로 燈台가 設置되었다

滿州事變 후부터 中国 大連을往來하는 商船은 1日 30余隻 燈台앞을 通過하였다

巨文島港에는 避難商船이 30余隻을 算하였다

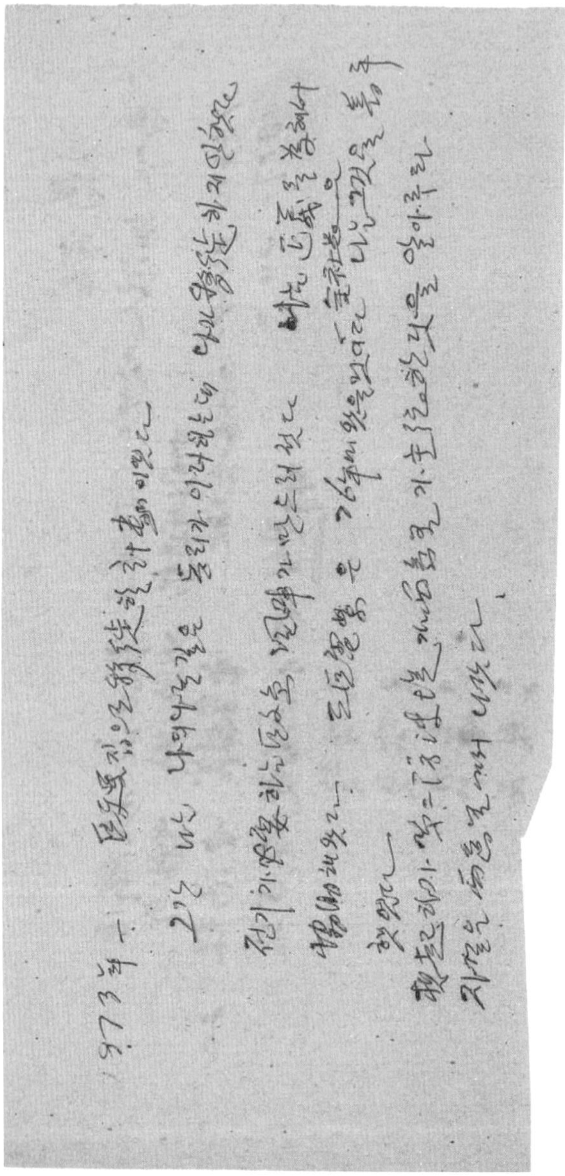

1973年 — 巨文島집으로 移住할 計劃이였다

그런 나는 나의 나들길을 돌리기 이러하는데 다시 移住하지 않했다

전기가 必要하는 巨文島 生活가 만드러졌다 나는 正義를 爲해서

活動해왔다 巨文島 燈臺는 76年에 왔을 뿐이다 會社들은 나는 그것을 報告

했었다

報告하기 때문에 防波堤가 西島로 가 完成한 것을 알아두라

자신은 西島로에서 나왔다

贊見孫世守之
三湖八景
橋雨天晴桂子秋 風流每御月明樓 頸千樹黃金色曙在江湖第一洲
滿庭森翠鄉林 林竟夜銀玲攪我心 橋亭秋月 晉代羣賢遊入想稽
琴阮嘯有餘音 竹林夜雨
海門如項鹿鳴關 百川呀呷吶向中噴 想應雷鍾精靈在怒氣
山朋騰日馬奔 鹿門怒潮
錦水東西又錦山 蒼山嚴白石、 屏間須臾幻作胎 林潮粧玉姿鬟

患難日夜過人家人也知之曰某氏過某氏過夫達伯玉之車聲鄭當書之復
聲豈不信然乎
每出入鄉閭必整勅冠帶衣其冠端正望之如軒輕然以最所難者自東髮至
老未嘗觸傷冒子是以鄉里輿論皆服其行焉或見門子弟其冠不正
必責之曰夫冠仰之則近俛之則近思聖人所謂頭容直豈無以乎為誦
明着衣冠嘗與人言交私語是以未嘗有失足失口之患也
有三男長曰瀏仲曰瀾季曰瀾每戒之曰吾生無兄弟只有二姊一妹此皆不
幸先逝承先人之後者在我一身而已是以不敢放過艱辛作業僅持門戶
未及食實其亦命也歟嗣音夙夜此心毋忝我先也
一生未嘗做過分之事每戒子孫曰分者貴賤窮卑自有

行狀

公諱瀏字士亮號橋隱其號也金氏其先慶州人先系詳公自述家德篇中世入
海蓋盤石寨之遺意而祖 宅考志璜連世積德其辭載家德祖妣高氏
妣光金氏亦賢淑不人之報生公於 純祖甲戌某月干支身幹壯大幼有
才思能言語上學塾師問曰爾能勸學乎即應曰諾師初疑其輕謾
復問曰勸學是何事曰所學在書其勸由義師奇之果不待程督而
裕如也早 皖請 於京師自料所向無前取第如拾芥
乃嘆改曰人生斷業

日政時의 巨文島의 現況

日本林兼出張所와 母船은 巨文島生產漁物을 獨占買受하였다
巨文島漁業組合(深山理事赴任으로 事務室을 新築하고 生產品을 委託販賣하였다 釜山浦項 長承浦 日本下關 에서 巾着網이 集結하여 300余隻의 船舶이 集結 釜山 底引網 現地日人들 船主들이다
豊富한 漁族資源인데도 우리民族資本이 없어 企業人이 될수없어 巨餅에 굶었다 巨文里에는 日人 160戶 原住民 100余戶
日人들은 下關에 出口 林兼商店 石油商事 를 위시하여 商店製氷工場 日人商店들이 獨占하였다 公醫 藥師 鐵工業 造船業 旅館 料理業 漁業組合仲介人들이고 原住民은 보잘것없는 業態이었다
尋常小學校는 原住民子弟는 入學을 拒絶하였다
其中에서도 住民들이 經營하는 멸치잡이(煎子)盛業을 이루었다 1통에 年 8000 繼 생멸치 갈치 도미 잡이등 好景氣를 謳歌하였다 巨文島港은 陸地의 比較가 안될만큼 生產金額이 높았다
日人들은 漁場을 獨占할 手段으로 郡水產技手 宮本는 現地를 測量하려 왔으나 零細民들의 反撥에 봉착하였다 日人警察이 制止하려하자 激憤한 群衆들은 日人警察小野를 바다물에 미러넣었다 水產技手는 妥協을 請하고 歸郡했다

日本에 巨運丸을 新造하여 漁民들이 歡迎하였다 物資運搬 島民의 便宜가 컸다
日人들이 後退하고 삼치漁業은 輸出品으로 日政때와같이 黃金漁場을 되찾게되었다 各地로부터 몰여든 漁船 流刺網 등 1000余隻에 達했다
그러나 삼치漁場도 갈치 멸치 고등어 가 漸次資源의 枯渴을 가져오고 있다
日人들은 1920年 때에 朝鮮總督에 陳情하여 一次防波堤를 完成하였다
朝鮮總督은 巨文島 日人을 激勵次 7代總督이 視察하였다 米內 小磯 宇垣 南 들이였다
1965年 二次防波堤는 革命政府下에서 朴正熙大統領 ~~政府下에서~~ 完成되었다
西島東防波堤는 基礎程度로 끝이고 漁船保護에는 未洽하여 住民들生活은 塗炭에 허덕이고있다 船舶接岸施設 마저 自力築造했으나 不完全하다

50

民의 子弟들로 開校를 보았다

二代 海軍參謀

二代 海軍參謀總長 朴沃圭先生은 西紀 1918年 巨文私立普通學校를 卒業하고 仁川海員養成所를 修了한후 當時의 韓國人으로서 商船船長으로 活躍하였고 解放後에는 海軍에 入隊任官하였다. 우리政府로서는 最初로 米國으로부터 商船 고려호를 引受하여 廻航하였으며 6.25動亂時에는 巨文島에 武器를 配置케하고 敵의 侵透에 對備하였다
政府의 拿捕船 拂下에는 配慮를 하였고 巨文島 麗水간의 旅客船 三山號를 就航하게되어 많은 功이 많다

抗日志士

抗日志士 金在明先生은 1918年 巨文私立普通學校를 卒業하고 木浦商業學校 二學年을 修了하고 東京에 遊學하였었다 京城刑務所에 收監 服役中에 獄死하였다 同志에는 金俊淵先生이었다고 한다

二次大戰

西紀 1945年 二次大戰當時 日本軍은 塹壕를 構築하고 陸戰隊 海軍艦艇 航空隊가 駐屯하여 敵과 一戰을 不辭하는 態勢로 急急하였다

參戰勇士

島民의 6.25參戰 黃海道民 避難民 가더부러 600余名은 濟州島訓練所를거처 激戰地로 參戰하였다 巨文公立公民學校生徒 20余名이 戰死하였다
全南警察은 巨文島로 後退하고 巨文島四箇國民學校에 收容하였다

海軍部隊

現在의 巨文島海軍基地 1980年에 德村里 卫 村里에 設置하였고 海軍은 東南方의 海上安全防衛에 余念이 없다

西紀 1885年 1887年 英國艦隊가 撤收한후 1885年 巨文鎭(僉水節使 守防長)을 廢止한지 90年만에 巨文島의 海軍防衛가 復元하게된것이다

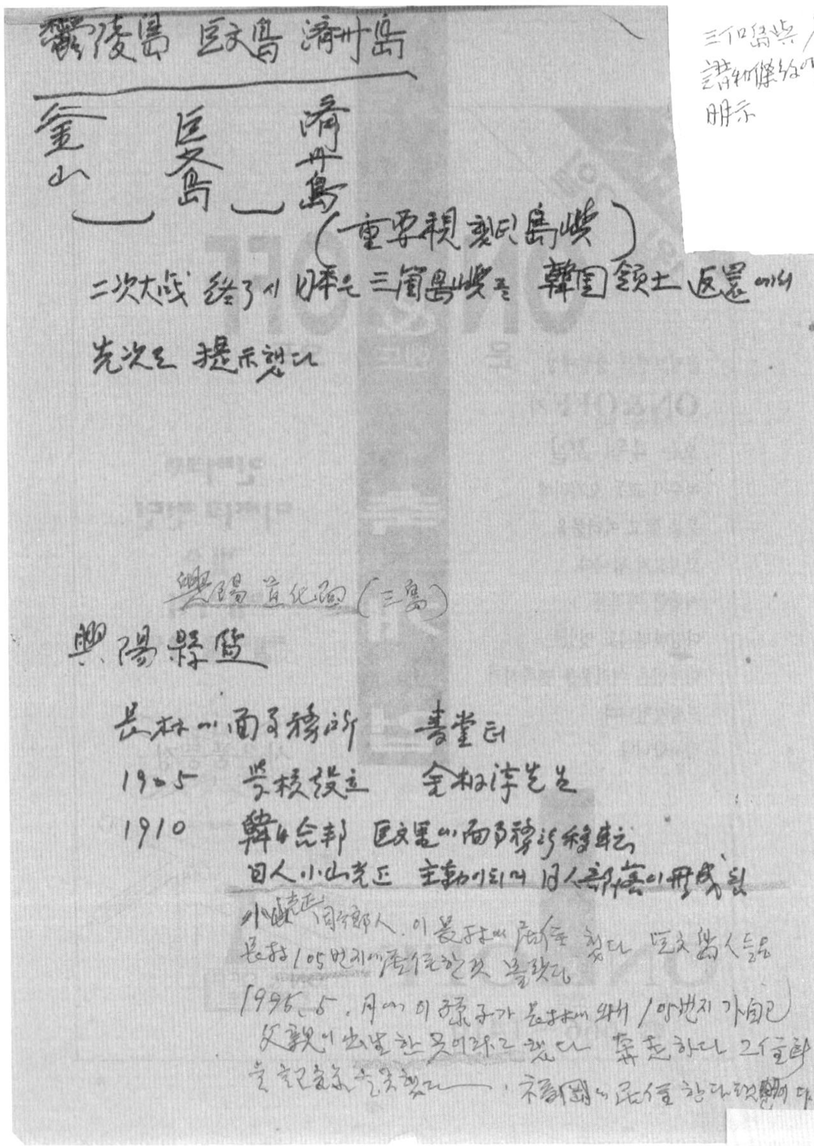

鬱陵島 巨文島 濟州島

金山 巨文島 濟州島

(重要視됐던 島嶼)

二次大戰 終了시 日本은 三個島嶼를 韓國領土 返還에서

先次로 提示했다

三個島嶼 ? 講和條約에 明示

興陽 道化面 (三島)

興陽縣監

長林에 面事務所 青堂터

1905 學校設立 金相淳先生

1910 韓日合邦 巨文島에 面事務所 移轉

日人 小山光正 主動이 되어 日人部落이 形成됨

[illegible]

[illegible]이 蘇生하는 佳節에 貴宅의 幸福을 [illegible]하며

그간 [illegible] 계신 여러분들도 下念하신 덕분으로 無故하고 있나이다

[illegible] 文化財 建立에 積極 協贊하여주신데 [illegible]하며 金氏門의 榮光으로 生覺하고 있나이다

晩悔, 文溪 先生의 [illegible]하신 鄕土文化에 큰 業績을 남겨주신데 偉大하신 精神의 [illegible] 後生들의 앞날의 [illegible] 될것으로 보고 있나이다

祠堂 碑閣 建立에 進行中에 있으므로 月末께는 完成을 보게되고 있나이다

그러나 建立에 따른 費用 負擔은 [illegible]의 [illegible]으로 이루어질 것인데

[illegible] 기다리고 있는데 [illegible]이 안되고 있으니 未安하오나

負擔金을 速히 送金하여 주시며 20日까지 [illegible]

[illegible] 널이 理解하시고 本宗 [illegible] 앞으로 부송하여 주시기 [illegible]

金[illegible]氏 100萬원은 3[illegible]0 [illegible]하였으나 [illegible] 50만원을 送金이 없으니 [illegible]을 하시어 [illegible]하여 주[illegible]

負擔金 全額 中에 [illegible] 負擔金 50만원 외을 4月 20日까지 送金 있어야 [illegible]에 支出이 없겠[illegible]

흥선대원군 興宣大院君 1820(순조20)~1898(광무2) 이조 고종 때 섭정(攝政)

대원군. 이름은 하응(昰應) 자는 시백(時伯). 호는 석파(石坡) 영조(英祖)의 현손. 고종의 아버지. 20세에 흥선군(興宣君)에 피봉되었으나 순조·철종비가 다 안동 김씨로 외척(戚族)의 횡포에 불우한 처지에서 부랑(浮浪) 생활로 빈민층의 생활 실태까지 잘 알고 있던차 철종이 조대비(趙大妃)·(翼宗妃)와 밀계(密計)가 있어 자기 둘째 아들 명복(命福-고종)을 세자로 삼고 자기는 대원군(大院君)이 되어 섭정하여 정책 결정권을 부여 받았다. 이로부터 10년간 대원군 집정시대가 왔으니 때는 국내외사가 복잡 다단하던 때로 과감한 신정(新政)에 착수하여 많은 장단점을 남겨 놓았다. 그의 집정중의 ~~정책~~ 득책(得策)은 대략 다음과 같다. 첫째, 김씨 일파의 세도를 거세하고 당쟁의 악습을 없애기 위하여 사색(四色-南·北·老·少)을 신분 계급· 출신지의 차별없이 평등하게 등용. 둘째, 외척제도를 일소하고 탐관오리를 없애며 지방 토호(土豪)들의 무단적인 백성 학대를 엄금. 셋째, 당쟁의 소굴이요, 국가 재정을 좀먹고 국정을 어지럽히는 유생(儒生)들의 소굴인 서원(書院)을 철폐. 넷째, ~~大典~~ 대전회통(大典會通) 육전조례(六典條例) (삼반예식 三班禮式) (오례편고 五禮便攷) (종부조례 宗府條例) 등 법전을 편수 완비하여 정치기강(政治紀綱)을 창립하고 중앙집권적인 국가체제를 완비. 다섯째, 의정부(議政府)를 부활시키고, 비변사(備邊司)를 폐지하여 삼군부(三軍府)를 두어 군국기무(軍國機務)를 맡게 하여 정권과 국권을 분리하는 등 군제를 개혁. 여섯째, 의복제도를 개량하는 등 사치를 엄금. 일곱째, 경복궁 중축으로 소모된 재정을 회복시키기 위하여 군포(軍布)를 호포(戶布)로 고쳐 반상(班常)을 불문하고 부과하여 양반·서리의 특전을 없앴으며, 종래의 환곡을 사창(社倉)으로 고치어 간리(奸吏)의 전횡(專橫)을 방지하였다. 반면 실책으로는 첫째, 경복궁 중건(重建)으로 인한 무리한 정책으로 경제계가 혼란하게 되어 민생이 도탄에 빠졌고, 둘째, 천주교를 탄압하여 외인 선교사를 죽임으로써 대외적인 감정을 악화시켰고, 셋째, 세계에 어두워 쇄국정책(鎖國政策)을 씀으로써 병인양요(丙寅洋擾)·신미양요(辛未洋擾)를 일으키고 서양 문명 전래에 큰 지장을 초래했으며 또 대일(對日) 관계에 있어서도 철저히 적의를 품어 (1875년(고종12)에는 팔도비전회문장(八道秘傳回文章)이라는 배일격문을 하달하면서, 인천(仁川)에 와있었던 일본 군함 운양호를 포격하여 강화도 사건을 일으켰다. 이러한 실정은 조대비와 민비의 알력(軋轢). 국민의 원성, 유림(儒林)의 불만이 격고됨에 따라 최익현(崔益鉉) 등 유림의 탄핵으로 실각하게 되고 대치된 민비와의 치열한 싸움이 시작되었다. 민비가 집권하면서 일본과의 수교로 강경한 쇄국정책이 무너지고 유림의 불만이 높아지자 대원군은 이를 이용하여 왕을 폐위시켜 민비를 몰아내려다가 실패, 임오군란 때는 민씨 세력 섬멸을 기도하여 궁중에 영접까지 되었으나 일본 공사관이 소각(燒却) 됨에 따라

울릉군수 울릉군의회 의장 귀하

다망하신 군정에 노심초사 하시는 귀체의 건승을 기원합니다

현하 일본은 자기네 영토라고 독도의 영유권을 주장하는 소위에 국민과 더불어 규탄하는 바입니다 독도를 수호하고 있는 경비대장 님을 비롯하여 대원 여러분의 노고에 보답하는 뜻에서 전남여천군삼산면 (거문도) 서도리 노인당 회장은 위로금으로 일금 오십만원을 송금하여 드리오니 수납하여 주시고 독도경비대 대장님께 전달하여 주시면 감사하겠읍니다

1962년 5월 박정희 최고회의~~회의~~의장각하께 독도부근에 출어중인 어선단에 국적불명의 비행기가 기총사격을 가해온 보도를 접하고 그들의 만행에 분노를 참을수 없어 건의서를 올린바 있읍니다

1945년 일본은 패망국으로서 연합군에 항복을 하고 우리민족의 강압정책에서 ~~해방이~~ 해방이되고 조국을 찾고 영토가 회원되었읍니다.

1947년의 강화조약시에는 제주도, 거문도, 울릉도와 많은 제도를 대표하여 영토권과 권리를 찾고 일본인은 이를 명시하고 승복을 하였던 것입니다

일본인들은 울릉도의 귀복 항목을 개량된 장비를 사용하여 자의로 도벌을 해갔다고 합니다. 울릉도는 육지에 왕래하는 교통선이 절실하게 필요하여 벌채 외제재를 하기로 약속을 당부했으나 일본인은 자기의 처가 병중이라는 변명을 하고 이약속 이행을 어기고 방해를 하는 사례가 생기고 바다에서 부유한 고래를 반분할것을 약속해 놓고 자기들 임으로 처리함으로 이를추궁을 하자 둔기를 휘대하고 주민에게 상처를 주는 행위 울릉도감 오성일 사택을 20여명이 야간 습격을 하는 방약무인의 행위을 했던것입니다. 명치3년 2월13일 건립한 일본인의 표목 이와사기 출조 [redacted] 대일본제국 마쓰시마 기곡이라는 주권을 친범하는 행[redacted]

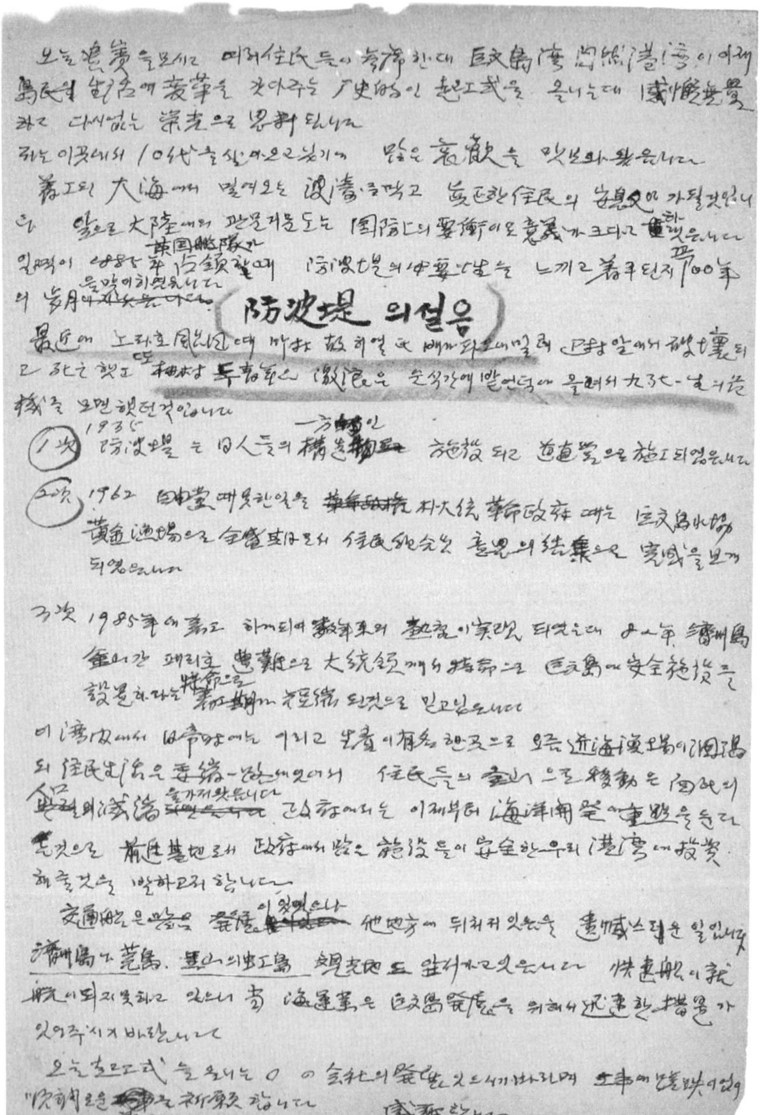

오늘 竣工을 보시고 여러 住民들이 參席한데 巨文島港 防波堤이 이제 島民의 生活에 變革을 갖다주는 歷史的인 竣工式을 올리는데 感慨無量하고 다시없는 榮光으로 생각됩니다

저는 이곳에서 10代를 살아오고 있기에 많은 哀歡을 맛보와 왔읍니다

着工된 大海에서 밀려오는 波濤를 막고 純朴한 住民의 安息처가 될것입니다. 앞으로 大陸에서 관문지로 도는 國防上의 要衝이오 意義가 크다고 하겠읍니다

일찍이 1885年 英國艦隊가 占領할때 防波堤의 必要性을 느끼고 着手된지 100年의 歲月을 맞이하였읍니다

防波堤의 설음

最近에 노라호 風波때 [illegible] 故 [illegible] 배가 [illegible] 破壞되고 [illegible] 激浪은 순식간에 [illegible] 九三七 [illegible] 를 모면했던것입니다

1次 1935 防波堤는 日人들의 一方的인 構造物로 施設되고 道直營으로 施工되었읍니다

2次 1962 自由黨 때 못한 일을 朴大統領 革命政府 때는 巨文島水協 黃金漁場으로 全盛期로서 住民 [illegible] 意思의 結集으로 完成을 보게 되었읍니다

3次 1985年에 着工 하게되어 數年來의 熱望이 實現 되었는데 82年 濟州島 [illegible] 慘事로 大統領께서 特命으로 巨文島에 安全施設을 設置하라는 特命으로 [illegible] 된것으로 믿고있읍니다

이 港口에서 日帝時에는 어리고 生産이 有名한곳으로 요즘 近海漁場의 [illegible] 의 住民生活은 萎縮 되어 있어서 住民들의 [illegible]으로 移動은 [illegible] 人口의 減縮을 가져왔읍니다 政府에서는 이제부터 海洋開發에 重點을 둔다는 것으로 前進基地로서 政府에서 많은 施設들이 安全한 우리 港灣에 投資해 줄것을 바라고저 합니다

交通船은 많은 發達이 있었으나 他地方에 뒤처져 있는 遺憾스러운 일입니다 濟州島나 莞島, 黑山의 [illegible] 觀光地도 앞서가고 있읍니다 快速船이 就航이 되지 못하고 있으니 當 海運業은 巨文島發展을 위해서 迅速한 措置가 있어주시기 바랍니다

오늘 竣工式을 올리는 ○○의 會社의 發展 있으시기 바라며 工事에 [illegible] 없이 施工을 [illegible]하게 해주신 데에 [illegible][illegible]

感謝합니다

原文複寫文件 同封

防波堤 275m 中 250m 連結

工事現況 寫眞帖付

東島里 竹村部落으로부터 起工始作

1962年 鬱陵島 獨島의 우리나라 領土侵犯을 糾彈

하고 政府에 建議書를 올리고 回信文 同封

1962年 5月2日 最高會議議長 朴正熙 秘書室長

全斗煥

1987. 12. 2 全斗煥大統領께 올리는

陳情文

○ 고공중학교 덕촌으로 이전 당시의 본인의 부단한 미결사

○ 장덕간 중학교 개설에 유념

○ 육성회 [illegible] 부산서울 행 기초작업 (강동성 육성회장 시)
경비자담

선착장 설실

삼치어장 어민조합 설립 6.7 사건

거문도 유자망 침입

유자망 의 제외 800만원 신학식 선20X 생산으로 반대

1200만원 흥정난항

각시방 및 선창을 반대 이항을 막끼 학교문 앞으로 추진

二
30M 정도 里

배안내 끝 선창시작으로 청엽 밭 용돌끝으로 계획

정부공사가 어렵다

자력으로 한일건설과 타협 연기께 자갈 담보 1,600만 공 대금을 지불

서도리 는 東島가 되·도에 생활해 나갈수 없음 1년에 [illegible] 한몰 한' 예,

1962 150가 이어가는데 개척자들 의 [illegible]

본동에 보고 했음 남해 놓고 반대 경비든 다는 발언 일변도

1개월후 도 시건설과에서 순서대로 시행하겠다고 도공문을 받았

습 그공문을 잘 철해야한다고 따짐했음 당시 총경이발언
(김현옥 이장의 모범사례를 설명)

鬱陵島 ~ 獨島 国籍不明 飛行機 機銃掃射 巨文島民이 (ㅁ)고하한

곳 獨島는 日本領土가 아니라 우리나라領土 를 지켜야 한다고 1962.

最高会議 議長께 建議書 올림

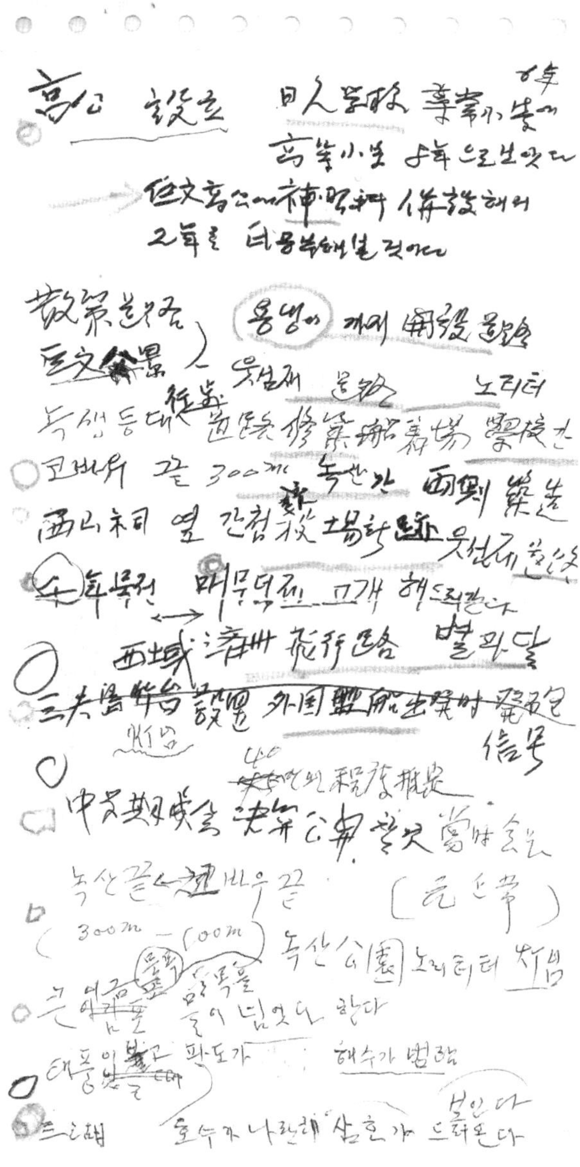
노리터
300m
녹산公園 노리터
파도가
해수가 범람
보인다

蘇州大教授 ○九山孝一

巨文島村 日人居住地이기에 日人墓 [illegible] 人事

朝鮮總督 南次郎 訪問 西碑文

堅忍持久 忠君愛國 發破 石跡

敗戰日本人들 文 破毀 [illegible] 巨文里 九利中 [illegible] 指導船

元西古浦 面長

全[illegible] 順 西面長 [illegible] 日本國人

金[illegible]長

徐[illegible] 日本同行

金佑炫

朴炳觀 日本遊學

朴奉業 祖父 [illegible]

祖母 嘉善大夫 [illegible]

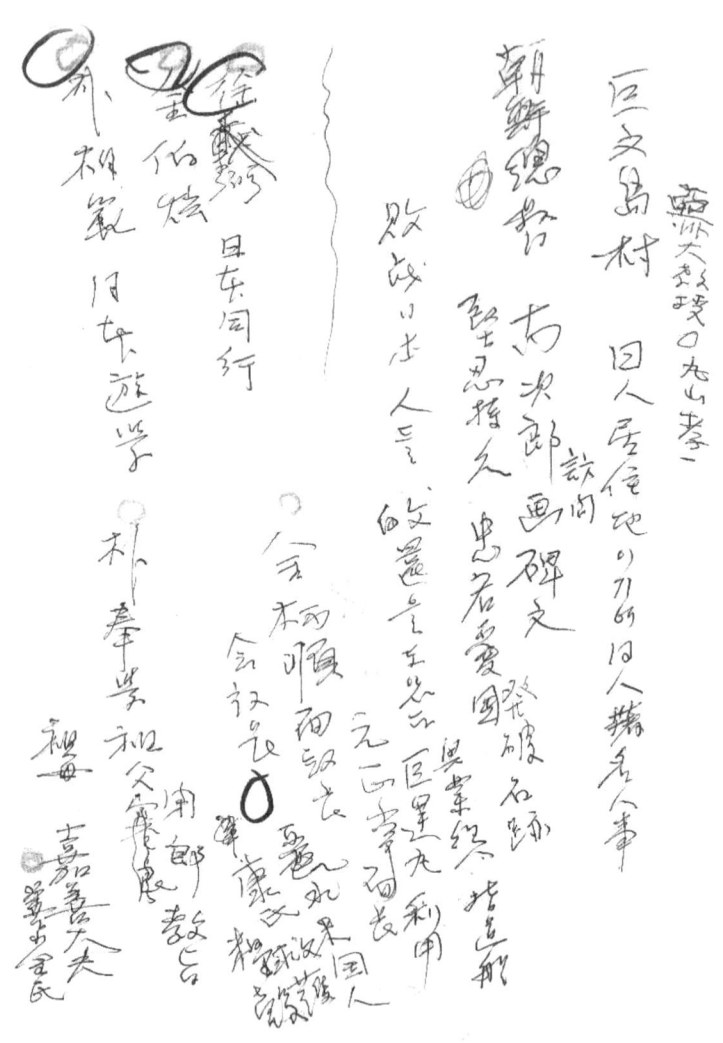

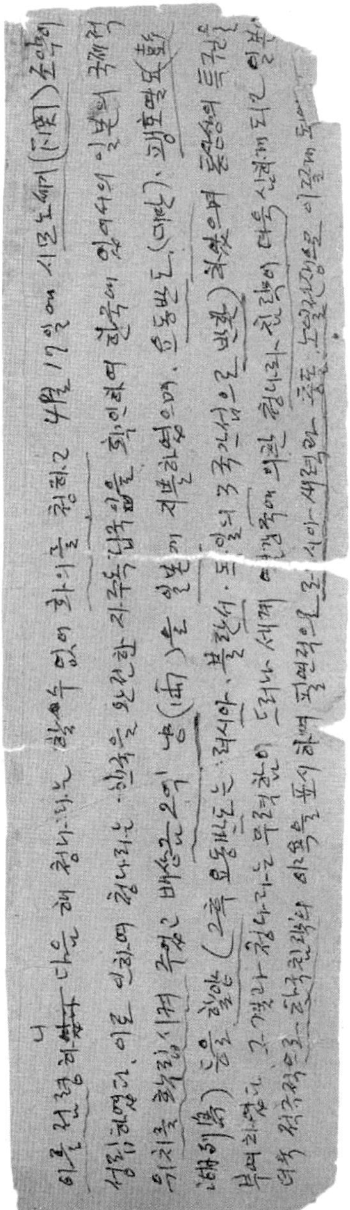
이를 전령하니 다음 해 청나라는 할 수 없이 화의를 청하고 4월 17일에 시모노세키(下関)조약이 성립하였다. 이로 인하여 청나라는 한국을 완전한 자주독립국임을 확인하여 한국에 있어서의 일본의 국제적 위치를 확립시켜 주었고 배상금 2억 냥(両)을 일본에 지불하였으며, 요동반도, (대만)·팽호열도(澎湖列島) 등을 할양(그후 요동반도는 러시아·불란서·독일의 3국간섭으로 반환)하였으며 통상상의 특권을 부여하였다. 그 결과 청나라는 무력함이 드러나 세계 열강국에 의한 청나라 침략이 더욱 심해지게 되고 일본은 더욱 적극적으로 한국침략의 야욕을 표시하며 필연적으로 로시아 세력과 충돌, 노일전쟁으로 이끌게 되어

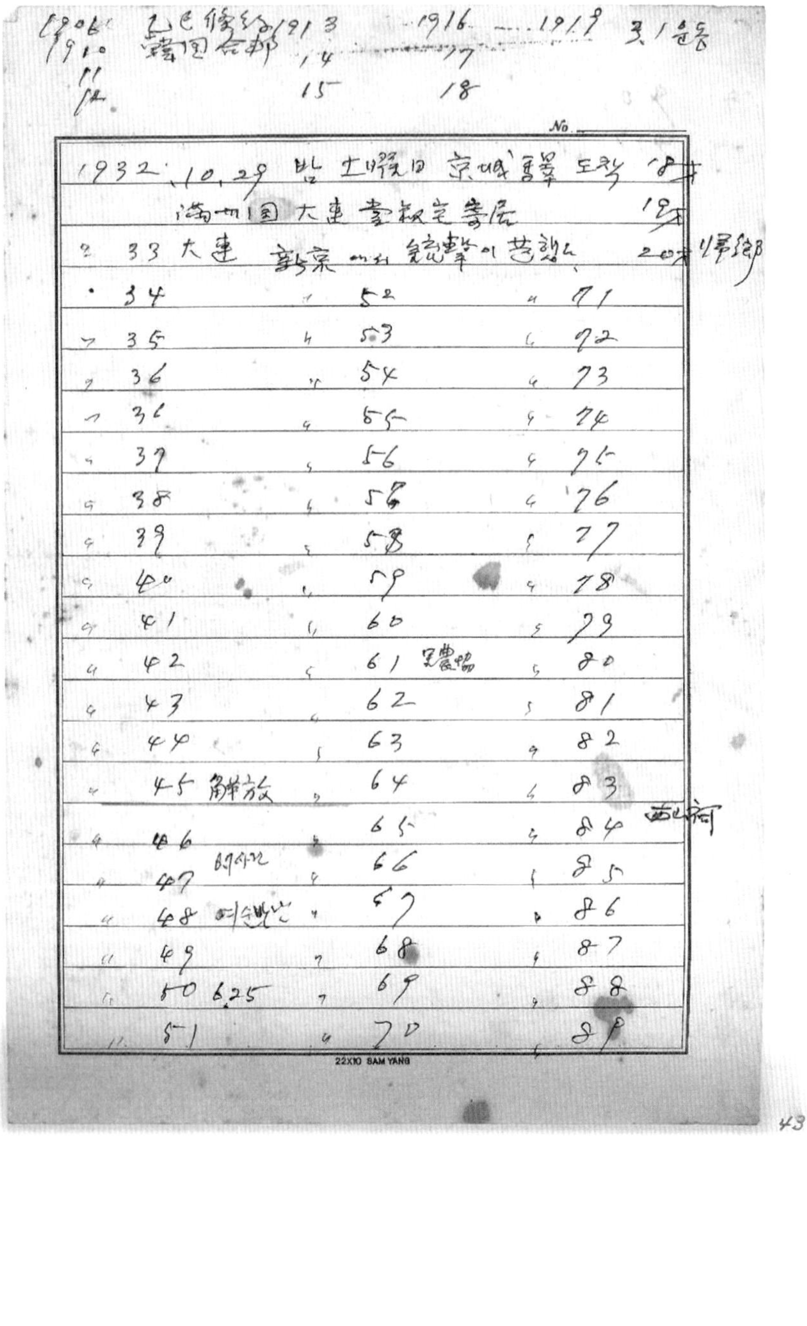

1906 乙巳條約 1913 1916 1919 3.1운동
1910 韓日合邦 14 17
11 15 18
12

No.

1932.10.29 밤 土曜日 京城驛 도착 18才
滿州国 大連 臺叔宅 寄居 19才
33 大連 新京 에서 銃擊이 甚했다 20才 歸鄕

34	52	71
35	53	72
36	54	73
36	55	74
37	56	75
38	57	76
39	58	77
40	59	78
41	60	79
42	61 足農協	80
43	62	81
44	63	82
45 解放	64	83
46	65	84 西北
47 여사건	66	85
48 여순반란	67	86
49	68	87
50 6.25	69	88
51	70	89

22X10 SAM YANG

43

新羅時代 歷史를 찾아서 民族의 移動

東津經由 巨文島入島

蔚山金氏

慶州李氏

慶州金氏

慶州崔氏

草溪崔氏 光陽經由

草溪卞氏 寶城

咸安趙氏

金海金氏 金海

興陽

原州元氏

坡平尹氏

高靈申氏

裵 氏

尹 氏

400余年前

倭를 擊退하고 460名 斬首했다 三湖는 興陽에 屬했다 大將軍將

倭人들이 鬱島에 出沒했다 記錄으로 이섬에

는 石室이 完全히 남아있었다 漸次 改良되어 없어

졌다.

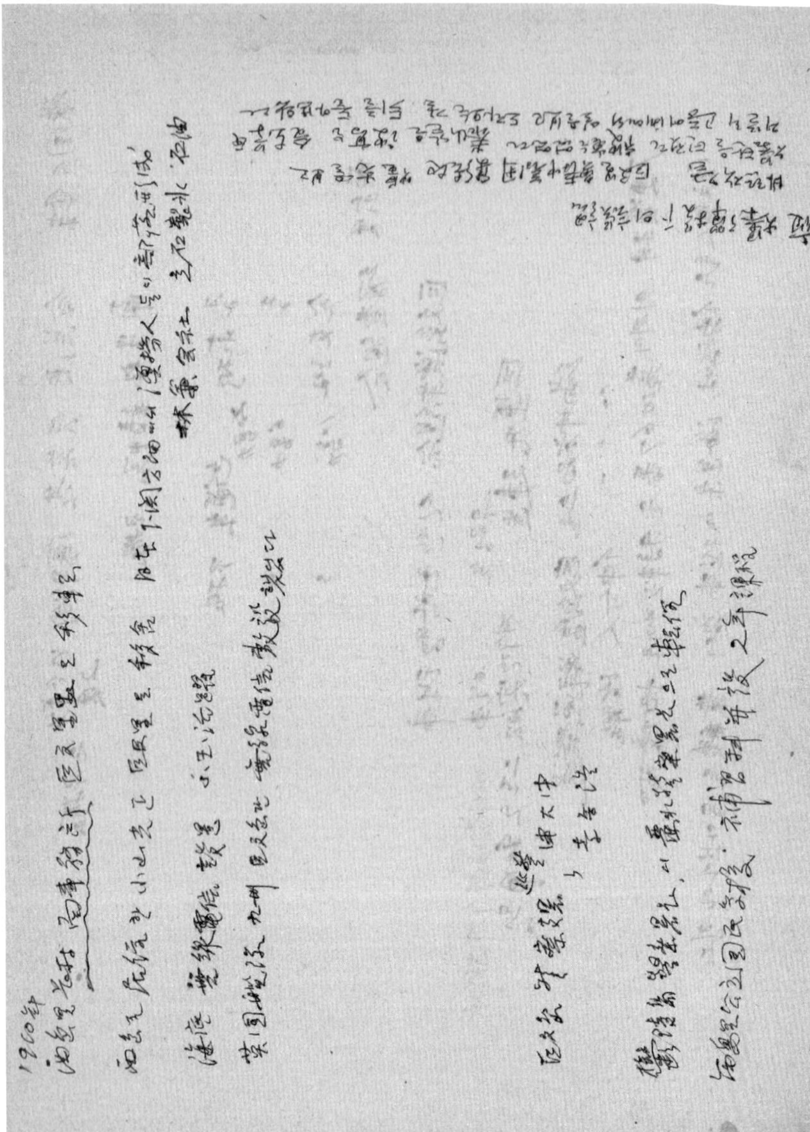

巨文島 旅客船 [illegible]　巨文島 高等公民學校　巨文島 [illegible]　德村里 巨文高中學校

[illegible]丸
[illegible]丸
아로미丸
新春丸
[illegible]陽丸
[illegible]丸
[illegible]丸
[illegible]이호
해리호
조리호
한일호
타고파호

[illegible]大學 [illegible] 巨運丸은 [illegible]

巨運丸의 末路

달밤에 거문도로 오늘 도중에 갑에서 충돌 되었다 선장 [illegible] 우 [illegible] 녹산에 당왔다

나무 材料의 간 데서 아이까지도 살아 났다 그런데 거운호는 수 이끼며로 끌어 내었으나 선체가 사용 못 할 정도로 되고 말았다 1回國 우배조선소에서 건조 되고 우 이사의 공력이 있었던 20톤가 7년의 [illegible]이었다

1947. 6.7 書作

慶南 (忠武) 南海 方面의 漁船들이 巨文島 海岸에서 爆發物로 魚族을

하고 있으나 이 漁船들을 잡아서 (同行) 支署에 引繼 했다 漁民들은

爆發物 使用은 前例없는 [illegible] 數隻 [illegible] 했다

2,3次 이런일이 繼續해서 後日으로 放免해버린다

西島 漁民들의 合意에 團結하여 漁業組合에 船主代表들이

모여지고 했다 西島 漁業組合이 漁場에 行하는 途中 [illegible]

元正常 [illegible] 가 [illegible] 모이주라 한다 [illegible] 支署長의

集團行動이 미리알고 있으니 解散하라 했다

解散을 하고 西島는 [illegible] [illegible] 南面에서 이 支署는

은 [illegible] 漁業에 不法行爲를 하므로 支署에서는 措置를 促求하

고 集團行動을 解散하라는 西島 元[illegible] 이 [illegible]에 逼迫했다고

理解을 [illegible]

여정

그후 1954년 余 지나 [illegible]를 타고 [illegible] 가 出動해 왔다

나는 여수로 나가는 [illegible] 에 따른 [illegible]을 請求

하러 나가는 것이고 金만천이 여수에 나가는 밤의 大野 집앞에서 [illegible]

에 연행됐다 支署에 갇히시켰다

西島 [illegible] 모든 나 [illegible] 이 [illegible]에 갇은 방한지 7[illegible]

[illegible] 女高師 金[illegible] [illegible] 中大 同窓이였다 [illegible]

金支署長의 非違行爲를 [illegible] 하고 [illegible] 했다 金支署長은 解職

되었다

西方
巨文島에 道에서 主管하는 防波堤가 巨文里에서 德村里 쪽을
向하여 100미 德村里 後에서 東南方으로 100미가 完成되므로
南方에서 오는 波濤를 막을수 있었다.
巨文島港은 永久的히 船舶의 安全을 바랄수 있어서 各地에서
漁船이 集結되었다 巨文里 日人들은 漁業組合가 發展
에 商業을 하는 日人들의 生活이 向上 되었다

齋藤 實 總督
小磯 米內
宇垣
南 7代 總督이 警備船으로 巡察하였다

出自
名

堅忍~~愛國~~持久 忠君愛國
南次郎 書

日本敗北 一年3개월 日본의 boart 機雷에 命中 船舶에 破壞되었다
巨文島 海邊에 繫留하고 있던 全部으로 爆破 했었다
漁業組合에서 生産 魚類를 海에 釜京으로 運送하는 등 巨文島에도
日本의 經濟가 好況을 가져왔다
B29機가 巨文里 停泊 船舶에 施設을 爆擊하기 위해 出現하고 있었다
德村里 끝에 爆彈 一發을 投下하고 飛行하였다
別般 被害는 없다 [illegible] 고등어 鹽漬 物品支援 하고 있어
危機를 免했다 뒤를 돌아본 순간 [illegible]의 波濤에 [illegible]
다음날 海底를 살펴보았다 海底 周圍가 흰색으로 바위가 바뀌어졌
다고 한다
沖繩基地로부터
韓國에도 漸次 B29機가 繼續通過 했다 [illegible] 하고
도망가는 [illegible] 마음이 되었었다

나도 이섬을 發展시켜 볼려고 무척애를 썼다 希望했던 故 [illegible]이 [illegible]
해 온것이 大連에서 타고나온 것이 人民黨 [illegible]으로 木浦에서 [illegible]을 했다
李南圭 知事 때 獨立促成會 議長의 [illegible]이 되어 [illegible]에서
發見되어 木浦로 압송되었다 文在勳의 活躍도 있었다

[illegible] 6.7事件이 發生하여 [illegible]署에서 拘留되어 [illegible]
[illegible]이 [illegible] 했다 [illegible]은 辭退를 했다

李大春 署長때 水協은 林吉童는 漁村契에 倉庫를 建築에 協
助를 부탁해 왔다 [illegible] 600원을 支援했다 老人堂을 二層으로
만들것을 生覺해낸것은 軍事政府을 눈으로 눈에 띄이게 했다.
水協倉庫는 [illegible] 으로 들어갔다 倉庫는 老人堂으로 代用
했다. 270만원을 이리저리 使用한것 뿐이다.

서산사 도와준것이다. [illegible] 孝子. (서산사)

다는 防波堤를 마 巨文島 西島보다 [illegible] 된것이다
(東島만)
이래도를 막아내야 우리가 살수있었다 97%까지 完成
되었다.

이래도 [illegible] [illegible] 카-페리호 [illegible]에
울릉도 獨島를 中心으로 日本의 漁民團에 [illegible]을
[illegible] 해왔다. 巨文島서 建議書를 썼었다 4

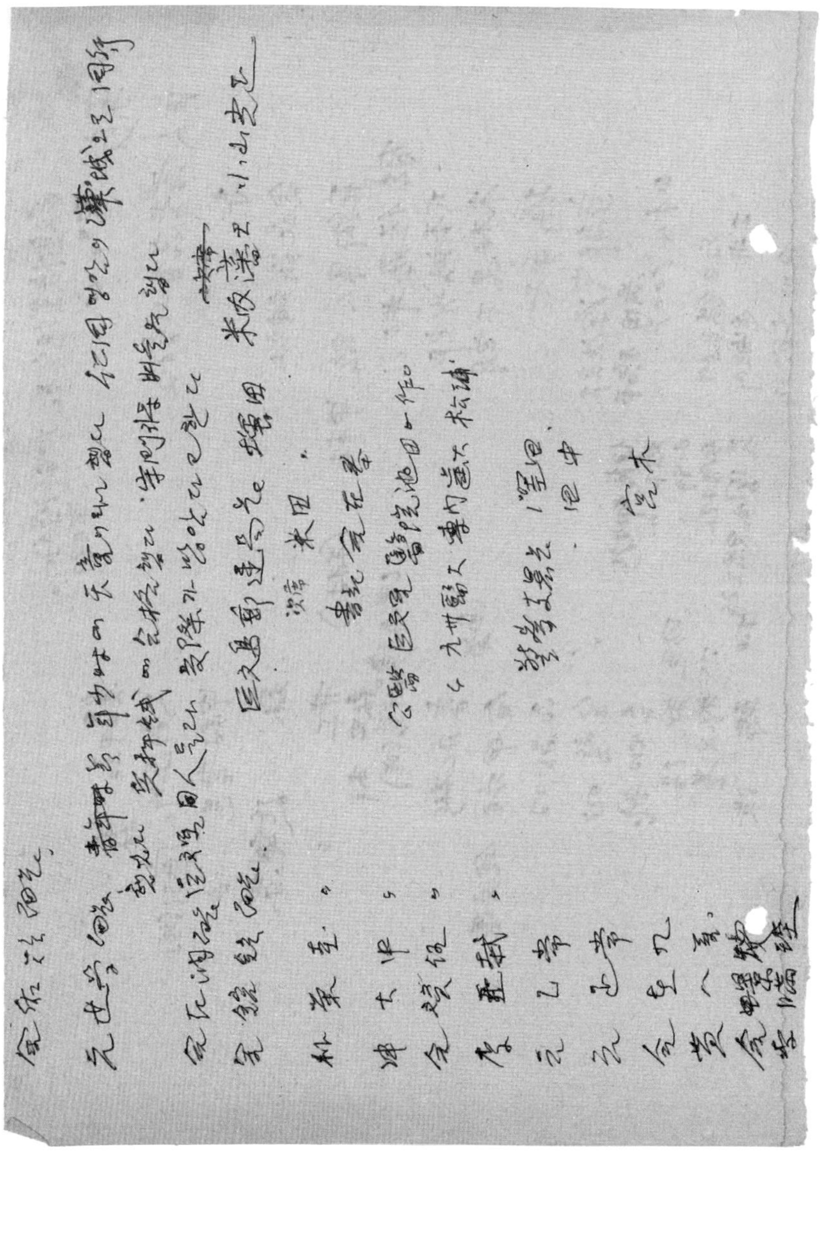
次席 米田
書記 金在春
宮木

여순반란 비참한 반란사건

1948, 어느날 교회 이장이 집에와서 인민군기를 이삼폭을 만들어 세웠다고 대책을 물어왔다 나는 그날 아침부터 몸이 아파서 엉엉거리고 누워서 도저히 움직일수 없었다 드러누워 버렸다
수일전 부터 14연대 학생가 폭동이되어 여수에 와서 하고 좌익들을 규합했다 한다
비밀리에 자주 모임을 가졌다고 한다 청년들의 성격이 달라져 버렸다
경찰관이나 학교에서 나한테 하는 행동이 달라진 언동이었다
14연대 청년들이 지서를 접수했다고 한다. 지서장은 강 ' 이탈했다 가병종은 총 쳐서 다친다 초소에도 사위를 하고 만인 모양이었다
여명 되니 두말강 초소장이었다 여수에서 반란 ... 우리에 학생들을 싣고 드러왔다 신군을 앞세우고 연기미 에서 학생들을 연행해 왔다
지서를 ~~습격~~ 접수한 반란군들을 두말강에다 실고 나갔다 그후 생사를 모른다
인민위원가 나와서 형편없는 행패를 부렸다 지서에는 전직원이 복구되었다

지서에서는 의용경찰을 채용했다 김덕출
지서장은 육군에서 나왔다는 26才의 젊은 이였다 모르긴 따라 왔었다
반 여행에 가담한 가족들 동민들을 한장소에 소집해놓고 몽봉으로 구타를 했다
선박을 빌려준 가옥을 뺏어버리고 박규학 집 개와도 저더 버린다
마음대로 선척을 상물한다
아무런 가담도 하지않는 아이를 입사협조하고 있는 사람 그 동창이라는 사람도 지서로 연행한다
무조한 사람에게 돌려에서도 방면했다 그 뒷날 아침에 지서로 가보았다
벌도 면벽 ~~□~~ 회원은 두말강 초로 어디론가 실고갔다
아침 80여명 정도 저인망선을 타고 나왔다 지서 형사라고 하는 평안도 출신이 도가니
술 몇말을 사고 그배에 실었다 앞쪽에 사람은 실었는지 알수없었다
이배에 실고 나가서 초도 갈기섬에다 묶어서 던져 버렸던 것이다 비밀에 부쳤고 몇
년이 지난후 해골을 운반해왔다
변촌 사는 김. . 을 숨겼다고 그 가족의 사위를 돌너살 해변에 앉히고 바다에서
의용경찰을 시켜 사격을 해서 총살 시켰다

巨文島(三島)의 命名 100周年 紀念行事를 促求합니다

趣旨文

여천군에서는 三山面 巨文島를 中心으로 다도해 특정지역에 개발사업을
집중적으로 벌릴계획을 발표하였읍니다 (12.14 大統領 第69호 공고된바있음)
3.8 全大統領 閣下 本道 巡視한 자리에서 島民의 소득증대를 言이라고
우리도민들은 이를 轉機로 先進祖國 創造에 앞장설것을 다짐하고
奮發합시다
(他地域民들도 이에 호응해서 열을 가하고 協力에 主力을 하고 있음을 提起합시다)

우리 巨文島(三島)는 壬辰倭亂 당시 李統制舜臣 龍蛇之亂에 巨文里(古島)에 築埠駐屯한 倭人들을 殲之盡逐 하였고 別將 金수의 熊模軍 460名을 陣가 要害하였읍니다

西紀1845年 英國人들은 本島周辺을 測量하고 艦名 이름을 따서 哈米敦(Port Hamilton)이라 命名하였다

1885~1887年에 英國艦이 不法占領하여 政府에서는 收務參判 嚴世永 中國水軍提督 丁汝昌 外務衙門 協辦 穆麟德에 만남去 당시 碩士가 많이 있음을 알고 政府에 建議하여 三島를 巨文島로 改稱하였읍니다 99年째가 되었읍니다

巨文鎭을 設置 1887年이고 鎭 廢止는 1895年이에서 89年 재입니다

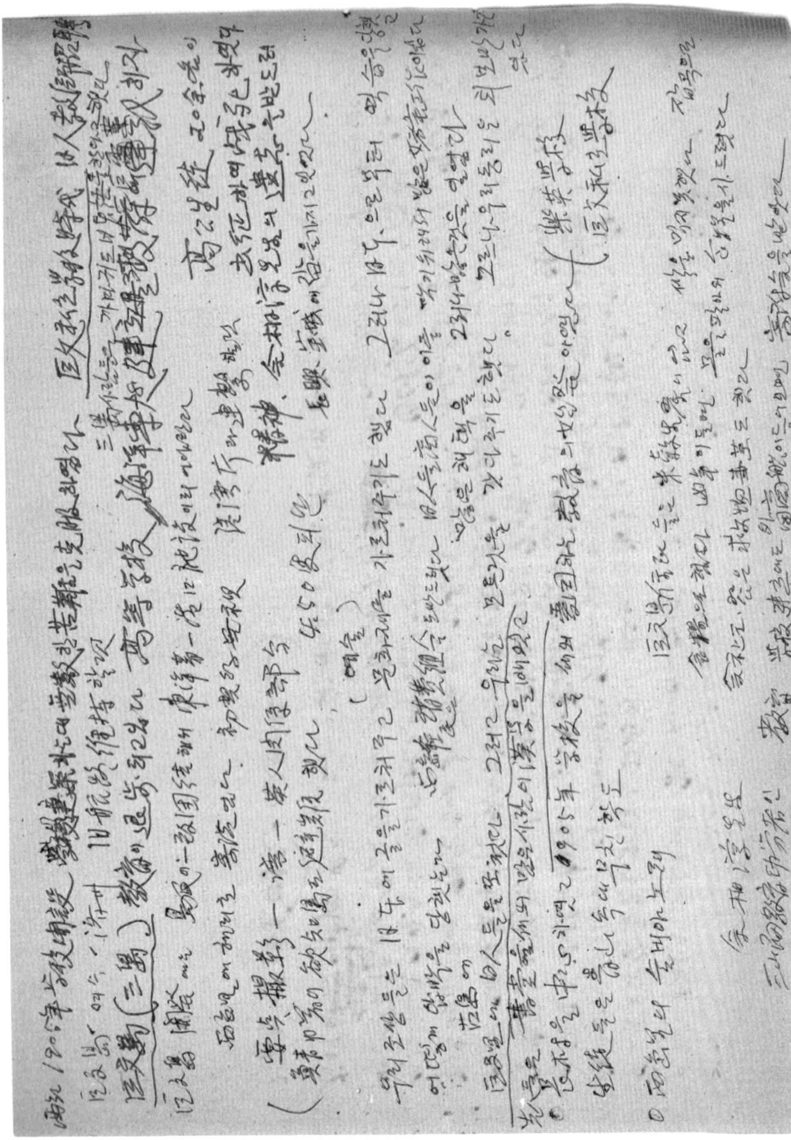

島村의 教育文化 晩悔 先生은 田歎의 訓官을 하다 興陽 丁[illegible]菴
西島里 學校 金陽祿 門下에서 배웠고 鄰近의 島嶼民들이 앞을 다투어 三島로 밀려 드렀다

1904년에 四島民들은 晩悔의 礼節敎育에 感化되어 講堂建立에 基金을 據出했다 (講堂基金 醵出)

表德간 모금길을 通行하였다 西島里 巨文私立普通學校는 金相淳 先生이 힘을 써서 學校建物을 移築을 했다 巨文高等公民學校가 設立된지 數年 兩所在地가 韓日合邦 1910年에 変化가 일어났다 巨文里日本人이 集結한 住民들은 尋常小學校 6年制 初期에는 幾名의 日人들이 [illegible] 後 面所在地가 된후 日人들은 商權을 掌握하고 道에서 防波堤 施設을 築造했고 1945年 解放後 日人들은 물러갔으니 漁業의 發達 巨文島漁業組合은 肥大해졌다 住民들이 集結하니 日人尋常小學校는 國民學校로 運営되고 三山商会를 設立하니 巨文商会 다 競爭을 일삼았다 [illegible] 郡教育委員(韓國最初) 選出되었다

西島里民들이 漁業組合은 當時 [illegible] 事務所에 漁業組合事務所 事務를 보았다 [illegible] 西島里民들이 生産主導한 漁業組合이었다 經濟權이 巨文里中心이 됐다 巨文이란 名稱이 世界에 有名해진 [illegible] 있어서 英國艦隊는 1885年 ~~[illegible]~~ 中國政府 丁汝昌 水軍大將, 韓國政府 嚴世永 [illegible] 一行이 文化中心인 것을 알고 巨文이란 이름이 中央에 建議되어 命名하게된것이다 日人들이 古島의 部落이름을 逆利用하고 日人部落을 巨文으로 通用하니 學校名도 巨文島學校라고 稱하게된것이다

經濟權이 巨文里漁業組合이 되었다 三山商会이 이 地域에 (日人學校 [illegible]) 倂設한것이다 運動場도 없는 巨文商会와 競争을 못하고 困境에 빠지게 되자 窮地에 빠진 巨文商会는 地域을 [illegible] 하고 德村學校를 提供한다는 窮地에 빠지게 된것이다

西紀 1987年 7月 31日 金曜日 朝鮮日報

「近代이전 韓国」에 쏠리는 유럽의 관심

独逸 한국자료展 연일 성황

학자등 잇단 관람…현지신문 상보

경상도를 함경도에 그려놓은 지도등 다양

유럽에서의 한국학연구가 활기를 더해가고 있는 가운데 근대 이전 유럽인들의 눈에 비친 한국의 모습을 보여 주는 전시회가 열리고 있다. 독일 레겐스부르크대학 주최로 지난16일 개막된「한국-중세로부터 1810년까지의 유럽인들을 통한 발견과 연구」전시회가 그것。

독일 내 각 대학도서관, 박물관에 소장된 한국관계 지도, 여행기등 60여점의 희귀자료들이 출품된 이 전시회에는 연일 수백명의 학생, 교수들이 몰리고 있으며 현지 신문인 미텔 바이어리세 자이퉁紙도 이를 상세히 소개했다는 것이다. 이같은 내용은 최근 레겐스부르크大와 자매결연을 하고 돌아온 동국대 李智冠 총장, 레겐스부르크大의 한국어교수 金혜영박사, 유학생 金光植씨 등에 의해 국내에 전해졌다。

전시회에는 독일뿐아니라 영국 프랑스 스페인 러시아의 희귀자료들도 많이 포함됐다。시대별로는 ①초기의 아랍 중국 일본계통에서 나온 간접적인 정보(9~16세기) ②한국에 관한 지식의 확대와 유럽인들에의한 첫 증언(17세기) ③예수회 선교사들을 통한 조직적인 연구와 기술(18세기) ④18세기 말 19세기 초 한국의 해안지역 정찰과 측정을 위한 서구의 탐험 ⑤19세기 초부터 1876년까지의 제반 보고를 ⑥1876년부터 1910년까지의 한국 內地에 관한 여행기, 연구등 6부로 나누어있다。

자료들을 보면 한국에 관한 신빙할만한 소식을 처음으로 서방에 전한 이들은 아랍상인들。그들은 이미 9~10세기에 동아시아의 여러나라와 상거래를 했고, 통일신라에 대한 상당한 지식을 갖고 있었다는 것이다。또 신라왕릉에서 나온각색의 유리잔들이 서구에서 온 것일수도 있다고 추측한다。그러나 한국인에 관한 최초의 문헌기록을 남긴 사람은 1253~1255년 사이 몽고의수도에 체류했던 프란시스 교단 수도승 빌헬름 루브룩이었다。그는 몽고황제에게 온 고려의 사신, 이들의 조공 등에 관해 보고했다。마르코 폴로가 중국에 온것은 이보다20년후의일。

자료들중 특히 눈길을 끄는 것은 한국에 관한 각종 고지도들。1594년에 나온 J V 린슈튼의 지도를 비롯, 머케이터(1595) 뷔스터(1598) 블루베리(1652) 호만(1715) 뒤 알드(1735)의 지도 등 10여종이 공개됐다。17세기 중엽까지의 지도는 한국이 섬인지 반도인지조차 구분이 명확치 않고 논의도 분분했다。블루베리의 지도는 한국을 긴 섬으로 묘사하고 있다。1650년암스테르담에서 나온 바레니우스의「일반지리」는「가장 최근에 알려진 바로는 한국이 아마 반도인 것같다」고 적고 있다。뉘른베르크에서 나온 호만의 지도는 경상도를 지금의 함경도에, 전라도를 경상도 위치에 그려놓고 제주도를「풍마(Fungma)섬」이라고 표기했다。

전시자료들중에는 이밖에 네덜란드인 하멜의 표류기 독일어판(1672년) 원본, 오스트리아인 피츠마이어의「한국의 역사와 지리(1868년)」, 엘마 크레벨의「내가 본 한국왕실(1909년)」등이 있다。임진왜란 때 한국에 왔던 예수회 선교사 N 트리가피우스는「전쟁 당시 많은 한국 젊은이들이 이탈리아, 포르투갈, 스페인등에 노예로 팔려갔는데, 그후 이들의 행적을 알 수 없었다」고 증언하고 있다。

관계자료들을 갖고 8월초 일시 귀국할 金혜영박사는「레겐스부르크大는 지난5월 일본어에 와서 한국어강좌를 개설, 한국의 역사와문화에 대해깊은 관심을 갖고있다」며『유럽에흩어진 각종한국관계 자료들을모아 한국학연구소설립을 추진하겠다』고 말했다。〈金泰翼기자〉

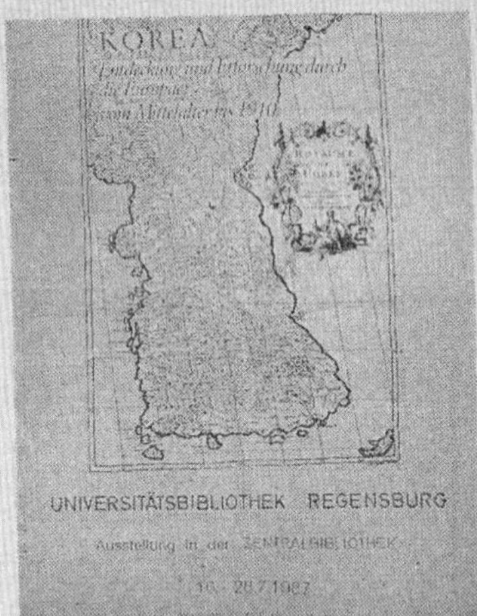

◇「한국-중세로부터…」전시회의 개최를 알리는 포스터. 뒤 알데의 이 지도속에는「고려왕국」이란 제목과 함께 대마도가 그려져 있어 이채롭다.

巨文島命名100周年紀念事業을 提議합니다

西紀1885—1887年英國艦隊는 列強으로 本島를 占據하여 政府에서는 嚴參辦 世永을 奉使로 淸國水軍提督丁汝昌 德國人 協辦 穆麟德은 本島를 踏査할 당시 碩士가 많음을 알고 中央政府에 建議하여 三島를 巨文島로 改名하게 되었습니다

本島는 西紀1845年 英國人들은 巨文島周辺을 測量하고 艦長의 이름을 따서 哈米敦이라고 하였습니다(Port Hamilton) 巨文島는 世界列强의 角逐場이기도 했습니다

4月29日 全大統領閣下께서 濟州島를 視察하시고 島民을 激勵하였습니다

濟州島는 麗水-巨文島의 東南海域 線上에 一衣帶水의 位置에 있고 日帝時 朝鮮汽船·西日本汽船会社는 海上의 交通路를 開設하였던것입니다

海軍基地

1980年의 本島의 海軍基地는 韓國末1886年巨文鎭이 廢止되었고 그후 日帝를거쳐 88年째로 다시 復活되었다고 하겠습니다

우리 祖上은 海洋의 開拓者

我三島即大海之南凡然一塊也大學為實以為航艦以為家近則三南去關東遠則西至朔北而其間出策都繫一家而然鄙島之為形也

巨文島人들의 教育의 發達은 일찍이 海洋의 知識을 얻고 海洋을 為主로 生活化하였으며 海運界에 從事하였습니다. 1989年 現況은 慶尙釜山方面을 根據地로 移住者가 繼續增加하고 있으며 巨文島人口는 減少一路에 있습니다.

그러나 巨文島人들은 日帝를거쳐 많은 經驗을 쌓았고 우리나라 海運業은 飛躍的인 發展을 가져왔습니다 그 底辺에는 巨文島人들의 숨은 功勞를 過少評價할수는 없을 것입니다. 移住者戶數1000戶 7000余名을 推算합니다

本島에서는 明年부터 10個年 140億圓을 集中投入하여 開發한다는바 우리島民들은 總蹶起하여 事業의 重要性을 認識하고 政府施策에 積極參與하여야 하겠습니다

東南防波堤築造

巨文島東島 東南端의 投石 防波堤工事와 巨文里를 잇는 施工을 優先하여줄것을 要望하는바입니다

巨文島는 國防上의 最要地이며 三湖八景은 잔잔하고 明媚의 湖水가 좋은 休養地가 될것이며 海洋에 聳立하고 있는 西島의 奇巖妙石은 더욱더 빛나게될것입니다 지나간 巨文島의 黃金漁場은 養殖의 漁場으로 觀光의 脚光을 받게 될것입니다

巨文島港(東島東南端 前英國軍駐屯跡) 防波堤築造를 急先務로 要望합니다

우리 巨文島는 文化의 開化가 앞서있는 곳입니다. 아름다운 觀光名所로 잔잔한 湖水에 港口 休養地로서의 港口를 만드는데 15分을 다합니다

이웃 濟州島 — 莞島는 自由港으로 名聲이 높아지고 있읍니다 이것 住民들의 努力의 結晶으로 이루어진것입니다

우리의 麗川郡에서는 10年간 140억을 들여서 지역 개발한다는 喜消息이 들리왔읍니다 우리 島民들도 安易한마음에 陶醉되지말고 團結하고 奮起합시다

1982年. 鬱陵島民들은 開拓100年을 紀念行事가 있었읍니다.
1983年 美國 英國 獨逸과 100周年修交紀念行事가 있읍니다. (1883) 1883 仁川개항
1983年 釜山에서는 3月19日 開港107年만에 現代港으로 탈바꿈을했읍니다 100年紀念
巨文島出身은 日政때부터 商船의 乘務員으로 從事하였고 우리나라는 海運業의 飛躍的인 發展에는 그 底面에는 우리島民의 숨은 功績과 많은 犧牲이 있다는것을 아시기는 없을것입니다 일찍히 釜山으로 轉籍을 하였고 오늘도 轉籍자들이 增加되고 있읍니다. 특히 東島에는 集中居住地로서 어느商船이고 乘務員이 끼어있는것입니다

1983年 巨文島에는 1885年에 設鎭하였으니 1896年 廢鎭 以후 다시 海軍基地設置를 보게되었읍니다 距今 88年째로 우리나라의 國防要衝地로 海軍基地가 復元된것으로 보겠읍니다

基地設置를 1980年에 있음으로 紀念行事가 있어야하겠읍니다

日本人들은 1920年대에 朝鮮總督앞으로 陳情을하고 一次防波堤를 完成하였고 總督은 居住日人들을 保護하고 歷代總督이 視察을하여 齋藤, 小磯, 宇垣, 南 등 來島하였읍니다

1965年 二次防波堤는 革命政府 朴正熙大統領閣下 당시 完成되었으나 西島의 防波堤는 基礎工事로 끝이고 漁船保護에 未洽하며 住民의 生活의 向上에 도움이없고 客船接岸施設마저 自力築造하였으니 不安全합니다

巨文島命名100周年紀念行事를 提案합니다

西紀1885~1887年 英國艦船은 不法으로 本島를 占領하여 政府에서는 嚴參判世永을 奉使로 淸國水軍提督 丁汝昌 德國人協辦 穆麟德은 本島를 踏査할당시 碩士가 많음을 中央政府에 建議하여 三島를 巨文島로 命名하게되였읍니다 本島는 西紀1845年 英國人들이 海洋을 測量하고 船長이름을 따서 哈米敦이라 고했읍니다(Port Hamilton) 韓末의 列强의 角逐場이였다.

4月29日 金大統領閣下께서 濟州島를 視察하시고 島民을 激勵하였읍니다.

濟州島는 麗水 巨文島의 東南海域線上의 一衣帶水에 있으며 日帝時朝鮮汽船 西日本汽船会社의 海上의 圓滑한 交通路를 開設하였던것입니다.

本島의 海軍基地는 韓國末 西紀1891年 巨文鎭이 廢止된후 日帝를거쳐 88年 재가되였으며 다시復活되였다고 하겠읍니다

우리 祖上들은 海洋의 開拓者

我三島卽大海中屹然一塊也 大船商賈以爲航路[illegible] 近則三南[illegible]關東 遠則[illegible]湖北而其間[illegible]一[illegible]而然[illegible]島之[illegible]也

巨文島人들은 일찍이 敎育이 發達되였읍니다. 일찍 海洋에 知識을 얻고 海洋을 爲主로 生活化했으며 海運界에 從事하였읍니다. 1983年 現況은 慶南釜山方面을 根據地로 移住者가 繼續增加하고있으며 巨文島人口는 減少一路에 있읍니다 그러나 巨文島人들은 日帝때를거쳐 많은 經驗을 살리고 우리나라 海運界는 飛躍的인 發展을 가져왔읍니다 그底邊에는 巨文島人들의 숨은 功勞를 過小評價할수는 없을것입니다 移住者戶數 1000戶 7000余名을 推算하고 있읍니다.

本道에서는 明年度부터 1400억을 10年간 投入해서 開發한다는바 우리島民은 이에 呼應해서 事業의 重要性을 認識하고 政府施策에 積極參與합시다

巨文島는 國防上의 要地이며 三湖八景은 明媚하고 잔잔한 湖水의 港口가 될것이며 동백꽃 [illegible] 突出한 白島는 奇巖妙石은 더욱 빛나게될것입니다
지나간 黃金의 漁場은 養殖의 漁場으로 더욱더 觀光의 名所로 脚光을 받게될것입니다

東南間의 防波堤

東島와 西島 [illegible] 巨文里를 잇는 防波堤을 優先施工할것을 急先務로 할것을 要望한것입니다.

코바위 300m 정도 축조를 하면 훌륭한 항구가 되고 아름다운 명승지가 된다

큰이기미 五銖錢이 980개 발견 中国貨幣 紀元110년전 (BC) (2000년)
모래등 떨려서 바다가 터져 있다고 모르고 드러오다 조난을 당한 예가 많았다

자은이기미 옛날 부락이 있었던 곳이다 선창을 전도민들이 축조했다 交易船을 保護한 唯一한 船倉이였다 北西風 파도에 이기지 못해 崩壞되였다 部落도 자연이 없어졌다 서당이 있고 屯田이 있었다
이곳을 海水浴場으로 指定하고 있어서 船倉跡을 撤去시켜 이장소를 정리하고 施設을 조성코저 한다

이애포 先人들이 漁場을 나가려고 갯바구리를 지고 모였다 漁船들이 모였던 곳이다

1854년 露国艦이 寄港했다 巨文島 北方을 散策했을 때 湖水가 두곳에 있었다 거문도를 三湖라고 한것도 여기에서 연유된것으로 안다

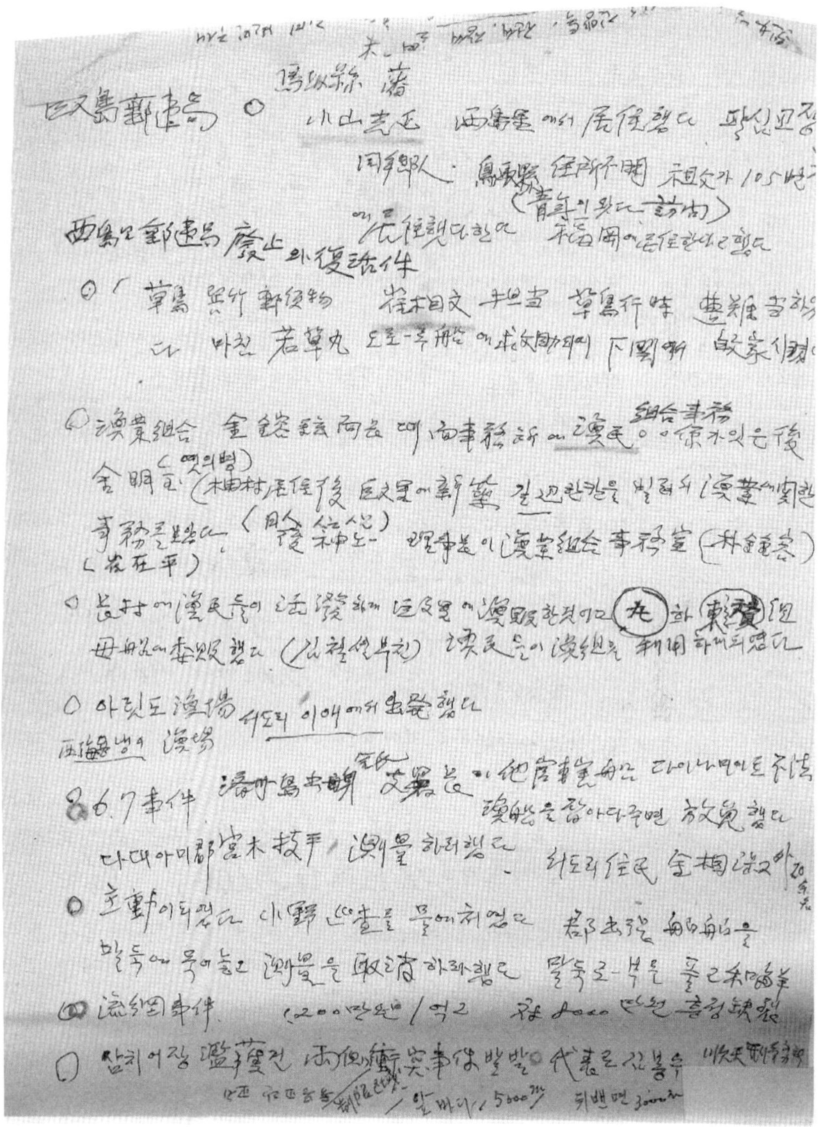

[illegible]

西島郵便局 ○ 小山[illegible] 西島里에서 居住했다 [illegible]

同鄕人 · [illegible] 住所不明 祖父가 105번지

(靑年이 왔다 訪問)

西島의 郵便局 廢止와 復活件 에 居住했다 한다 福岡에 居住한다고 했다

○「草島 [illegible] 郵便物 崔相文 [illegible] 草島行 [illegible]

다 바친 若草丸 도오-루 船舶에 [illegible] 下關에 [illegible]

○ 漁業組合 金鍾鉉 [illegible] 때 [illegible] 事務所에 漁民 組合事務 [illegible]

金明玉 (옛의병) ([illegible]村 居住 後 西島里에 新築 [illegible] 漁業에 關한 事務를 봤다 ([illegible]) [illegible] 理事長이 漁業組合 事務室 ([illegible]) (崔在平)

○ [illegible]村에 漁民들이 [illegible] 西島里에 漁[illegible] [illegible] 母船에 [illegible]했다 ([illegible]) 漁民들이 漁組를 利用하게되었다

○ 아랫도 漁場 서도리 이어에서 出發했다

西海[illegible] 漁場

○ 6.7事件 [illegible] 文[illegible] [illegible] 漁船을 잡아다주면 放免했다

다대아미郡 宮木 技手 測量하려했다 - 서도리住民 金[illegible] 20余名

○ 主動이되었다 小野 [illegible]를 물에 [illegible] 郡[illegible] 船舶을 말뚝에 묶어놓고 測量을 取消하라했다 말뚝로-부은 풀고 [illegible]

○ 流網事件 (200만원/억2 [illegible] 2000만원 [illegible])

○ 삼치어장 盜獲건 [illegible] 事件발발 代表로 김봉수 [illegible]

[illegible] / 알바다 / 5000개 뒤밴면 3000개

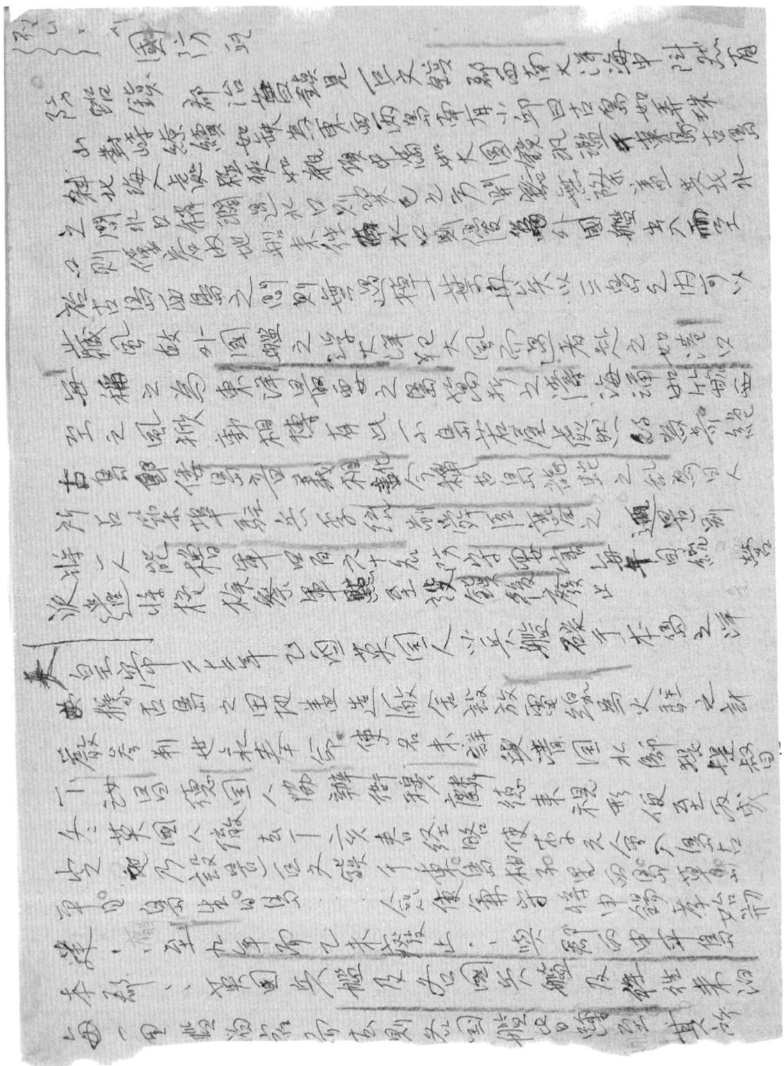

14

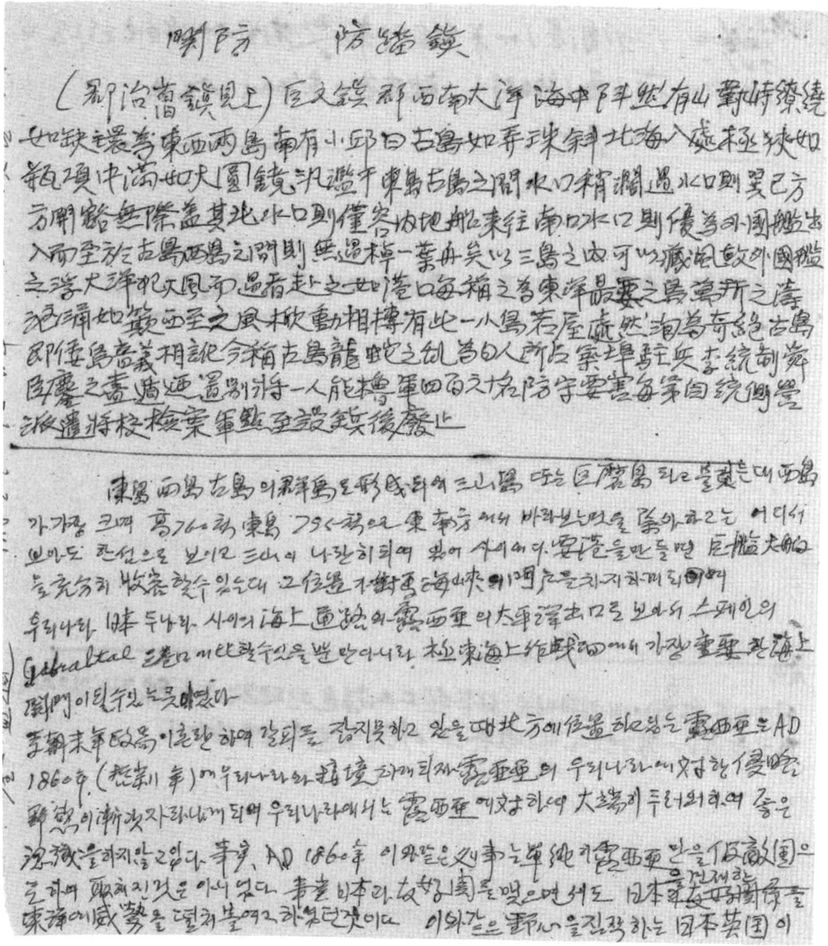

關防 防禦鎭

(郡治南舊鎭見上) 巨文鎭 郡西南大洋海中屹然有山環峙繚繞如玦之環爲東西兩島南有小島曰古島如弄珠斜對北海入處極狹如瓶項中濶如大圓鏡汎濫中東島古島之間水口稍濶過水口則巽巳方方開豁無際蓋其北水口則僅容內地船來往南口水口則倭與外國艦出入而至於古島西島之間則無過棹一葉舟矣以三島之內可以藏泊數外國艦之避大洋颶大風而過者赴之如港口每稱之爲東洋最要之島萬斛之濤抵滿如簸西至之風林欲動相搏有此一小島若屋處然洵爲奇絶古島即倭島音義相訛今稱古島龍蛇之亂爲日人所占築埠駐兵李統制舜臣奮之壽過迺還置別將一人能櫓軍四百之格防守要害每年自統制營派遣將校檢察軍器至設鎭後廢止

東島 西島 古島의 群島로 形成되어 三山島 또는 巨磨島라고 불렀는데 西島가 가장 크며 高 240m 東島 195m으로 東南方에서 바라보는 것을 除外하고는 어디서 보아도 한섬으로 보이고 三山이 나란히 되어 있어 사이에 다 要港을 만들면 巨艦大船을 充分히 收容할수 있는데 그 位置가 對馬海峽의 門戶를 차지하게 되어 우리나라 日本 두나라 사이의 海上通路와 露西亞의 太平洋出口로 보아서 스페인의 Gibraltar 港口에 比할수있을 뿐만 아니라 極東海上作戰에서 가장 重要한 海上關門이 될수있는 곳이였다

李朝末葉 政局이 혼란하여 갈피를 잡지못하고 있을때 北方에 位置하고 있는 露西亞는 AD 1860年(哲宗11年)에 우리나라와 接境하게되자 露西亞의 우리나라에 對한 侵略野慾이 漸次 자라나게 되어 우리나라에서는 露西亞에 對하여 大端히 두려워하여 좋은 認識을 하지않고 있다. 事實, AD 1860年 이와같은 事는 單純히 露西亞 만을 假敵國으로 하여 取해진 것은 아니었다. 事實 日本과 友好關係를 맺으면서도 日本을 견제하는 ~~友好關係를~~ 東洋에 威勢를 떨쳐 볼려고 하였던 것이다. 이와같은 野心을 진작하는 日本英國이

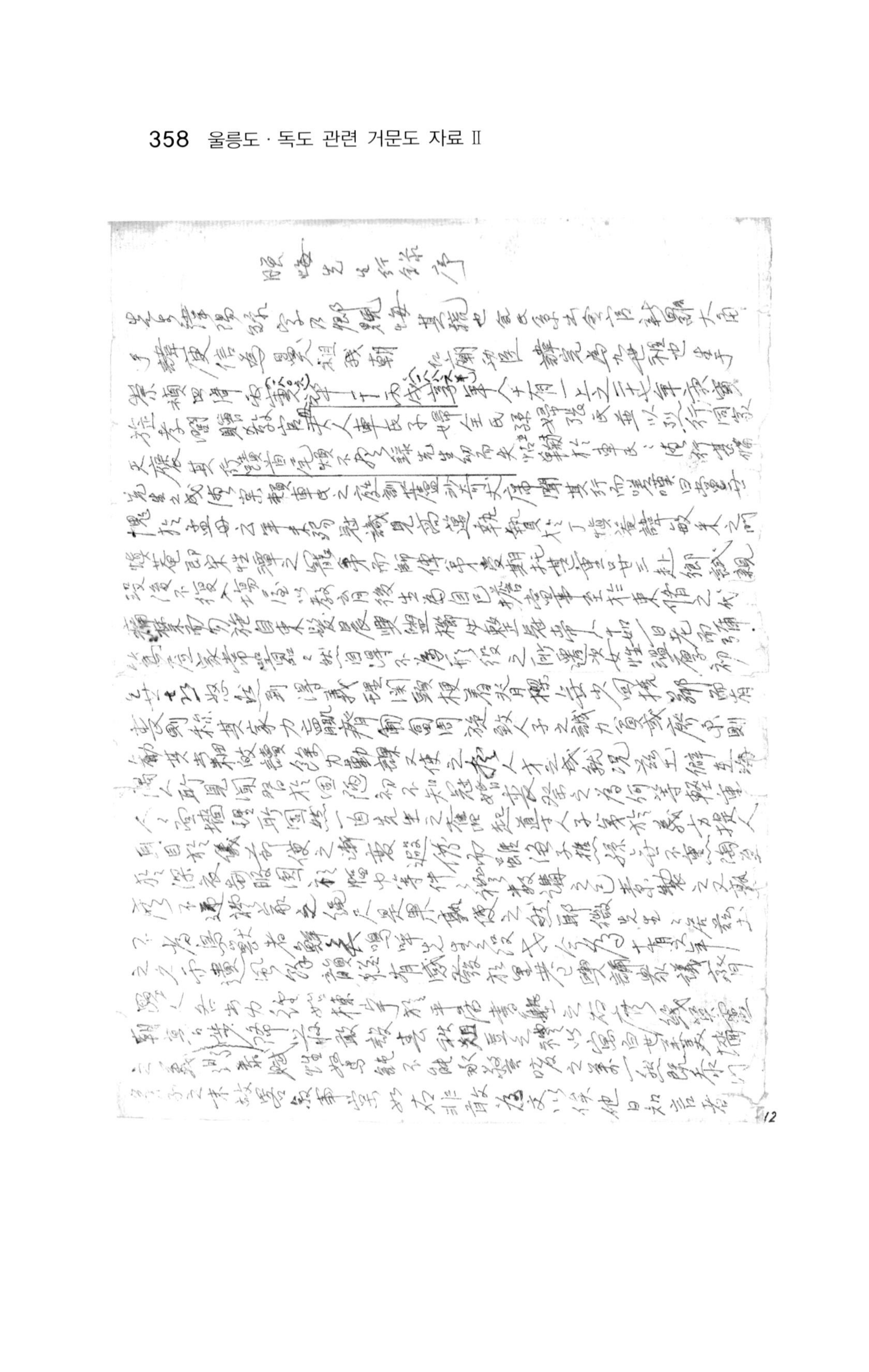

[illegible]

12

뿌리를 찾는 운동

珍島 무당굿

濟州.

莞島 장보고 — 山東 ~ 一千年前의 往來를 찾아본다

(中国 五銖錢)

엽전 出土 BC 110年 [illegible]墓에서 出土. 連關性 與否

○ 西山大師 [illegible]聖人을 祭祀드린것은 軍民의 精誠을 고양케한것입니다. 巨文島民의 文化를 [illegible]시키는 [illegible]이라고 할것이기에 軍民의 精神을 이어받아야 할것이고 巨文島에서 功을 세운 분들을 永久히 기리도록 하는데 精誠을 모아야할것이다

○ 6.25 戰爭

17名 出戰勇士 여순반란 12명 — 30余.

拿捕船 漢船(가스오) [illegible] 이 巨文島 [illegible]船에 [illegible] [illegible]을 주었다 [illegible]船이 [illegible] 70[illegible]을 [illegible] [illegible] [illegible] 우리지도 소독고 [illegible] 巨文島港에

KBS 放送局의 無窮한 發展을 祈願하오며

24時 報道本部 職員들의 많은 勞苦에 感謝합니다

1950年의 凄慘했던 6.25가 돌아오면 戰死한 英靈앞에 머리숙여 默念을 드립니다

우리고장 巨文島 高等公民學校(3年制) 學生을 비롯해서 戰死者가 30余名이 됩니다

멀리 黃海道 瓮津郡에서 漁船機械船團 10余隻을 타고 南海上의 巨文島로 내려왔던 것입니다

戰爭가 苛烈해지자 避難民도 國軍의 一員으로 應募되어 濟州島 訓練所로 入營 ~~하였읍니다~~ 한것으로 알고있읍니다

巨文島에서는 ~~全部~~ 避難民 및 住民들 中에서 600余名 정도가 應募 된것으로 희미한 記憶으로 알고 있읍니다

당시 瓮津郡民의 應募는 ~~山上場으로~~ 西島里 모래사장이 廣場으로 使用되었읍니다

瓮津郡民들이 ~~되돌아가는~~ 되돌아가는 길에 많은 犧牲이 있었다고 傳해들었을 뿐입니다

50年이란 6.25가 돌아오면 痛嘆해서 24時 報道本部에 問議하게 됩니다.

瓮津郡出身의 生還者와 戰死者를 알수있다면 ~~[illegible]~~ 放送을 통하여 알수 ~~[illegible]~~ 感謝不已 하옵고

當時은 없고 모래沙場을 回想합니다.

1981. 6.

麗川郡 三山面(巨文島) 西島里 金柄順

(西島里 老人亭)

朱子學

門下生

童蒙教官 金陽洙 晩悔 先生 1000 數10명

많은 文章家

科擧 또는 碩士 가 많은 科擧及第者 30余名 [illegible] 之士

金相[illegible] 正三品 日本 明治大學 卒業

視

黃海道 全州 陸軍教官 [illegible]務官 [illegible]

建物로

巨文鎭 ~~[illegible]~~ 政府의 許可 없이 建物을 建築

하며 學校 운동을 [illegible] 하였다

李心 全 가르쳤다

金伯炫 翁도 학교장을 도와 學校 설립에 [illegible] 은

[illegible] 는 日本人 教師 들이었다 金相[illegible] 朴相[illegible]

巨文 [illegible] 學校 日本을 [illegible] 분들이 많았다 金[illegible]

朴[illegible] 海軍[illegible] 輩出했다 金태현 金

失婦는

3 日本[illegible] 우라지부스토 에서 [illegible] 흰도의 (거무색칠) 가마실

에는 [illegible] 많이 실려있었다 앞바다에 [illegible] ~~[illegible]~~ [illegible] 을 한칸에

많이 실려있었다 上海로 갈려고 했다 [illegible] 歲 아이들

3.4名에게 사과 [illegible] 나누어주었다

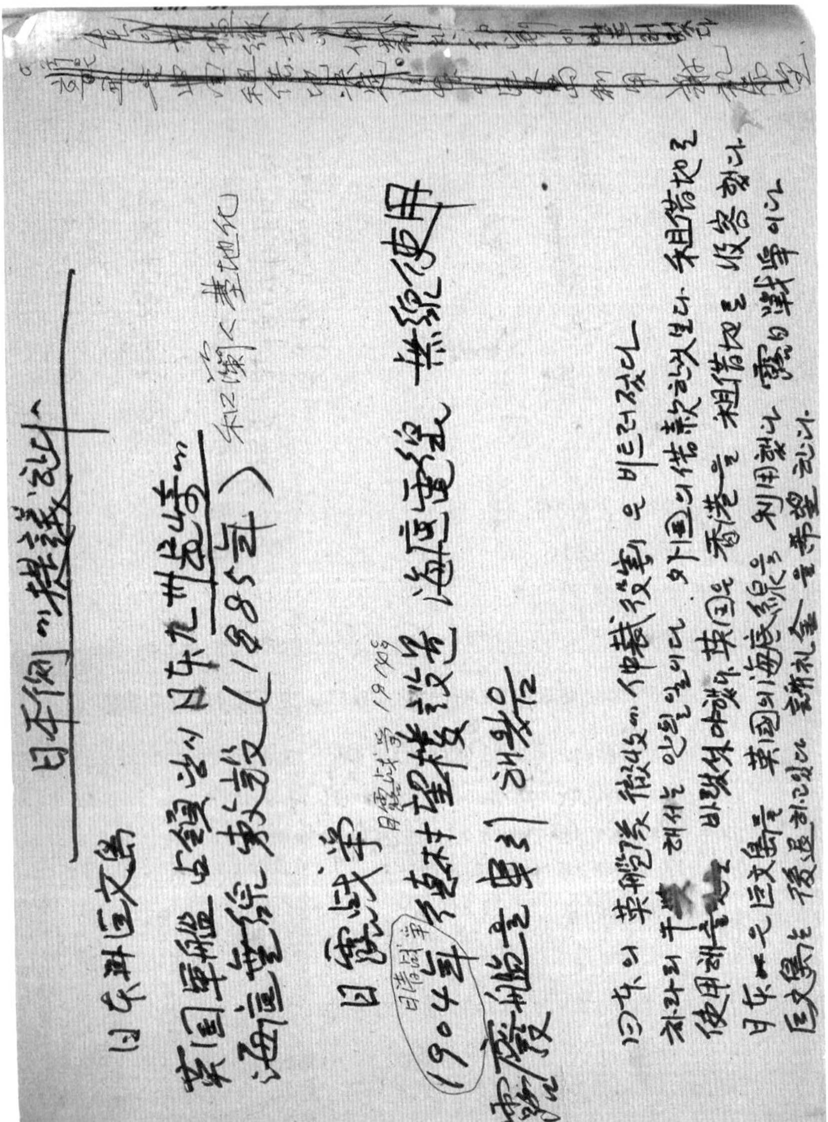

日本側에 提議했다

日本과 巨文島

英国軍艦 占領 당시 日本九州長崎에
海底電線 敷設 (1885年) 和蘭人墓地化

日露戰爭
日露戰爭 1904年
日清戰爭
1904年 德村望樓設置 海底電線 無線使用
露艦隊를 向해 해왔음

日本의 英艦隊 撤收에 仲裁役割은 비뚤어졌다
차라리 干涉 해서는 안될일이다. 外国의 借款한것보다 租借地로
使用해 바랬어야했다. 英国은 香港을 租借地로 收容했다
日本은 巨文島를 英國의 海底線을 利用했다 露日戰爭이다
巨文島는 後退하고있다 謝礼金을 希望한다.

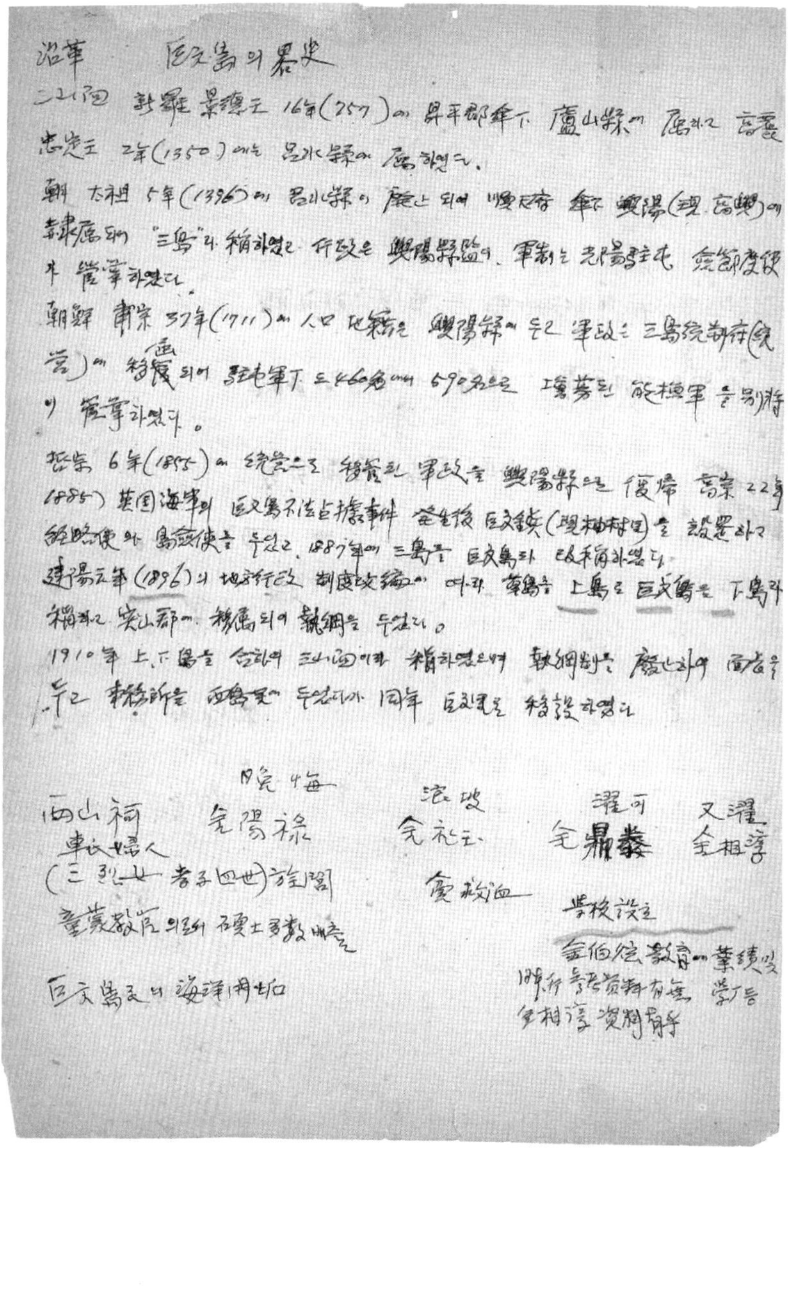

沿革 巨文島의 略史

三山面 新羅 景德王 16年(757)에 昇平郡 傘下 廬山縣에 屬하고 高麗 忠定王 2年(1350)에는 呂水縣에 屬하였다.

朝鮮 太祖 5年(1396)에 呂水縣이 廢止되어 順天府 傘下 興陽(現 高興)에 隸屬되어 "三島"라 稱하였고 行政은 興陽縣監이, 軍制는 光陽駐屯 僉節度使가 管掌하였다.

朝鮮 肅宗 37年(1711)에 人口 地籍은 興陽縣에 두고 軍政은 三島統制府(統營)에 移屬되어 駐屯軍丁도 460名에서 590名으로 增募된 能櫓軍을 別將이 管掌하였다.

哲宗 6年(1855)에 統營으로 移管된 軍政을 興陽縣으로 復歸 高宗 22年(1885) 英国海軍의 巨文島不法占據事件 發生後 巨文鎭(現 柚村里)을 設置하고 經略使와 島僉使를 두었고, 1887年에 三島를 巨文島라 改稱하였다.

建陽元年(1896)의 地方行政 制度改編에 따라 草島는 上島로 巨文島는 下島라 稱하고 突山郡에 移屬되어 執綱을 두었다.

1910年 上.下島를 合하여 三山面이라 稱하였으며 執綱制는 廢止하여 面長을 두고 事務所를 西島里에 두었다가 同年 巨文里로 移設하였다.

晩悔

西山祠 金陽祿

車氏婦人

(三烈女 孝子四世)旌閭

童蒙敎官 의로서 碩士多數 배출

巨文島의 海洋開拓

學校設立

金伯은 敎育에 業績및 ...

金相淳

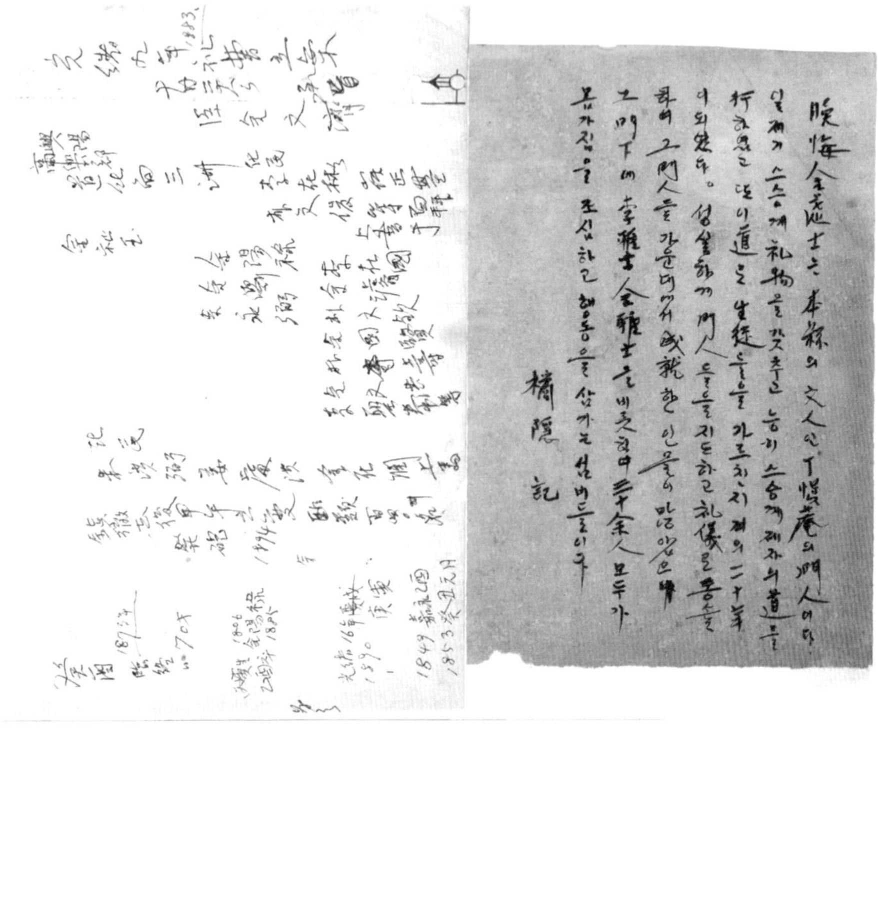

서 산 사

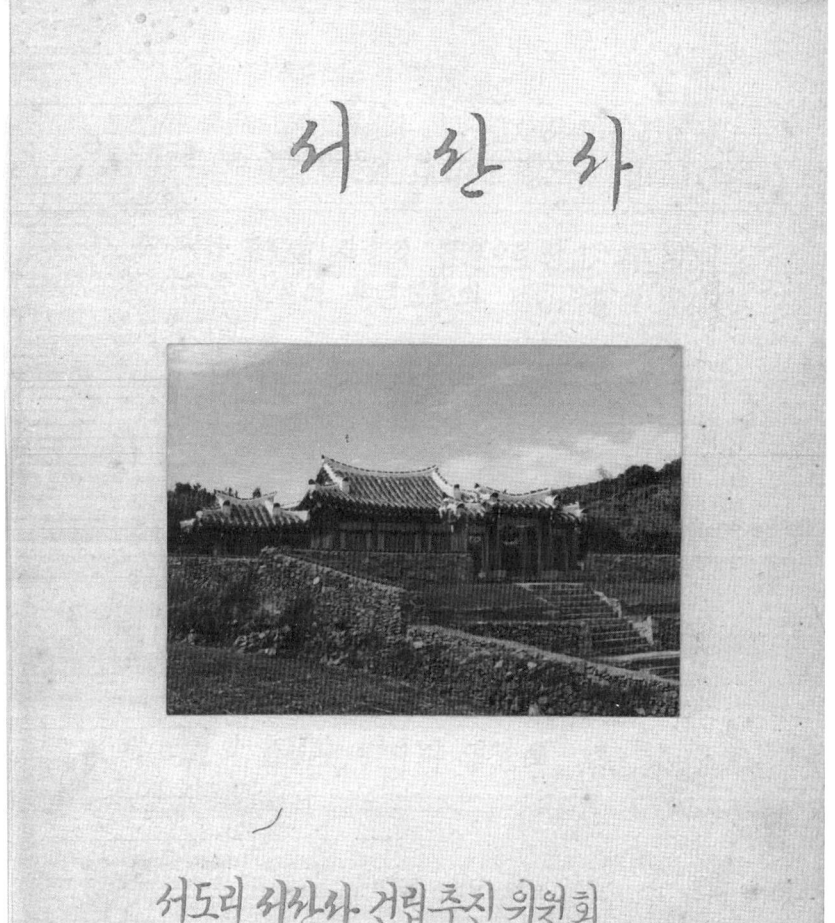

서도리 서산사 건립추진 위원회

金海人 양무공 완의 후예들로서
효행이 지극하여 하늘이 아는 효자이시며 학덕이 높아 향리에 강당을 만들어 후학에 힘쓰신 김양록(晩悔) 先生과,

70평생 효행을 사람의 근본으로 삼고 서도리에 한문서당을 만들어 청년교육과 빈민구휼에 앞장선 김지욱 선생,

22세에 초시에 급제하고 인동도호부사(현 구미공단)를 역임하고 향리에서는 백미 600석을 풀어 백성을 구휼한 김정태(김지욱의 子) 선생,

김지욱 (한문서당)
김정태 (백성을 구휼한
김상순 (사립학교 [illegible]

이곳에 거문도 사립학교 낙영학원 (여수, 여천에 처음 세워진 현대식 교육기관)를 설립하여 일평생을 교육에 몸바치신 김상순 선생(김정태의 子)

위 네분의 효행과 학덕과 업적의 넋을 기리고 오늘에 사는 우리와

후손들에게 충효와 학문을 심어줄수있는 산 교육장이 되도록 이 사당을 건립합니다.

○ 祠堂 新築 動機

◦ 마을 변두리에 관리되지 않고 폐허되어가는 모습을 부락민들로 하여금 推進委員会를 구성하여 晩悔先生 . 金祉玉 不同府使 김정태、金相淳 先生의 孝行과 學文의 높은 뜻을 기리고 후손 들에게 물려주고자 祠堂을 新築 하게되었음.

○ 祠堂 규모 : 부지 ——— 160 坪
건평 ——— 12 坪
건축물 —— 비각、사당、내사문

○ 事業現況 : 착공 —— 1984.5 ┐
준공 —— 1985.10 ┘ 18개월

사업비 ——— 20,000 千원

— 支援 ——— 2,000 千원
— 住民負担 – 12,000 〃
— 門中 ——— 3,000 〃
— 三山面鄕土文化推進委員会 – 3,000 千원

※ 준공식 예정일 —— 85. 11. 30

推進委員

순 주 언 환 복 순 남 춘 현 홍 종 현 선 석 호 정 澤 完

병 동 상 중 순 키 봉 대 중 재 성 광 동 영 명 종 庚 盛

김 김 남 강 이 이 김 이 김 김 김 이 김 남 최 이 李 申

委員長
副委員長
幹事
委員 (無順)

施工者

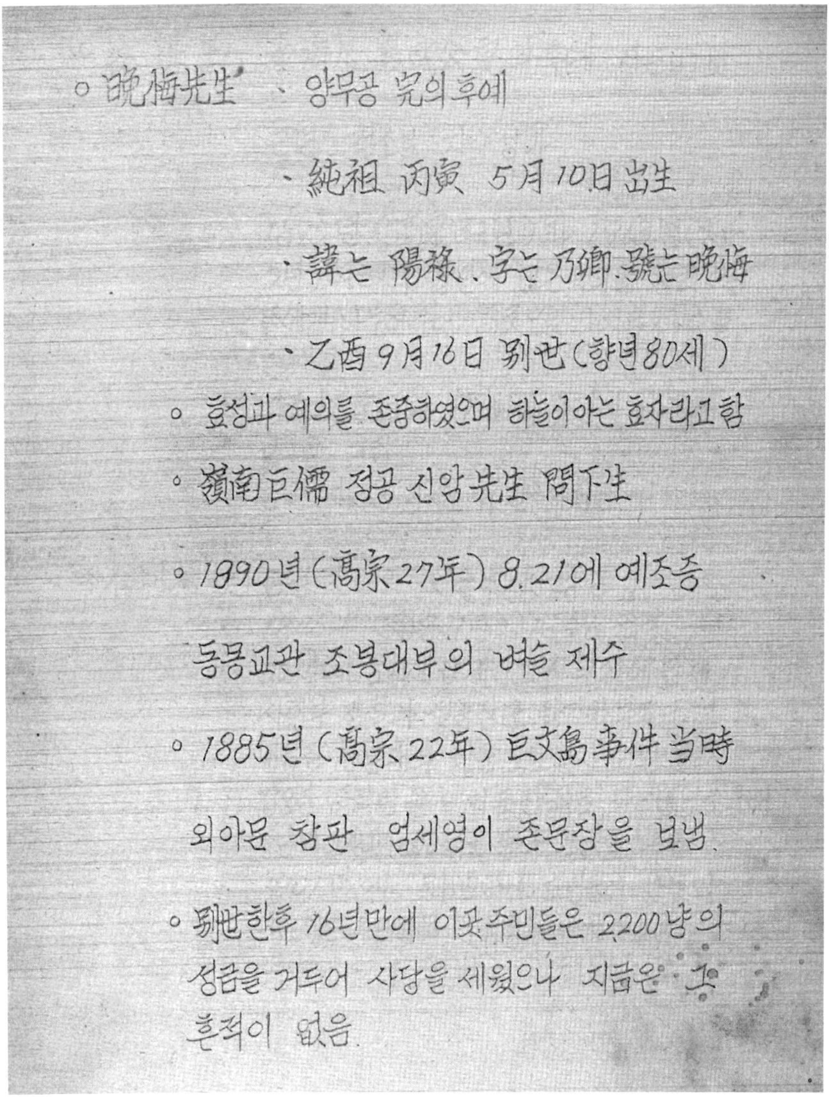

○ 晩悔先生 、양무공 完의 후예

、純祖 丙寅 5月 10日 出生

、諱는 陽祿、字는 乃卿. 號는 晩悔

、乙酉 9月 16日 別世(향년 80세)

○ 효성과 예의를 존중하였으며 하늘이 아는 효자라고 함

○ 嶺南巨儒 정공 신암先生 門下生

○ 1890년(高宗 27年) 8.21에 예조증

동몽교관 조봉대부의 벼슬 제수

○ 1885년(高宗 22年) 巨文島事件 当時

외아문 참판 엄세영이 존문장을 보냄.

○ 別世한후 16년만에 이곳 주민들은 2,200냥의

성금을 거두어 사당을 세웠으나 지금은 그

흔적이 없음.

○ 金祉玉 金海人 襄武公完의후예 자는 乃賢

근면, 검소로 자수성가

1895년 (高宗32년)과 1913년(大正 2년) 두해의 흉년에 많은곡식을 동리사람들에게 나누어주어 島民으로 하여금 아사를 면케함.

· 出天地孝行과 救恤이 조정에 알려져 비각을 내림.

· 동리 에서는 不忘碑를 세워줌.

○ 仁同府使 김정태 (金祉玉의 子)

· 1845년 (헌종11년) 1. 26 出生

· 22세때 초시에급제, 그뒤 무과에 급제

· 사헌부 감찰과 절충장군 용기위부호군 겸 내금장 통훈대부 인동 도호부사로 임명

· 갑오년 동학란을 막지못한죄로 향리(鄕里)로유배

· 흉년에 백미 600석을 풀어 島民을 구휼

· 1901년에 別世하니 도민들이 先生의 어진 덕을 추모하여 송덕비를 세워주었음.

· 門中에는 그 行狀記가 있음.

ㅇ 金相淳 (김정태 의 子)

· 日本 명치대학 법과 졸업

· 구 한국정부의 육군 교관

· 해주, 전주의 경무관 역임 .

· 정삼품 의 영작

· 1905년 (광무9년) 11.6 西島里에
거문도 사립 낙영학교 설립
(여수, 여천 지방으로서는 처음 세워진
현대식 교육기관)
※ 자기 소유땅 342평에 42평의
교사 설립

· 광주부 의회의원, 전라남도 의회의원

사당을 짓기위한 목재

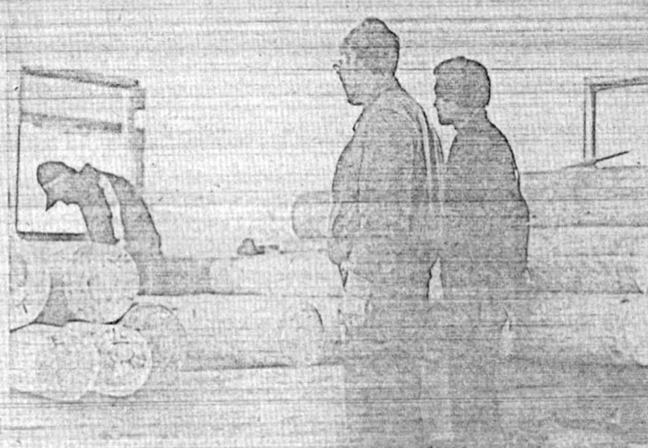

기둥을 만드는 모습

사당신축 작업중

모습을 나타내는 사당

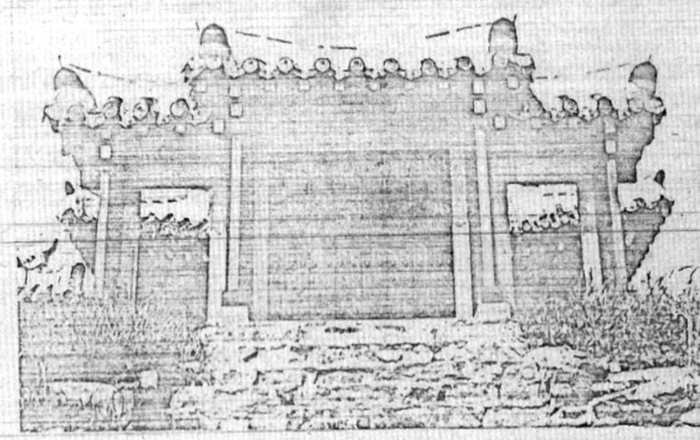

내사문의 완공

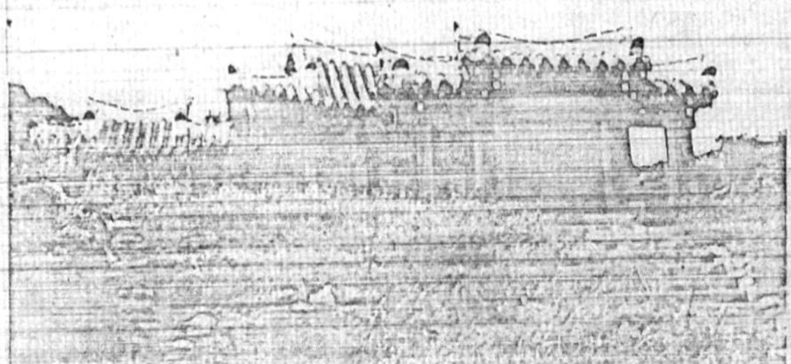

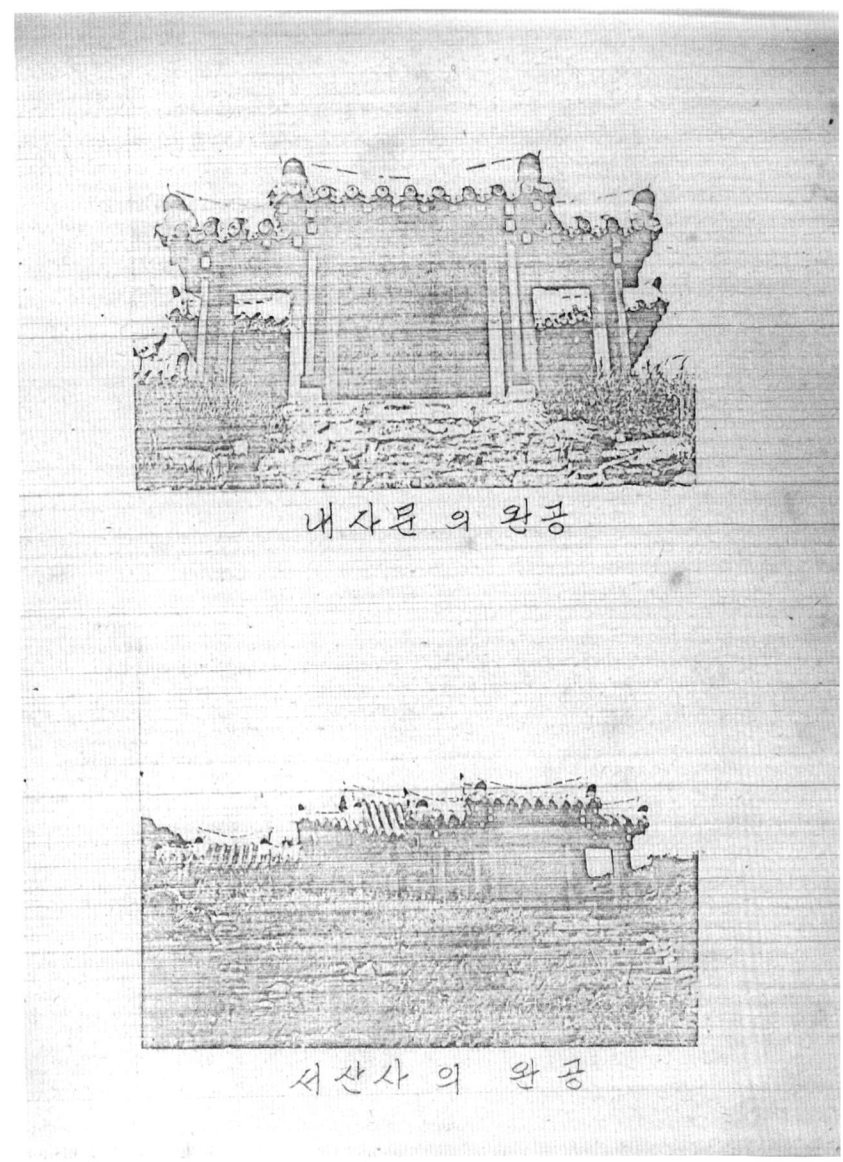

서산사의 완공

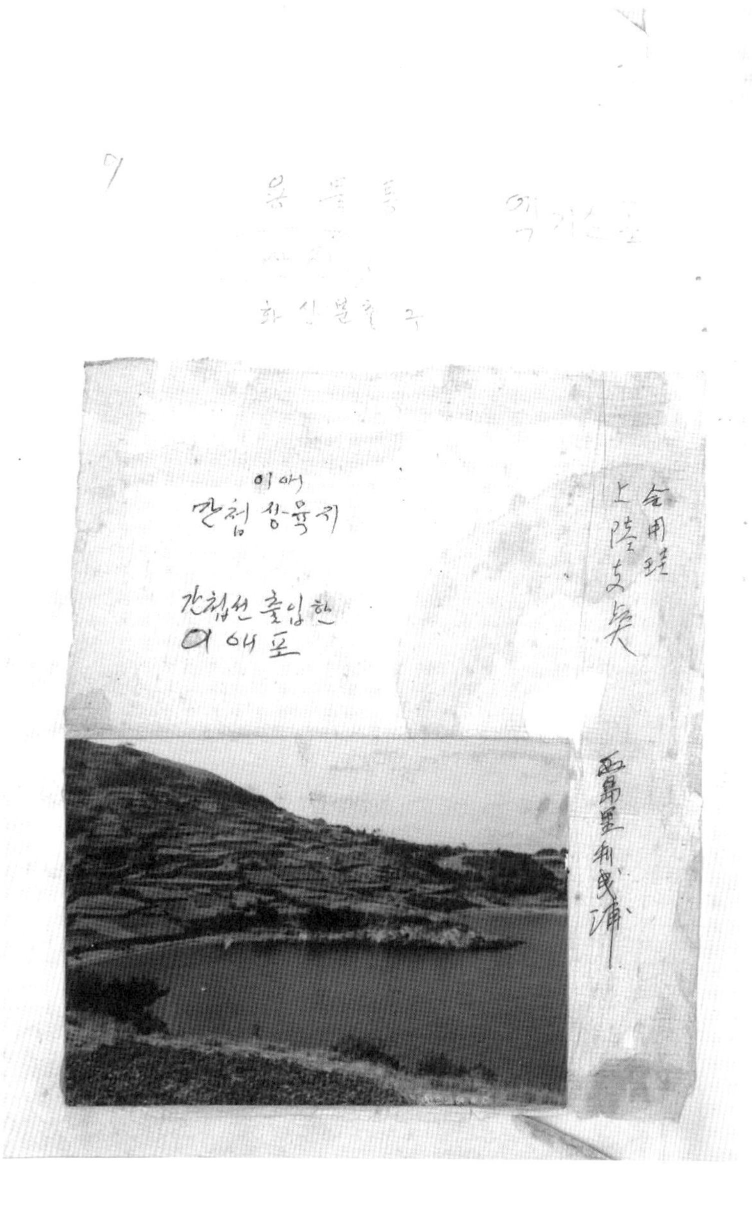
이애
간첩 상륙지
간첩선 출입한
이애포
金用珪
上陸支矣
西島里 利民浦

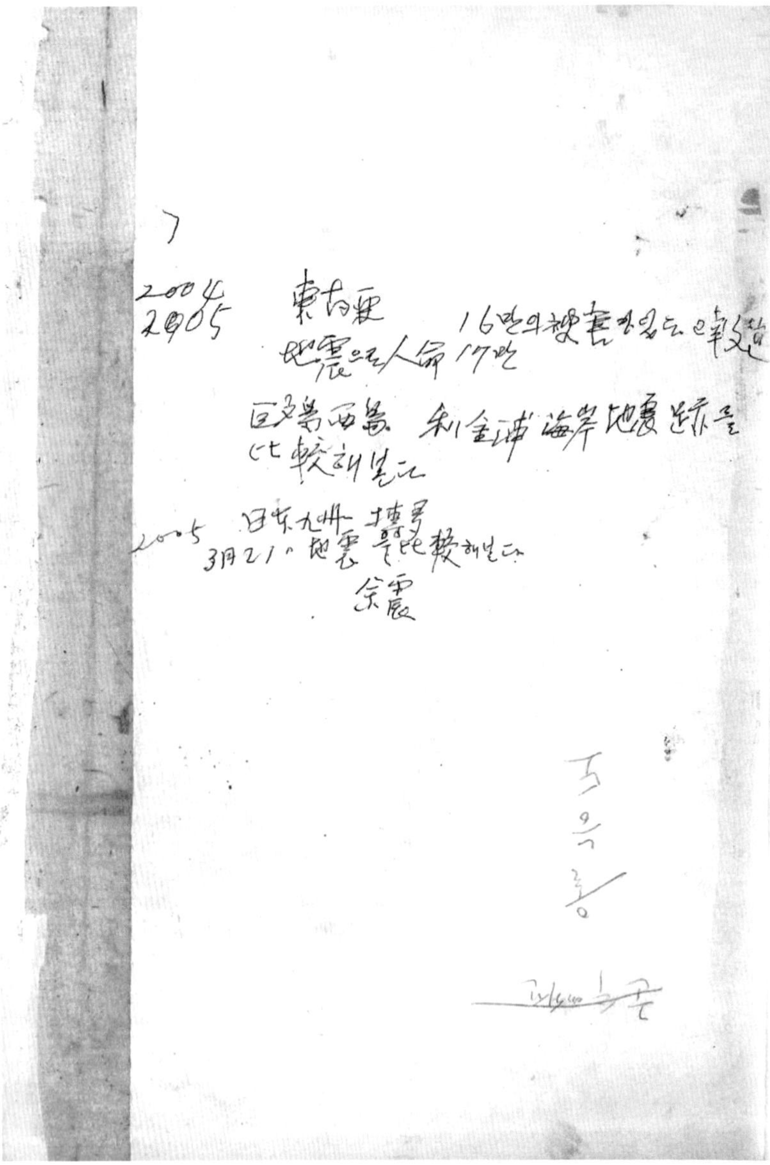
7
2004
2005 東南亞
地震으로 人命 17만 16만의 被害가 났다
巨文島 西島 新金浦 海岸 地震 遺跡을
比較해 보다
2005 日本 九州 博多
3月 21日 地震을 比較해 보다
余震

속칭 고려장이라 하는 토기가 나왔
다고 한다

石槨

慶州李氏
高氏 할머니
[illegible]水趣山

山地
五銖錢
中国貨幣
火山石
이있슴

4291. 1
1958. 1
경주 출신
1958.
4291. 1
(1958)
4291. 1 1958.
中央土建

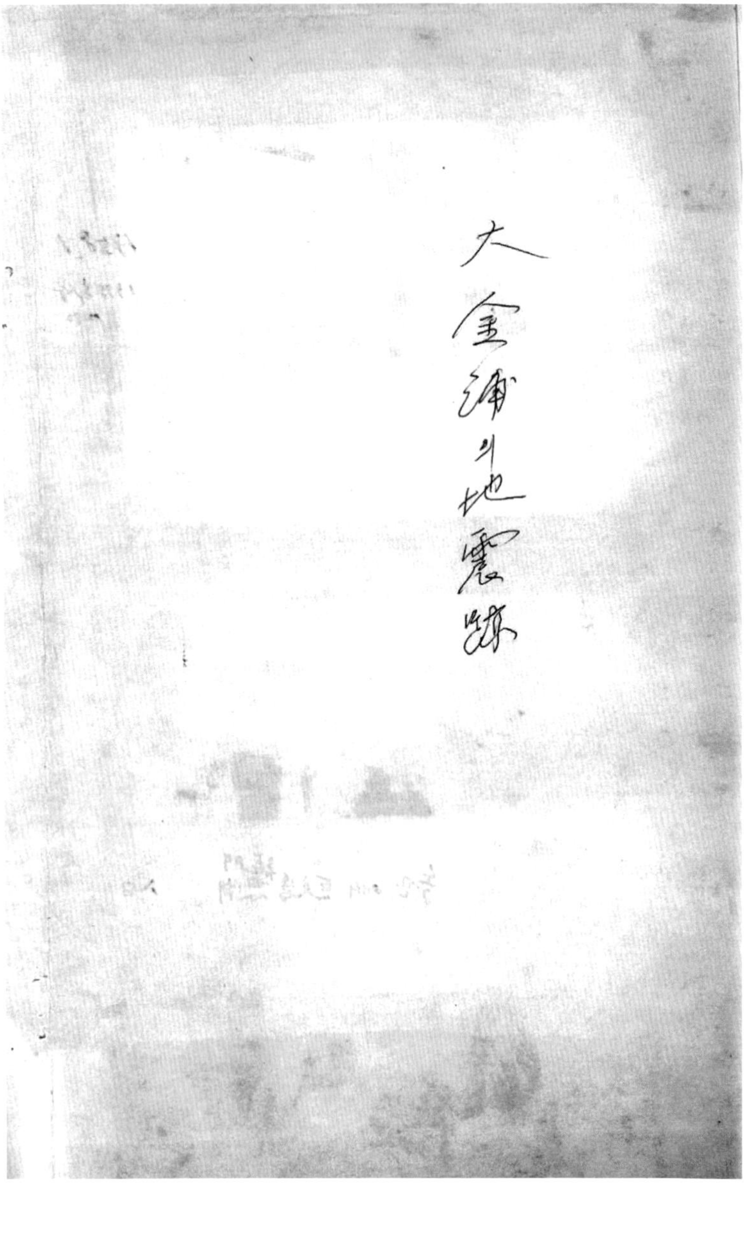
大金浦의地震

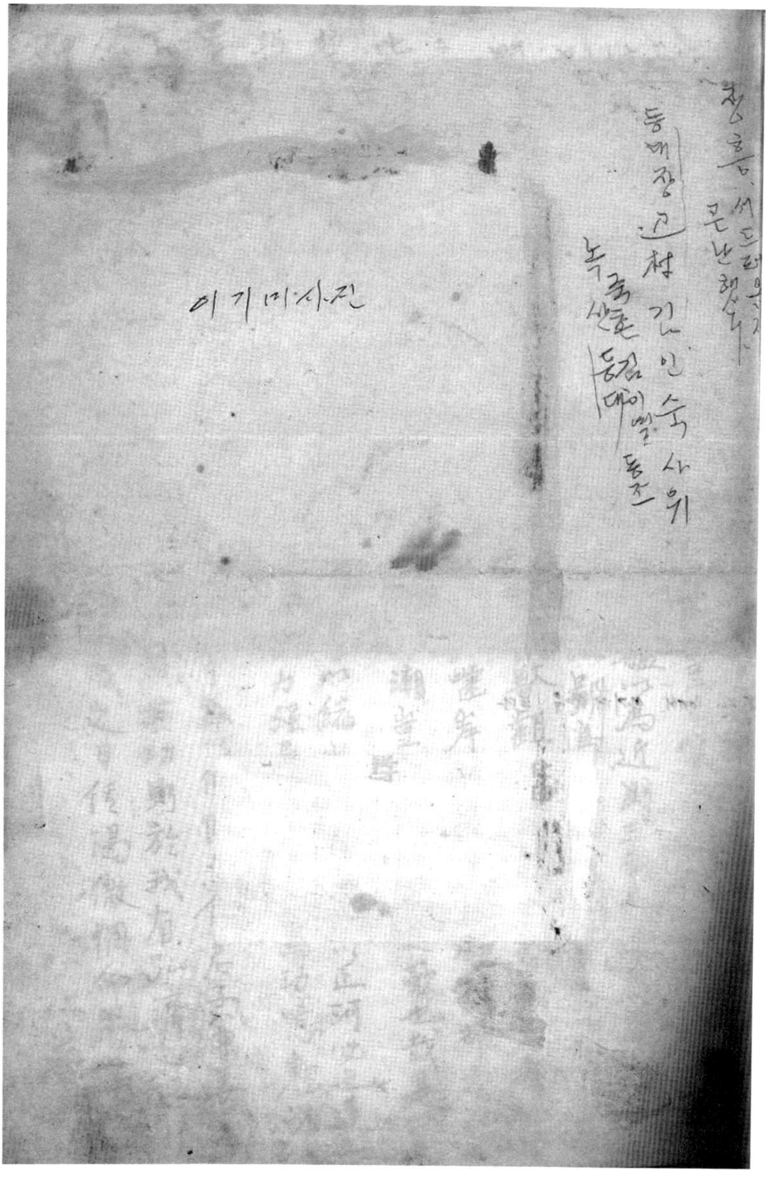
이기미사진
김인숙 사위

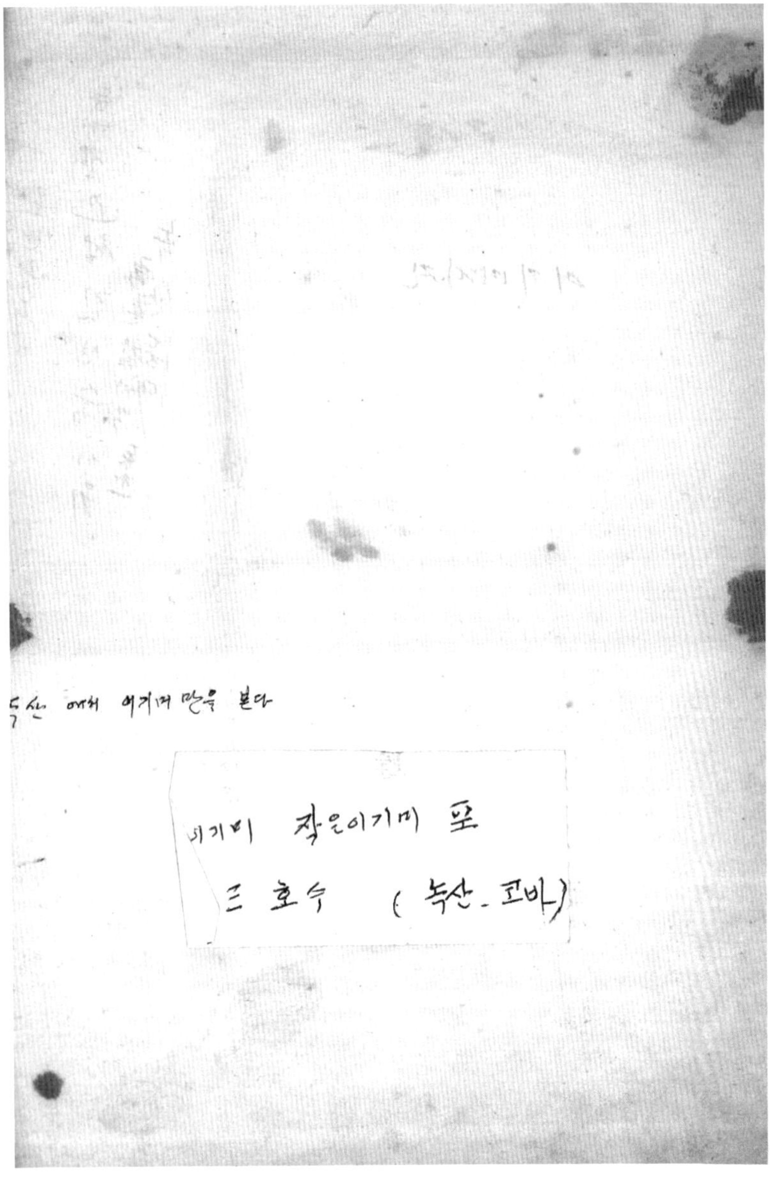
독산 에서 이기미 만을 본다
이기미 작은이기미 포
三 호수 (녹산_고비)

云云夫船之有倉猶人之有家也人而無家無以庇風雨船而無倉無以
過風濤若所謂書之㒵載詩之胥溺豈不寒心者哉恭惟我三島卽大
海南孔然一塊也大率商賈以爲業舳艫以爲近則三南去關東遠則而西
且朔北而其間生業都繫一浮家而已然鬱島之爲形也實爲百川之尾
閭而沿海叢石舒然相蓮相角有如猛獸齟齬椅艢之勢而若檣風捲
之怒濤滔天蒼鵬翼其扇海白馬奔其嗟岸於是乎檣傾楫摧者往々
皆是則苟非呂梁之灵戈悵錢氏之强弩潮豈能免膠舟之歎也哉是以爰
契我龜以備異日藏船之所而芦灰不可以縮水阿膠不能以止河汰也運土
塡海擔石截江然后可以就萬一之役而力强負重卒難爲功噫噫鬼況
有游交將之規出世豈無俠佛子之全活手茲以仰惻于僉君子兼善之
下各出其力各捐其金一以助其役一以就其功則於我有弘濟之恩於
人無簸蕩之患矣噫噫至哉早晏告成之日傳謁徽悃仰答高栽千
萬幸甚

서당이기미

설창

녹산등대 서본 이기미 면

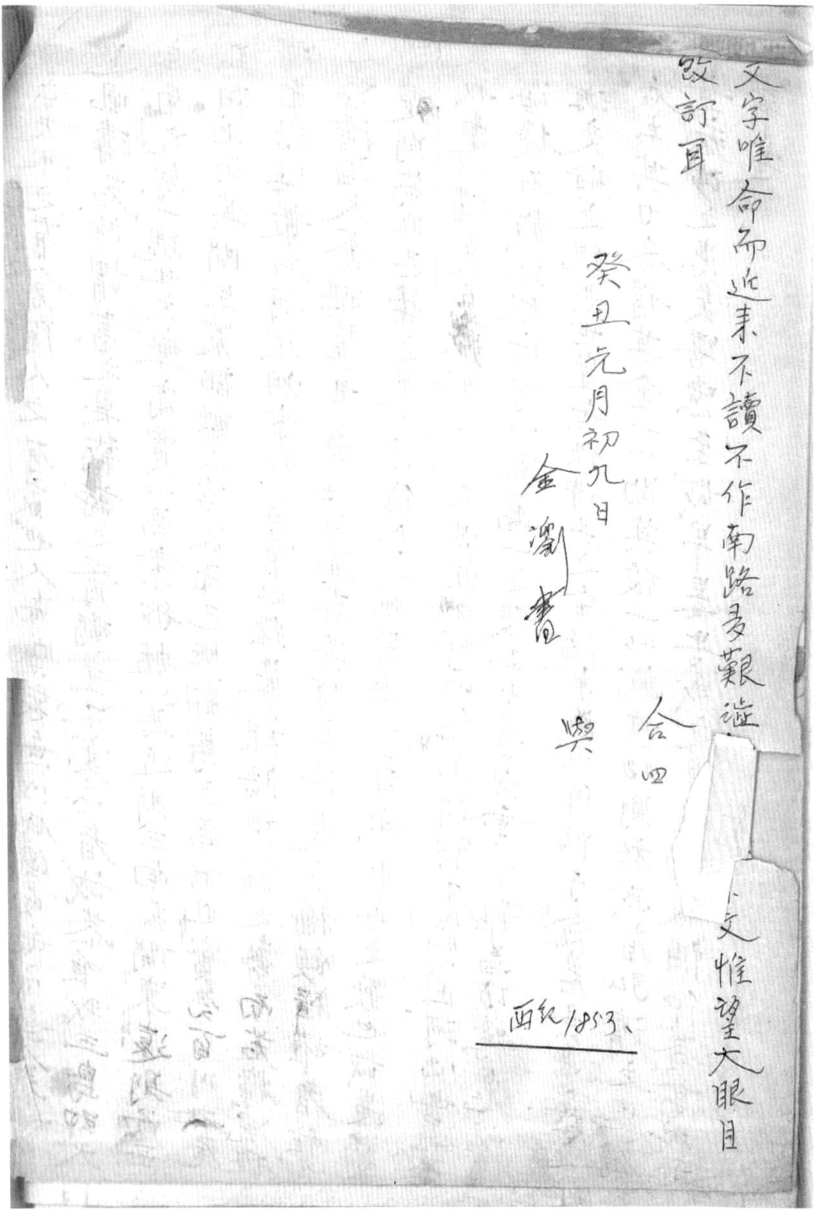
文字唯命而近來不讀不作南路多艱誼

文惟望大眼目

改訂耳

合 四

癸丑九月初九日

金瀏書

與

西紀1853.

추 천 서

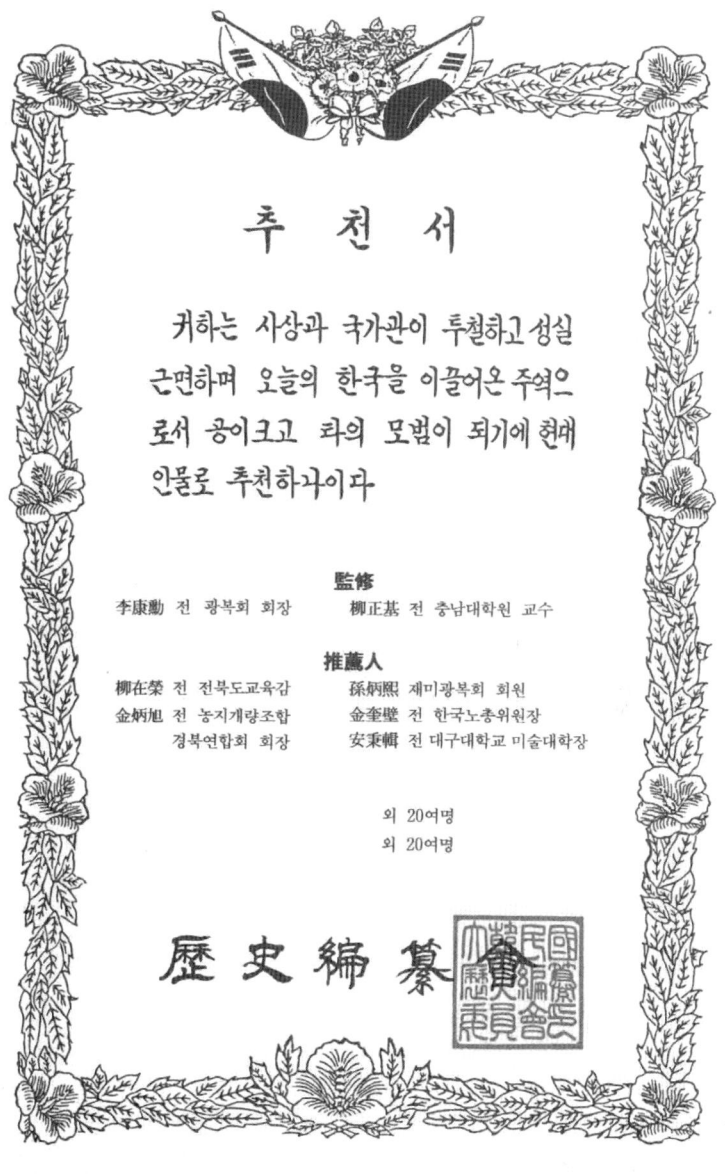

귀하는 사상과 국가관이 투철하고 성실 근면하며 오늘의 한국을 이끌어온 주역으로서 공이크고 타의 모범이 되기에 현대 인물로 추천하나이다

監修

李康勳 전 광복회 회장

柳正基 전 충남대학원 교수

推薦人

柳在榮 전 전북도교육감

金炳旭 전 농지개량조합 경북연합회 회장

孫炳熙 재미광복회 회원

金奎璧 전 한국노총위원장

安秉輯 전 대구대학교 미술대학장

외 20여명

외 20여명

歷史編纂會

편찬 취지 및 목적

첫째 : 우리 민족은 반만년의 유구한 역사와 빛나는 민족 문화를 계승 · 수호해 왔으나, 외국인들과 비교해 볼 때 우리나라 인사들은 역사적 자료를 남기기에 매우 인색한 편이었습니다.

그런 까닭에 찬란한 역사적 자료 발굴, 혹은 고려청자와도 같은 유형 · 무형의 유산들이 계승 · 발전될 수 없는 불행을 초래하고 있습니다. 이에 우리 민족의 얼을 다시금 되살려 후대에 물려줌으로써 「참된 민족관 정립」과 「민족중흥」 「민족수호」의 밑거름이 되어 올바른 국가관을 정립하고 자손만대에 애국애족하며 「튼튼한 국가」를 보전하는데에 귀감이 되어 국가의 안위와 번영에 이바지하고자 함이 본 편찬회의 참된 취지이자 첫번째 목적입니다.

둘째 : 본 회에서는 오늘날의 역사적 인물들을 정확히 분류, 재조명, 평가해서 「역사적 자료」로써 후세에 남겨 끊임없는 민족의 정통성 발현에 그 일익을 담당코자 하는 바 입니다.

셋째 : 본회에서 금번 출간하는 제7권 〈한국인물사〉편은 역대 대통령, 국무위원, 입법, 사법, 경제, 사회, 종교, 문화 및 지역사회에 지대한 공적을 남긴 분들의 공적과 아울러 귀중하고 생생한 원색화보와 사진 등을 특별 게재하여 한 세대를 살아 가는 인간의 삶의 역사를 진솔한 이 한 권의 책 속에 기록할 때에 애국애족의 숭고한 의의와 민족정신은 자자손손 대대의 가보로 소중하게 소장될 것으로 사료됨을 또한 본회의 큰 자랑으로 생각합니다.

수 록 승 낙 서

주 소

성 명

귀 편찬회에서 발간하는 「한국인물사」 편에 본인의 사진과 경력사항 등이 수록됨을 이에 승낙합니다.

199 년 월 일

승낙인 ㊞

송부처 : 130-072 서울특별시 동대문구 용두 2동 129-495
대 성 B / D 302호

역사편찬회장 귀하

三島(삼도)를 찾아보고

西紀(서기) 1,289年(년) 紅杏(홍행)의 村叟(촌수)인 安含老(안함로)씨가 三聖記全(삼성기전)의
上篇(상편)에 檀君世紀(단군세기)를 次第(차제)로 글을 지은 것과 萬古歷代年紀(만고역대년기)
에 主格(주격)된 三島(삼도)를 보고 現地(현지)를 탐방하여 보니
神市(신시)를 主格(주격)하던 末世(말세)에 있었던 蚩尤天王(치우천왕)(軒轅公(헌원공))적이
桓雄系(환웅계)의 古世(고세)인 慈烏支桓雄(자오지환웅)과 紀元前(기원전) 2,689年(년)에
다투다 舟車(주거)로 물을 건너 土地(토지)보다 높은 (三島(삼도))곳으로
遷移(천이)하야 在住(재주)를 100年(년)을 하였다 하는 때로 보이는
있는 柚田里(유전리)의 堂城(당성)과 長田里(장전리)의 주천유물과 上島城(상도성)유지가

와 土城(토성) 그리고 堯舜(요순) 때 것으로 보이는 古島(고도)의 土城(토성)을
觀察(관찰)하고 鄕土(향토)를 찾는 분들에게 도움이 될가 싶어
몇천 桓檀古記(환단고기)와 萬古歷代年紀(만고역대년기)의 일부를 사용하여 드리오니
참고하시기 바랍니다.

紀元前(기원전) 2177年(년) 古朝鮮(고조선)의 三世(삼세)인 檀君嘉勒(단군가륵) 때
豆只州(두지주)의 濊邑(예읍)(夏(하)나라)이 배반하고 이를(檀君嘉勒(단군가륵))것을
지키던 몸(太康(태강))과 같은 酋長(추장) 그 素尸毛犁(소시모리)가 몸소 親(친)히 하던
이곳을 稱(칭)하기로 그(素尸毛犁(소시모리))것이 地(지)(坤(곤))에 곳이라 일컫던
素尸毛犁(소시모리)를 이제까지 轉音(전음)해 오던 것을 만들기를

于首國(우수국)이라 하였다 하고
그(素尸毛犁(소시모리)) 것의 後孫(후손)들이 있었던 陜野(협야)한 곳에
奴者(노자)(夏(하)나라) 것이 도망하여 살며 海上(해상)을 拒守(거수)하던 三島(삼도)에서
僭稱(참칭)으로 天王(천왕)이라 한 것이 桓檀古記(환단고기)에 기록되어 있고

紀元前(기원전) 667年(년) 古朝鮮(고조선) 三十六世(세)인 檀君買勒(단군매륵) 때에
보낸 陜野(협야)한 곳에 侯(후) 裵幋(배반)이 命(명)을 하여 行(행)할 것은
求(구)한 海上(해상)(島(도)) 것은 十二月(월)에 三島(삼도)에서 상세하게 다안록
분별하며 다스리게 한 것이 桓檀古記(환단고기)에 기록되어 있다

西紀 1989年 1月 12日 三島 巨文里에서
三千里人 丹峰 宋鶴守 書

거문도 에서 수습된 五銖錢

수

No. 19

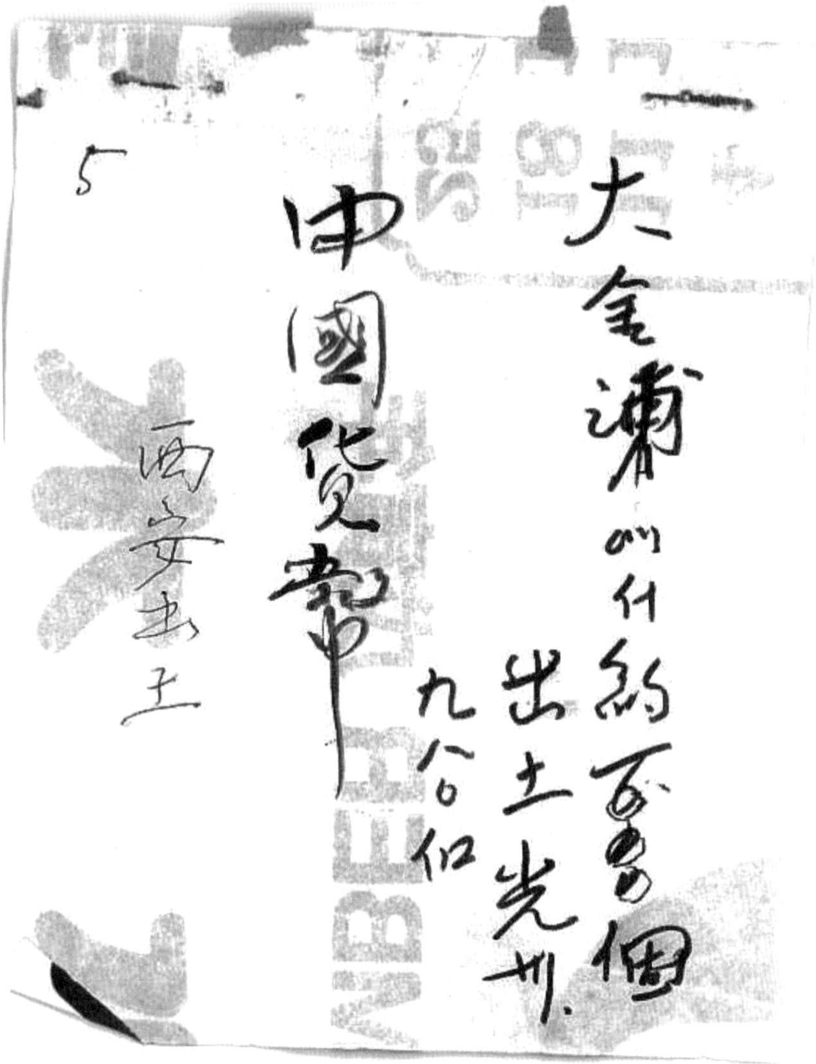
5
大金浦에 什約[illegible]個
出土光州.
九合仙
中國貨幣
西安[illegible]王

国際遠洋 部占房氏

6、

地震噴出地

中国化只微中

갖기 전 얘기를 나누고 있다.

兵馬俑 수만개 매장

中 西安서 거대고분 발견

남북 3km-동서 6km
漢나라 景帝무덤 추정

【北京=池海範기자】 중국의 고도 시안(西安)에서 기원전 150년 전후 것으로 보이는 수만개의 병마용(兵馬俑)이 매장된 또 하나의 거대 고분군이 발견됐다고 중국 언론들이 23일 보도했다.

시안 공항 고속도로 북측 시엔양위앤(咸陽原)이란 평원에서 발견된 고분군은 한(漢)나라 경제(景帝)의 무덤과 1백여개의 분묘가 함께 묻혀있는 것으로 전해졌다. 이곳에서 발견된 것은 도자기로 만들어진 무구 쓴 용사와 돼지 개 양 등 동물, 그리고 중국 최고(最古)로 추정되는 바둑판 등이다.

이 고분군은 남북 3km, 동서 6km로 면적이 18㎢에 달한다. 능(陵) 구역에는 담장이 있고, 담장밖에 도랑이 파진 것이 발견됐다. 또 한 능에서는 나체의 도자기 용사가 발견됐는데, 이는 원래 입었던 옷이 모두 삭았기 때문으로 보인다고 중국 언론들은 분석했다. 한나라 경제는 기원전 153년에서 141년 사이에 이 능을 건설한 것으로 '자치통감(資治通鑑)'에 실려있다고 신문들은 전했다.

/hbjee@chosun.com

中 반체제인사 입국거부
홍콩당국

【홍콩=咸永準기자】 홍콩 당국이 해외에서 활동하는 중국 출신 반체제민주인사들에 대한 입국비자 발급을 거부한 데 대해 논란이 일고 있다.

중국내 민주운동을 지원하는 홍콩단체인 지련회(支聯會) 소속 회원 20여명은 22일 낮 센트럴 정부청사앞에서 항의 데모를 갖고 11명의 민주인사에 대한 입국을 허용하라고 정부측에 촉구했다.

"환경 무시

英BP-아모코 브라운代表
"태양에너지 상용화 향후 10년內에 이룰것"

【유엔본부=李哲民기자】 "환경 우호적이지 않은 기업은 실패할 수밖에 없습니다." 시장가치 1730억달러(22일)로 세계 2위 석유회사인 영국의 'BP(British Petroleum)-아모코'사의 존 브라운(Sir John Browne·51) 대표이사는 22일 세계 최대 태양에너지기술개발사 미국 '솔라렉스'를 인수한 배경을 이렇게 말했다.

그는 87년 완전 민영화된 BP(당시까지 영국정부 지분 30%)를 95년 CEO가 된 이래 알짜배기 기업으로 바꿔 기업 영웅으로 통하는 인물. 작년엔 엘리자베스 2세 영국여왕으로

(朝鮮日報, 1999. 10. 24)

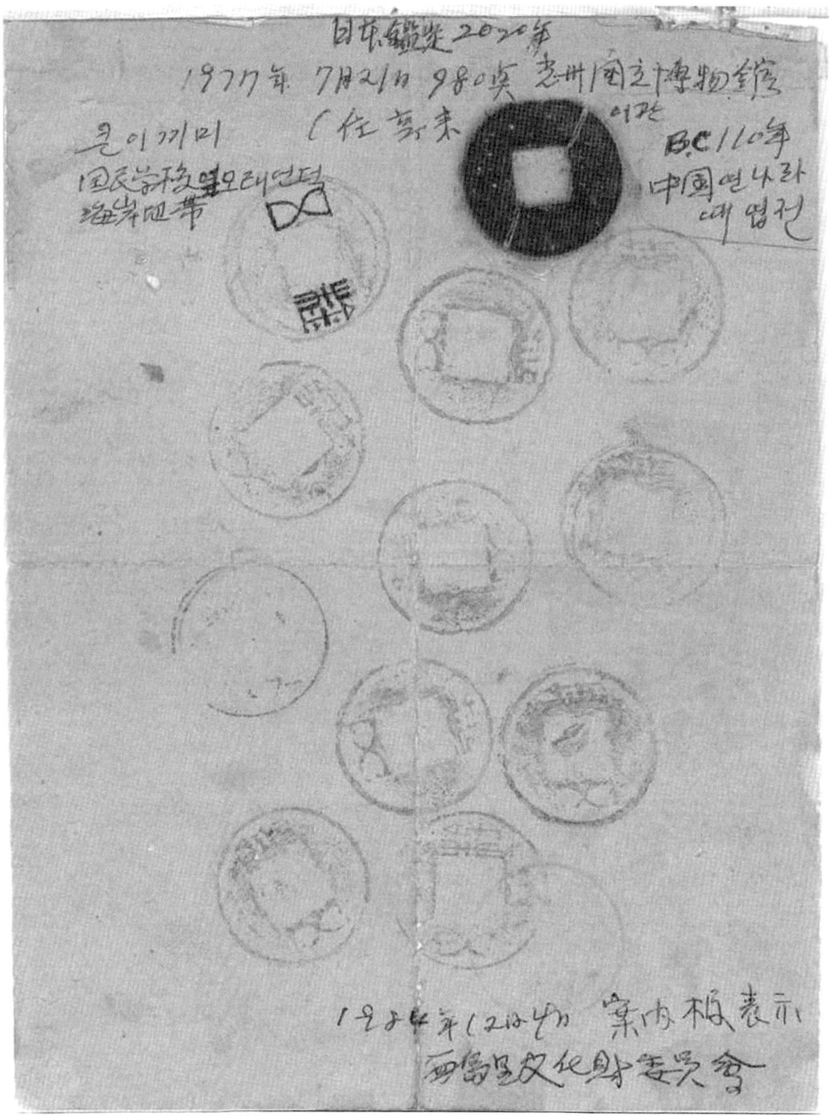
1977年 7月21日
B.C 110年
中國연나라
대엽전
文化財委員會

영남대학교 독도연구소

영남대학교 독도연구소는 2005년 일본 시마네현의 '죽도의 날' 제정에 대응하기 위해 "독도를 비롯한 동해안 문화권에 관한 자료를 수집 · 정리하여 연구"하는 것으로 목적으로 전국에서 처음으로 설립된 민간 연구기관이다. 2007년부터는 교육부 정책중점연구소로 지정되어 지금까지 '독도학 정립을 위한 학제간 연구', '독도 영유권 확립을 위한 융복합 연구'를 수행하여 정부의 정책을 지원하고 있다. 2005년부터는 유일한 한국연구재단 등재지인 "독도연구"를 발행하고 있으며, 그 외에도 "독도연구총서", "독도자료총서", "독도번역총서"를 발간하는 등, 국내 독도연구를 이끌어가고 있는 연구기관이다.